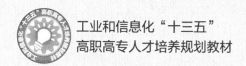

工业和信息化"十三五"
高职高专人才培养规划教材

SQL Server 2016
数据库原理及应用

微课版

U0277754

马桂婷 梁宇琪 刘明伟 主编

武洪萍 副主编

The Principle and Application
of SQL Server 2016

人民邮电出版社

北 京

图书在版编目（CIP）数据

SQL Server 2016数据库原理及应用 : 微课版 / 马桂婷, 梁宇琪, 刘明伟主编. -- 北京 : 人民邮电出版社, 2021.3（2023.9重印）

工业和信息化"十三五"高职高专人才培养规划教材

ISBN 978-7-115-54346-2

Ⅰ. ①S… Ⅱ. ①马… ②梁… ③刘… Ⅲ. ①关系数据库系统－高等职业教育－教材 Ⅳ. ①TP311.132.3

中国版本图书馆CIP数据核字（2020）第114690号

内 容 提 要

本书基于 SQL Server 2016 介绍数据库系统的基本概念、基本原理和基本设计方法，以面向工作过程的教学方法组织安排各章节的内容。本书突出适用性，减少理论知识的介绍，并设计了大量的课堂实践和课外拓展，符合高职高专教育教学的特点。

本书分为三篇，由 9 个项目组成。知识储备篇（项目 1 和项目 2）从理论层面介绍数据库；基础应用篇（项目 3～项目 6）基于 SQL Server 2016 介绍创建数据库和数据库的基本应用；高级应用篇（项目 7～项目 9）介绍数据库的高级应用和维护 SQL Server 2016 数据库的安全。

本书可作为高职高专院校、成人教育类院校数据库原理及应用课程的教材，也可供参加自学考试的人员、数据库应用系统开发设计人员、工程技术人员及其他相关人员参阅。

◆ 主　编　马桂婷　梁宇琪　刘明伟
　　副 主 编　武洪萍
　　责任编辑　马小霞
　　责任印制　王　郁　彭志环

◆ 人民邮电出版社出版发行　　北京市丰台区成寿寺路 11 号
　　邮编　100164　电子邮件　315@ptpress.com.cn
　　网址　https://www.ptpress.com.cn
　　固安县铭成印刷有限公司印刷

◆ 开本：787×1092　1/16
　　印张：17.25　　　　　　　　　2021 年 3 月第 1 版
　　字数：441 千字　　　　　　　2023 年 9 月河北第 5 次印刷

定价：56.00 元

读者服务热线：(010)81055256　印装质量热线：(010)81055316
反盗版热线：(010)81055315
广告经营许可证：京东市监广登字 20170147 号

前言 PREFACE

教育是国之大计、党之大计。党的二十大报告指出"教育、科技、人才是全面建设社会主义现代化国家的基础性、战略性支撑"。本书以党的二十大报告提出的办好人民满意的教育精神为指引，以落实立德树人为根本任务，培养掌握专业技术技能的社会主义建设者和接班人为目标而编写。

数据库技术是目前计算机领域发展很快、应用很广泛的技术，它的应用遍及各行各业，大到企业级应用程序，如全国联网的飞机票、火车票订票系统，银行业务系统；小到个人的信息管理系统，如家庭理财系统。在互联网流行的动态网站中，数据库的应用也已经非常广泛。学习和掌握数据库的基础知识和基本技能、利用数据库系统进行数据处理是大学生必备的基本能力。

本书编写特色如下。

（1）真实的项目驱动。本书在真实数据库管理项目的基础上，将数据库的设计、建立、应用等贯穿到整本书中，使学生在学习过程中体验数据库应用系统的各个环节。

（2）提供了微课视频。新修订教材提供了重要知识点的微课视频讲解，学生在学习过程中，可随时扫描书中的二维码自主学习，学习过程更加方便、快捷。

（3）对知识结构进行了合理整合。本书共分为三篇：知识储备篇（项目 1 和项目 2）、基础应用篇（项目 3 ~ 项目 6）和高级应用篇（项目 7 ~ 项目 9）。其中，知识储备篇包括理解数据库和设计数据库两部分，将数据库概念的理解、关系运算、数据模型、数据库的设计、关系模式的规范化等内容整合在一起。基础应用篇包括 SQL Server 基本应用、创建与维护 SQL Server 数据库和数据库的基本应用三部分。其中，数据库的基本应用包括管理表、数据查询及数据更新。高级应用篇包括数据库的高级应用和维护 SQL Server 数据库的安全两部分，其中，数据库的高级应用包括索引、视图、存储过程和存储函数、触发器、事务、锁、SQL 编程基础等内容；维护 SQL Server 数据库的安全包括数据库的安全性和数据的备份与恢复。整合以后，全书内容结构更加清晰、更加紧凑。

（4）理论实践一体化。本书将知识讲解和技能训练设计在同一教学单元中，融"教、学、做"于一体。每一个项目均进行任务分析，提出课堂任务，然后由教师演示任务完成过程，再让学生模仿完成类似的任务，体现"做中学，学中做，学以致用"的教学理念。除项目 1 外，每个项目都精心设计了课堂实践和课外拓展内容，以及有针对性的习题，非常适合教师"教"和学生"学"。

（5）提供丰富的教学资源。为了方便各类高校选用本书进行教学和读者学习，本书免费提供了完备的教学资源，包括完整的教学 PPT 课件、电子教案、示例数据库、习题答案、考试题库、微课视频讲解和融合课程思政的教学设计等。

本书各项目课时安排建议如下。

序号	项目名称	课时	知识要点与教学重点	合计
项目 1	理解数据库	2	数据及数据模型	6
		2	关系代数	
		2	数据库的构成	

续表

序号	项目名称	课时	知识要点与教学重点	合计
项目2	设计数据库	2	需求分析	10
		2	概念设计	
		2	结构设计	
		2	关系模式的规范化、物理设计	
		2	课堂实践：数据库的设计	
项目3	安装与启动 SQL Server 2016	1	安装和启动 SQL Server	2
		1	课堂实践：SQL Server 的安装与配置	
项目4	创建与维护 SQL Server 数据库	2	数据库的创建与维护	4
		2	课堂实践：数据库的创建与维护	
项目5	创建与维护学生信息管理数据表	2	创建与维护数据表	4
		2	课堂实践：创建与维护数据表	
项目6	查询与维护学生信息管理数据表	2	单表无条件查询和有条件查询	20
		2	聚集函数、分组、排序	
		2	多表查询	
		2	嵌套查询	
		2	数据更新	
		2	课堂实践：简单查询（1）	
		2	课堂实践：简单查询（2）	
		2	课堂实践：多表查询	
		2	课堂实践：嵌套查询	
		2	课堂实践：数据更新	
项目7	优化查询学生信息管理数据库	2	索引和视图	4
		2	课堂实践：索引和视图	
项目8	以程序方式处理学生信息管理数据表	2	SQL 编程基础	16
		2	存储过程和存储函数	
		2	触发器	
		2	事务、锁	
		2	课堂实践：SQL 基础	
		2	课堂实践：存储过程和存储函数	
		2	课堂实践：触发器的使用	
		2	课堂实践：事务的使用	
项目9	维护学生信息管理数据库的安全	2	SQL Server 身份验证和权限管理	8
		2	数据库的用户管理	
		2	SQL Server 的数据备份和恢复	
		2	课堂实践：实现数据库的安全	

由于编者水平有限，书中难免有疏漏和欠缺之处，敬请广大读者提出宝贵意见。

编者

2023 年 5 月

目录 *CONTENTS*

第一篇　知识储备篇

第二篇　基础应用篇

项目 6

查询与维护学生信息管理

数据表 ·························· 127

第三篇　高级应用篇

项目 7

优化查询学生信息管理

数据库 ·························· 175

项目 8

项目 9

第一篇

知识储备篇

项目1
理解数据库

01

项目描述：

数据库技术是随着信息技术的发展和人们对信息需求的增加发展起来的，是计算机应用领域非常重要的技术，它主要研究如何科学地组织和管理数据，以提供可共享的、安全可靠的数据。从某种意义上讲，数据库的建设规模、信息容量和使用频率已成为衡量一个国家信息化程度的重要标志。

在学习设计和使用数据库之前，需要理解数据库的基本概念和基本原理。

学习目标：

- 理解数据库的基本概念
- 理解数据模型相关概念

- 掌握关系模型和关系运算
- 掌握数据库系统的组成及结构

任务 1-1 数据处理

【任务分析】

理解数据库的基本概念和基本原理，首先需要理解数据、信息及数据处理。

【课堂任务】

- 信息与数据
- 数据处理

（一）信息与数据

微课 1-1：信息
与数据

1. 信息

计算机技术的发展使人类社会步入信息时代，同时也将人类社会淹没在信息的海洋中。那么什么是信息？信息（Information）就是对各种事物的存在方式、运动状态和相互联系特征的一种表达和陈述，是自然界、人类社会和人类思维活动普遍存在的一切物质和事物的属性，它存在于人们的周围。

2. 数据

数据（Data）是用来记录信息的可识别符号，是信息的具体表现形式。数据用型和值来表示，数据的型是指数据内容存储在媒体上的具体形式；值是指所描述的客观事物的具体特性。可以用多种不同的数据形式表示同一信息，信息不随数据形式的不同而改变。例如，一个人的身高可以表示为"1.80"或"1 米 8"，其中"1.80"和"1 米 8"是值，但这两个值的型是不一样的，一个用数字来描述，另一个用字符来描述。

数据不仅包括数字、文字形式，而且包括图形、图像、声音、动画等多媒体形式。

（二）数据处理

数据处理是指将数据转换成信息的过程，也称信息处理。

数据处理的内容主要包括数据的收集、组织、整理、存储、加工、维护、查询和传播等一系列活动。数据处理的目的是从大量的数据中，根据数据自身的规律和它们之间固有的联系，通过分析、归纳、推理等科学手段，提取出有效的信息资源。

例如，学生的各门成绩为原始数据，可以经过计算提取出平均成绩、总成绩等信息，其中的计算过程就是数据处理。

数据处理的工作分为以下 3 个方面。

（1）数据管理。它的主要任务是收集信息，将信息用数据表示并按类别组织保存。数据管理的目的是快速、准确地提供必要的可以被使用和处理的数据。

（2）数据加工。它的主要任务是对数据进行变换、抽取和运算，得到更加有用的数据，以指导或控制人的行为或事务的变化趋势。

（3）数据传播。通过数据传播，信息在空间或时间上以各种形式传递。在数据传播过程中，数据的结构、性质和内容不发生改变。数据传播会使更多的人得到信息，并且更加理解信息的意义，从而使信息的作用充分发挥出来。

任务 1-2 数据描述

【任务分析】

为了使用计算机来管理现实世界的事物，必须将要管理的信息转换为计算机能够处理的数据。在理解数据、信息及数据处理的概念后，要明确怎样得到需要的数据。

【课堂任务】

理解将客观存在的事物转换为计算机存储的数据需经历的 3 个领域及相关概念。

- 现实世界
- 信息世界及相关术语
- 数据世界

人们把客观存在的事物以数据的形式存储到计算机中，需要经历 3 个领域：现实世界、信息世界和数据世界。

（一）现实世界

现实世界是存在于人们头脑之外的客观世界。现实世界存在各种事物，事物与事物之间存在联系，这种联系是由事物本身的性质决定的。例如，学校中有教师、学生、课程，教师为学生授课，学生选修课程并取得成绩；图书馆中有图书、管理员和读者，读者借阅图书，管理员对图书和读者进行管理等。

（二）信息世界

信息世界是现实世界在人们头脑中的反映，人们把它用文字或符号记载下来。在信息世界中，有以下与数据库技术相关的术语。

微课 1-2：信息
世界

1. 实体

客观存在并且可以相互区别的事物称为实体（Entity）。实体可以是具体的事物，也可以是抽象的事件。例如，一个学生、一本图书等属于实际事物；教师的授课、借阅图书、比赛等活动是比较抽象的事件。

2. 属性

描述实体的特性称为属性（Attribute）。一个实体可以用若干个属性来描述，例如，学生实体由学号、姓名、性别、出生日期等若干个属性组成。实体的属性用型（Type）和值（Value）表示，例如，学生是一个实体，学生的姓名、学号和性别等是属性的型，也称属性名；而具体的学生姓名如"张三""李四"，具体的学生学号如"2002010101"，描述性别的"男""女"等是属性的值。

3. 码

唯一标识实体的属性或属性的组合称为码（Key）。例如，学生的学号是学生实体的码。

4. 域

属性的取值范围称为该属性的域（Domain）。例如，学号的域为 10 位整数，姓名的域为字符串集合，年龄的域为小于 28 的整数，性别的域为男、女等。

5. 实体型

具有相同属性的实体必然具有共同的特征和性质，用实体名及其属性名的集合来抽象和刻画同类实体，称为实体型（Entity Type）。例如，学生（学号，姓名，性别，出生日期，系）就是一个实体型。

微课 1-3：联系

6. 实体集

同类实体的集合称为实体集（Entity Set）。例如，全体学生、一批图书等。

7. 联系

在现实世界中，事物内部以及事物之间是有联系（Relationship）的，这些联系在信息世界中反映为实体（型）内部的联系和实体（型）之间的联系。实体内部的联系通常是指组成实体的各属性之间的联系；实体之间的联系通常是指不同实体集之间的联系。

两个实体集之间的联系可以分为 3 类。

（1）一对一联系（One-to-One Relationship）。如果对于实体集 A 中的每一个实体，实体集 B 中至多存在一个实体与之联系；反之亦然，则称实体集 A 与实体集 B 之间存在一对一联系，记作 1 : 1。

例如，学校中一个班级只有一个正班长，一个班长只在一个班中任职，班级与班长之间存在一对一联系，如图 1.1（a）所示；电影院中观众与座位之间、乘车旅客与车票之间等都存在一对一联系。

（2）一对多联系（One-to-Many Relationship）。如果对于实体集 A 中的每一个实体，实体集 B 中存在多个实体与之联系；反之，对于实体集 B 中的每一个实体，实体集 A 中至多只存在一个实体与之联系，则称实体集 A 与实体集 B 之间存在一对多联系，记作 1 : n。

例如，一个班里有很多学生，一个学生只能在一个班里注册，则班级与学生之间存在一对多联系；一个部门有许多职工，一个职工只能在一个部门就职（不存在兼职情况），部门和职工之间存在一对多联系，如图 1.1（b）所示。

（3）多对多联系（Many-to-Many Relationship）。如果对于实体集 A 中的每一个实体，实体集 B 中存在多个实体与之联系；反之，对于实体集 B 中的每一个实体，实体集 A 中也存在多个实体与之联系，则称实体集 A 与实体集 B 之间存在多对多联系，记作 m : n。

例如，一个学生可以选修多门课程，一门课程可同时由多个学生选修，则课程和学生之间存在多对多联系，如图 1.1（c）所示；一个药厂可生产多种药品，一种药品可由多个药厂生产，则药厂和药品之间存在多对多联系。

两个以上的实体集之间也存在一对一、一对多、多对多联系。

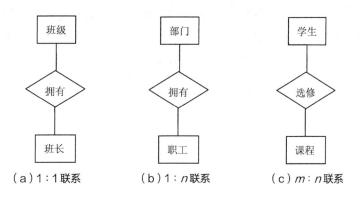

（a）1 : 1 联系　　　　（b）1 : n 联系　　　　（c）m : n 联系

图 1.1　两个实体集之间的 3 类联系

例如，对于课程、教师和参考书 3 个实体集，如果一门课程可以由若干位教师讲授，使用若干本参考书，且每一位教师只讲授一门课程，每一本参考书只供一门课程使用，则课程与教师、参考书之间是一对多联系，如图 1.2 所示。

在两个以上多实体集之间，当一个实体集与其他实体集之间均存在多对多联系，而其他实体集之间没有联系时，这种联系称为多实体集间的多对多联系。

例如，有 3 个实体集：供应商、项目、零件。一个供应商可以给多个项目供应多种零件，每个项目可以使用多个供应商供应的零件，每种零件可由不同的供应商供给，可以看出供应商、项目、零件三者之间存在多对多联系，如图 1.2 所示。

同一实体集内部的各实体也可以存在一对一、一对多、多对多联系。

例如，职工实体集内部具有领导与被领导的联系，即某一职工（干部）"领导"若干名职工，而一个职工仅被另外一个职工直接领导，因此这是一对多联系，如图 1.3 所示。

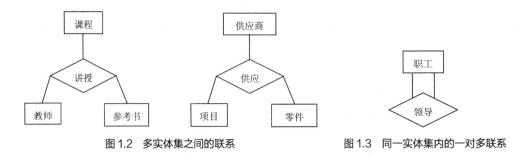

图1.2　多实体集之间的联系　　　　　　　图1.3　同一实体集内的一对多联系

（三）数据世界

数据世界又称机器世界。信息世界的信息在机器世界中以数据形式存储，在这里，每一个实体用记录表示，相对于实体的属性用数据项（又称字段）表示，现实世界中的事物及其联系用数据模型表示。

由此可以看出，客观事物及其联系是信息之源，是组织和管理数据的出发点。为了把现实世界中的具体事物抽象、组织为某一数据库管理系统（Database Management System，DBMS）支持的数据模型，人们常常首先将现实世界抽象为信息世界，然后将信息世界转换为机器世界。也就是说，首先把现实世界中的客观对象抽象为某一种信息结构，这种信息结构不依赖于具体的计算机系统，不是某一个 DBMS 支持的数据模型，而是概念级的模型，然后把概念模型转换为计算机上某一 DBMS 支持的数据模型，这一过程如图 1.4 所示。

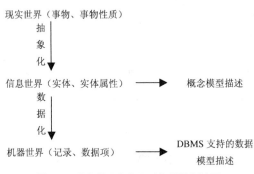

图1.4　现实世界中客观对象的抽象过程

任务 1-3　数据模型

【任务分析】

设计人员已经理解如何将客观存在的事物转换为计算机存储的数据，接下来需要选择数据在计算机中的组织模式。在计算机中，数据采用什么组织形式才能有效、方便、快捷地被处理，并能保证数据的正确性、一致性？可供设计人员选择的数据结构又有哪些？

【课堂任务】

使用数据模型来表示和处理计算机中的数据，即为数据选择一种数据组织模式。

- 数据模型
- 概念模型
- 关系模型
- 关系模型的完整性约束

模型是对现实世界特征的模拟和抽象，数据模型也是一种模型。在数据库技术中，用数据模型对现实世界数据特征进行抽象，以描述数据库的结构与语义。

（一）数据模型的分类

目前广泛使用的数据模型有两种：概念数据模型和结构数据模型。

1. 概念数据模型

概念数据模型简称概念模型，它表示实体类型及实体间的联系，是独立于计算机系统的模型。概念模型用于建立信息世界的数据模型，强调其语义表达功能，要求概念简单、清晰，易于用户理解，它是现实世界的第 1 层抽象，是用户和数据库设计人员之间进行交流的工具。

2. 结构数据模型

结构数据模型简称数据模型，它直接面向数据库的逻辑结构，是现实世界的第 2 层抽象。数据模型涉及计算机系统和数据库管理系统，如层次模型、网状模型、关系模型等。数据模型有严格的形式化定义，以便于在计算机系统中实现。

（二）概念模型

概念模型是对信息世界的建模，它应当能够全面、准确地描述信息世界，是信息世界的基本概念。概念模型的表示方法很多，其中最为著名和使用最为广泛的是 P.P.Chen 于 1976 年提出的 E-R（Entity-Relationship）模型。

E-R 模型是直接从现实世界中抽象出实体类型及实体间的联系，是对现实世界的一种抽象，它的主要成分是实体、联系和属性。E-R 模型的图形表示称为 E-R 图。设计 E-R 图的方法称为 E-R 方法。利用 E-R 模型进行数据库的概念设计可以分为 3 步：首先设计局部 E-R 模型，然后把各个局部 E-R 模型综合成一个全局 E-R 模型，最后对全局 E-R 模型进行优化，得到最终的 E-R 模型。

E-R 图通用的表示方式如下。

（1）用矩形框表示实体型，在框内写上实体名。

（2）用椭圆形框表示实体的属性，并用无向边把实体和属性连接起来。

（3）用菱形框表示实体间的联系，在菱形框内写上联系名，用无向边分别把菱形框与有关实体连接起来，在无向边旁注明联系的类型。如果实体间的联系也有属性，则把属性和菱形框也用无向边连接起来。

班级与学生、课程与学生的 E-R 图，分别如图 1.5 与图 1.6 所示。

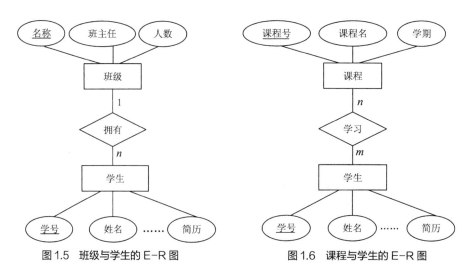

图 1.5　班级与学生的 E-R 图　　　　　图 1.6　课程与学生的 E-R 图

E-R 模型有两个明显的优点：接近于人的思维，容易理解；与计算机无关，用户容易接受。

E-R 方法是抽象和描述现实世界的有力工具。用 E-R 图表示的概念模型与数据模型相互独立，是各种数据模型的共同基础，因而比数据模型更一般、更抽象、更接近现实世界。

（三）数据模型的要素和种类

数据模型是严格定义的一组概念的集合，这些概念精确地描述了系统的静态特征（数据结构）、动态特征（数据操作）和数据约束条件，这是数据模型的三要素。

1. 数据模型的三要素

（1）数据结构：数据结构用于描述系统的静态特征，是所研究对象类型的集合，这些对象是数据库的组成部分，包括两个方面。

① 数据本身：数据的类型、内容和性质等。例如，关系模型中的域、属性、关系等。

② 数据之间的联系：数据之间是如何相互关联的。例如，关系模型中的主码、外码联系等。

（2）数据操作：数据操作是对数据库中的各种对象（型）的实例（值）允许执行的操作集合。数据操作包括操作对象及有关的操作规则，主要有检索和更新（包括插入、删除和修改）两类。

（3）数据约束条件：数据约束条件是一组完整性规则的集合。完整性规则是给定数据模型中的数据及其联系所具有的制约和依存规则，用于限定符合数据模型的数据库状态及其状态的变化，以保证数据的正确、有效和相容。

2. 常见的数据模型

数据模型是数据库系统的一个关键概念，数据模型不同，相应的数据库系统就完全不同，任何一个数据库管理系统都是基于某种数据模型的。数据库管理系统支持的数据模型分为 4 种：层次模型、网状模型、关系模型和关系对象模型。

层次模型用"树"结构来表示数据之间的关系，网状模型用"图"结构来表示数据之间的关系，关系模型用"表"结构（或称关系）来表示数据之间的关系。

在层次模型、网状模型、关系模型 3 种数据模型中，关系模型结构简单、数据之间的关系容易实现，因此关系模型是目前广泛使用的数据模型，并且关系数据库也是目前流行的数据库。

关系对象模型一方面对数据结构方面的关系结构进行改进，如 Oracle 8 就提供了关系对象模型的数据结构描述；另一方面，人们对数据操作引入了对象操作的概念和手段，今天的数据库管理系统基本上都提供了这方面的功能。

（四）关系模型

关系模型是目前最重要的一种数据模型，关系数据库系统采用关系模型作为数据的组织方式。

关系模型是在 20 世纪 70 年代初由美国 IBM 公司的 E.F.Codd 提出的，为数据库技术的发展奠定了理论基础。由于 E.F.Codd 的杰出工作，他于 1981 年获得国际计算机学会（Association for Computing Machinery，ACM）图灵奖。

微课 1-4：关系模型

1. 关系模型的数据结构

关系模型与以往的模型不同，它是建立在严格的数据概念基础上的。关系模型中数据的逻辑结构是一张二维表，它由行和列组成。下面分别介绍关系模型的相关术语。

（1）关系（Relation）。一个关系就是一张二维表，见表 1.1。

表 1.1　学生学籍表

学　　号	姓　　名	年　　龄	性　　别	所在系
2007X1201	李小双	18	女	信息系
2007D1204	张小玉	20	女	电子系
2007J1206	王大鹏	19	男	计算机系
……	……	……	……	……

（2）元组（Tuple）。元组也称为记录，关系表中的每行对应一个元组，组成元组的元素称为分量。数据库中的一个实体或实体之间的一个联系均使用一个元组来表示。例如，表 1.1 中有多个元组，分别对应多个学生，（2007X1201，李小双，18，女，信息系）是一个元组，由 5 个分量组成。

（3）属性（Attribute）。表中的一列即为一个属性，给每个属性取一个名称为属性名，表 1.1 中有 5 个属性（学号，姓名，年龄，性别，所在系）。

属性具有型和值两层含义：属性的型是指属性名和属性值域；属性的值是指属性具体的取值。

因为关系中的属性名具有标识列的作用，所以同一个关系中的属性名（列名）不能相同。一个关系中通常有个多个属性，属性用于表示实体的特征。

（4）域（Domain）。域为属性的取值范围，如表 1.1 中的"性别"属性的域是男、女，大学生的"年龄"属性域可以设置为 10～30 岁等。

（5）分量（Component）。分量是元组中的一个属性值，如表 1.1 中的"李小双""男"等都是分量。

（6）候选码（Candidate Key）。若关系中的某一属性或属性组的值能唯一标识一个元组，且从这个属性组中去除任何一个属性，都不再具有这样的性质，则称该属性或属性组为候选码，候选码简称码。

（7）主码（Primary Key，又称主键）。若一个关系中有多个候选码，则选定其中一个为主码。

例如，表 1.1 中的候选码之一是"学号"属性；假设表 1.1 中没有重名的学生，则学生的"姓名"也是该关系的候选码；在该关系中，应当选择"学号"属性作为主码。

（8）全码（All-Key）。在最简单的情况下，候选码只包含一个属性；在最极端的情况下，关系模式的所有属性是这个关系模式的候选码，称为全码。全码是候选码的特例。

例如，设有以下关系。

学生选课（学号，课程）

其中的"学号"和"课程"相互独立，属性间不存在依赖关系，它的码就是全码。

（9）主属性（Prime Attribute）和非主属性（Non-prime Attribute）。在关系中，候选码中的属性称为主属性，不包含在任何候选码中的属性称为非主属性。

（10）关系模式（Relation Schema）。关系的描述称为关系模式，它可以形式化地表示为 $R(U, D, Dom, F)$。

其中，R 为关系名；U 为组成该关系的属性的集合；D 为属性组 U 中的属性来自的域；Dom 为属性向域的映像集合；F 为属性间数据依赖关系的集合。

关系模式通常可以简记为 $R(U)$ 或 $R(A_1, A_2, \cdots, A_n)$。

其中 R 为关系名，A_1，A_2，$\cdots$，A_n 为属性名。而域名及属性向域的映像通常直接称为属性的类型及长度。例如，学生学籍表的关系模式可以表示为：学生学籍表（学号，姓名，年龄，性别，所在系）。

关系是关系模式在某一时刻的状态或内容。关系模式是静态的、稳定的，而关系是动态的、随时间不断变化的，因为关系操作在不断地更新着数据库中的数据。

微课 1-5：关系的性质

2. 关系的性质

（1）同一属性的数据具有同质性，即每一列中的分量是同一类型的数据，它们来自同一个域。

（2）同一关系的属性名具有不可重复性，即同一关系中不同属性的数据可出自同一个域，但不同的属性要给予不同的属性名。

（3）关系中列的位置具有顺序无关性，即列的次序可以任意交换、重新组织。

（4）关系具有元组无冗余性，即关系中的任意两个元组不能完全相同。

（5）关系中元组的位置具有顺序无关性，即元组的顺序可以任意交换。

（6）关系中每个分量必须取原子值，即每个分量都必须是不可分的数据项。

关系模型要求关系必须是规范化的，即要求关系模式必须满足一定的规范条件，这些规范条件中最基本的一条就是关系的每个分量必须是一个不可分割的数据项。规范化的关系简称范式（Normal Form）。例如，表 1.2 中的成绩分为 C 语言和 VB 语言两门课的成绩，这种组合数据项不符合关系规范化的要求，这样的关系在数据库中是不允许存在的，该表正确的设计格式见表 1.3。

表 1.2　非规范化的关系结构

姓　名	所 在 系	成　绩	
		C 语言	VB 语言
李武	计算机	95	90
马鸣	信息工程	85	92

表 1.3　修改后的关系结构

姓名	所在系	C 成绩	VB 成绩
李武	计算机	95	90
马鸣	信息工程	85	92

（五）关系的完整性

关系模型的完整性规则是对关系的某种约束条件。关系模型允许定义 3 类完整性约束：实体完整性、参照完整性和用户自定义的完整性。其中实体完整性和参照完整性是关系模型必须满足的完整性约束条件，称为两个不变性，应该由关系系统自动支持；用户自定义的完整性是应用领域需要遵循的约束条件，体现了具体领域中的语义约束。

微课 1-6：关系的
完整性

1. 实体完整性（Entity Integrity）

规则 1.1　实体完整性规则　若属性 A 是基本关系 R 的主属性，则属性 A 不能取空值。

例如，学生关系"学生（学号，姓名，性别，专业号，年龄）"中，"学号"为主码，则"学号"不能取空值。

实体完整性规则规定基本关系的所有主属性都不能取空值，而不仅是指主码不能取空值。

例如，学生选课关系"选修（学号，课程号，成绩）"中，"学号+课程号"为主码，则"学号"和"课程号"两个属性都不能取空值。

实体完整性规则的说明如下。

（1）实体完整性规则是针对基本关系而言的。一个基本表通常对应信息世界的一个实体集，例如，学生关系对应学生的集合。

（2）信息世界中的实体是可区分的，即它们具有某种唯一性标识。

（3）关系模型中以主码作为唯一性标识。

（4）主属性不能取空值。所谓空值，就是"不知道"或"不确定"的值，如果主属性取空值，就说明存在某个不可标识的实体，即存在不可区分的实体，这与第（2）点相矛盾，因此这个规则称为实体完整性规则。

2. 参照完整性（Referential Integrity）

在信息世界中，实体之间往往存在某种联系，在关系模型中，实体及实体间的联系都是用关系来描述的，这样就自然存在关系与关系间的引用。先来看下面 3 个例子。

【例 1.1】　学生关系和专业关系表示如下，其中主码用下画线标识。

学生（学号，姓名，性别，专业号，年龄）

专业（专业号，专业名）

这两个关系之间存在属性的引用，即学生关系引用了专业关系的主码"专业号"。显然，学生关系中的"专业号"值必须是确实存在的专业的专业号，即专业关系中有该专业的记录，也就是说，学生关系中的某个属性的取值需要参照专业关系的属性来取值。

【例 1.2】　学生、课程、学生与课程之间的多对多联系"选修"可以用如下 3 个关系表示。

学生（学号，姓名，性别，专业号，年龄）

课程（课程号，课程名，学分）

选修（学号，课程号，成绩）

这 3 个关系之间也存在属性的引用，即选修关系引用了学生关系的主码"学号"和课程关系的主码"课程号"。同样，选修关系中的"学号"值必须是确实存在的学生的学号，即学生关系中有该学生的记录；选修关系中的"课程号"值也必须是确实存在的课程的课程号，即课程关系中有该课程的记录。也就是说，选修关系中某些属性的取值需要参照其他关系的属性来取值。

不仅两个或两个以上的关系间可以存在引用关系，同一关系内部属性间也可能存在引用关系。

【例 1.3】 在关系"学生（学号，姓名，性别，专业号，年龄，班长）"中，"学号"属性是主码，"班长"属性表示该学生所在班级的班长的学号，它引用了本关系"学号"属性，即"班长"必须是确实存在的学生的学号。

设 F 是基本关系 R 的一个或一组属性，但不是关系 R 的主码。如果 F 与基本关系 S 的主码 Ks 对应，则称 F 是基本关系 R 的外码（Foreign Key，又称为外键），并称基本关系 R 为参照关系（Referencing Relation），基本关系 S 为被参照关系（Referenced Relation）或目标关系（Target Relation）。关系 R 和关系 S 有可能是同一关系。

显然，被参照关系 S 的主码 Ks 和参照关系 R 的外码 F 必须定义在同一个（或一组）域中。

在例 1.1 中，学生关系的"专业号"属性与专业关系的主码"专业号"对应，因此"专业号"属性是学生关系的外码。这里专业关系是被参照关系，学生关系为参照关系。

在例 1.2 中，选修关系的"学号"属性与学生关系的主码"学号"对应，"课程号"属性与课程关系的主码"课程号"对应，因此"学号"和"课程号"属性是选修关系的外码。这里，学生关系和课程关系均为被参照关系，选修关系为参照关系。

在例 1.3 中，"班长"属性与本身的主码"学号"属性对应，因此"班长"是外码。学生关系既是参照关系，也是被参照关系。

需要指出的是，外码并不一定要与相应的主码同名。但在实际应用中，为了便于识别，当外码与相应的主码属于不同关系时，给它们取相同的名称。

参照完整性规则定义了外码与主码之间的引用规则。

规则 1.2　参照完整性规则　若属性（或属性组）F 是基本关系 R 的外码，它与基本关系 S 的主码 Ks 对应（基本关系 R 和 S 有可能是同一关系），则 R 中的每个元组在 F 上的值必须为以下值之一。

（1）空值（F 的每个属性值均为空值）。

（2）S 中某个元组的主码值。

在例 1.1 中，学生关系中每个元组的"专业号"属性只能取下面两类值。

（1）空值，表示尚未给该学生分配专业。

（2）非空值，这时该值必须是专业关系中某个元组的"专业号"值，表示该学生不可能分配到一个不存在的专业中，即被参照关系"专业"中一定存在一个元组，它的主码值等于该参照关系"学生"中的外码值。

在例 1.2 中按照参照完整性规则，"学号"和"课程号"属性也可以取两类值：空值或被参照关系中已经存在的值。但由于"学号"和"课程号"是选修关系中的主属性，按照实体完整性规则，它们均不能取空值，所以选修关系中的"学号"和"课程号"属性实际上只能取相应被参照关系中已经存在的主码值。

在参照完整性规则中，关系 R 与关系 S 可以是同一个关系。在例 1.3 中，按照参照完整性规则，"班长"属性可以取两类值。

（1）空值，表示该学生所在班级尚未选出班长。

（2）非空值，该值必须是本关系中某个元组的学号值。

3. 用户自定义的完整性（User-defined Integrity）

用户自定义的完整性就是针对某一具体关系数据库的约束条件，它反映某一具体应用涉及的数据必须满足的语义要求。例如，某个属性必须取唯一值、属性值之间应满足一定的函数关系、某属性的取值范围为 0~100 等。

例如，性别只能取"男"或"女"；学生的成绩必须在 0~100 分。

任务 1-4　关系代数

【任务分析】

在计算机上存储数据的目的是使用数据，选择好数据的组织形式后，接下来的任务是明确怎样使用数据。

【课堂任务】

理解关系模型中的数据可以进行哪些操作。

* 什么是关系代数
* 传统的集合运算
* 关系的选择、投影及连接操作

关系代数是一种抽象的查询语言，是关系数据操纵语言的一种传统表达方式，它用关系的运算来表达查询。

运算对象、运算符、运算结果是运算的三大要素。关系代数的运算对象是关系，运算结果亦为关系。关系代数中使用的运算符包括 4 类：集合运算符、专门的关系运算符、比较运算符和逻辑运算符，见表 1.4。

表 1.4　关系代数运算符

运算符		含义	运算符		含义
集合 运算符	∪ − ∩ ×	并 差 交 广义笛卡儿积	比较 运算符	> ≥ < ≤ = ≠	大于 大于等于 小于 小于等于 等于 不等于
专门的 关系 运算符	σ π ∞ ÷	选择 投影 连接 除	逻辑 运算符	¬ ∧ ∨	非 与 或

关系代数的运算按运算符的不同可分为传统的集合运算和专门的关系运算两类。

其中，传统的集合运算将关系看成元组的集合，其运算是从关系的"水平"方向即行的角度进行的，而专门的关系运算不仅涉及行，而且涉及列。比较运算符和逻辑运算符是用来辅助专门的关系运算的。

（一）传统的集合运算

微课 1-7：传统的
集合运算

传统的集合运算是二目运算，包括并、交、差、广义笛卡儿积 4 种运算。

设关系 R 和关系 S 具有相同的目 n（即两个关系都具有 n 个属性），且相应的属性取自同一个域，则可以定义并、差、交、广义笛卡儿积运算如下。

1. 并（Union）

关系 R 与关系 S 的并记作：

$$R \cup S = \{ t | t \in R \vee t \in S \},\ t \text{是元组变量}$$

其结果关系仍为 n 目关系，由属于 R 或属于 S 的元组组成。

2. 差（Difference）

关系 R 与关系 S 的差记作：

$$R - S = \{ t | t \in R \wedge t \notin S \},\ t \text{是元组变量}$$

其结果关系仍为 n 目关系，由属于 R 而不属于 S 的所有元组组成。

3. 交（Intersection）

关系 R 与关系 S 的交记作：

$$R \cap S = \{ t | t \in R \wedge t \in S \},\ t \text{是元组变量}$$

其结果关系仍为 n 目关系，由既属于 R，又属于 S 的元组组成。关系的交可以用差表示，即

$$R \cap S = R - (R - S)$$

4. 广义笛卡儿积（Extended Cartesian Product）

两个分别为 n 目和 m 目的关系 R 和 S 的广义笛卡儿积是一个（$n+m$）列的元组的集合。元组的前 n 列是关系 R 的一个元组，后 m 列是关系 S 的一个元组。若 R 有 k_1 个元组，S 有 k_2 个元组，则关系 R 和关系 S 的广义笛卡儿积有 $k_1 \times k_2$ 个元组。记作：

$$R \times S = \{ \widehat{t_r t_s} | t_r \in R \wedge t_s \in S \}$$

例如，关系 R、S 见表 1.5（a）、表 1.5（b），则 $R \cup S$、$R \cap S$、$R - S$、$R \times S$ 分别见表 1.5（c）~表 1.5（f）。

表 1.5　传统的集合运算

A	B	C
a_1	b_1	c_1
a_1	b_2	c_2
a_2	b_2	c_1

（a）R

A	B	C
a_1	b_2	c_2
a_1	b_3	c_2
a_2	b_2	c_1

（b）S

A	B	C
a_1	b_1	c_1
a_1	b_2	c_2
a_2	b_2	c_1
a_1	b_3	c_2

（c）$R \cup S$

A	B	C
a_1	b_2	c_2
a_2	b_2	c_1

（d）$R \cap S$

续表

A	B	C
a_1	b_1	c_1

(e) R-S

R.A	R.B	R.C	S.A	S.B	S.C
a_1	b_1	c_1	a_1	b_2	c_2
a_1	b_1	c_1	a_1	b_3	c_2
a_1	b_1	c_1	a_2	b_2	c_1
a_1	b_2	c_2	a_1	b_2	c_2
a_1	b_2	c_2	a_1	b_3	c_2
a_1	b_2	c_2	a_2	b_2	c_1
a_2	b_2	c_1	a_1	b_2	c_2
a_2	b_2	c_1	a_1	b_3	c_2
a_2	b_2	c_1	a_2	b_2	c_1

(f) R×S

（二）专门的关系运算

专门的关系运算包括选择、投影、连接、除等。

为了叙述方便，先引入几个记号。

- 设关系模式为 $R(A_1, A_2, \cdots, A_n)$，它的一个关系设为 R，$t \in R$ 表示 t 是 R 的一个元组，$t[A_i]$ 表示元组 t 中相应于属性 A_i 上的一个分量。
- 若 $A=\{A_{i1}, A_{i2}, \cdots, A_{ik}\}$，其中 A_{i1}，A_{i2}，$\cdots$，A_{ik} 是 A_1，A_2，$\cdots$，A_n 中的一部分，则 A 称为属性列或域列。$t[A]=(t[A_{i1}], t[A_{i2}], \cdots, t[A_{ik}])$ 表示元组 t 在属性列 A 上诸分量的集合。$\overline{A}$ 表示 $\{A_1, A_2, \cdots, A_n\}$ 中去掉 $\{A_{i1}, A_{i2}, \cdots, A_{ik}\}$ 后剩余的属性组。
- R 为 n 目关系，S 为 m 目关系。$t_r \in R$，$t_s \in S$，$\widehat{t_r t_s}$ 称为元组的连接，它是一个 $n+m$ 列的元组，前 n 个分量为 R 中的一个 n 元组，后 m 个分量为 S 中的一个 m 元组。
- 给定一个关系 $R(X, Z)$，X 和 Z 为属性组。定义 $t[X]=x$ 时，x 在 R 中的象集为：

$$Z_x=\{t[Z] \mid t \in R, t[X]=x\}$$

它表示 R 中属性组 X 上值为 x 的诸元组在 Z 上分量的集合。

微课 1-8：专门的
关系运算

1. 选择（Selection）

选择又称为限制（Restriction），它是在关系 R 中选择满足给定条件的诸元组，记作：

$$\sigma_F(R)=\{t \mid t \in R \wedge F(t)='真'\}$$

其中，F 表示选择条件，它是一个逻辑表达式，取逻辑值为"真"或"假"。逻辑表达式 F 的基本形式为：

$$X_1 \theta Y_1[\Phi X_2 \theta Y_2 \cdots]$$

其中，θ 表示比较运算符，它可以是 $>$、$\geqslant$、$<$、$\leqslant$、$=$ 或 $\neq$；X_1、Y_1 是属性名、常量或简单函数，属性名也可以用它的序号（如 1，2，$\cdots$）来代替；Φ 表示逻辑运算符，它可以是 $\neg$（非）、$\wedge$（与）或 $\vee$（或）；[ ] 表示任选项，即 [ ] 中的部分可要可不要；$\cdots$ 表示上述格式可以重复下去。

选择运算实际上是从关系 R 中选取使逻辑表达式 F 为真的元组，这是从行的角度进行的运算。

设有一个学生—课程数据库见表 1.6，它包括以下内容。

学生关系 Student（sno 表示学号，sname 表示姓名，ssex 表示性别，sage 表示年龄，sdept 表示所在系）

课程关系 course（cno 表示课程号，cname 表示课程名）

选修关系 score（sno 表示学号，cno 表示课程号，degree 表示成绩）

其关系模式如下。

Student（sno，sname，ssex，sage，sdept）

Course（cno，cname）

Score（sno，cno，degree）

表 1.6　学生—课程关系数据库

sno	sname	ssex	sage	sdept
000101	李晨	男	18	信息系
000102	王博	女	19	数学系
010101	刘思思	女	18	信息系
010102	王国美	女	20	物理系
020101	范伟	男	19	数学系

（a）Student

cno	cname
C_1	数学
C_2	英语
C_3	计算机
C_4	制图

（b）Course

sno	cno	degree
000101	C_1	90
000101	C_2	87
000101	C_3	72
010101	C_1	85
010101	C_2	42
020101	C_3	70

（c）Score

【例 1.4】 查询数学系学生的信息。

$\sigma_{sdept='数学系'}$（Student）

或

$\sigma_{5='数学系'}$（Student）

结果见表 1.7。

表 1.7　查询数学系学生的信息结果

sno	sname	ssex	sage	sdept
000102	王博	女	19	数学系
020101	范伟	男	19	数学系

【例 1.5】 查询年龄小于 20 岁的学生的信息。

$\sigma_{sage<20}$(Student)

或

$\sigma_{4<20}$(Student)

结果见表 1.8。

表 1.8　查询年龄小于 20 岁的学生的信息结果

sno	sname	ssex	sage	sdept
000101	李晨	男	18	信息系
000102	王博	女	19	数学系
010101	刘思思	女	18	信息系
020101	范伟	男	19	数学系

2．投影（Projection）

关系 R 上的投影是从 R 中选择出若干属性列组成新的关系，记作：

$$\pi_A(R)=\{t[A] \mid t \in R\}$$

其中 A 为 R 中的属性列。

投影操作是从列的角度进行的运算。投影之后不仅取消了原关系中的某些列，而且可能取消某些元组，因为取消某些属性列后，可能出现重复元组，关系操作将自动取消相同的元组。

【例 1.6】 查询学生的学号和姓名。

$\pi_{sno, \, sname}$(Student)

或

$\pi_{1, \, 2}$(Student)

结果见表 1.9。

表 1.9　查询学生的学号和姓名结果

sno	sname	sno	sname
000101	李晨	010102	王国美
000102	王博	020101	范伟
010101	刘思思		

【例 1.7】 查询学生关系 Student 中都有哪些系，即查询学生关系 Student 在所在系属性上的投影。

π_{sdept}(Student)

或

π_5(Student)

结果见表 1.10。

表 1.10　查询学生所在系结果

sdept
信息系
数学系
物理系

3. 连接（Join）

连接也称为 θ 连接，它是从两个关系的笛卡儿积中选取属性间满足一定条件的元组，记作：

$$R \underset{A\theta B}{\infty} S = \{ t_r t_s \mid t_r \in R \wedge t_s \in S \wedge t_r[A]\theta t_s[B] \}$$

其中 A 和 B 分别为 R 和 S 上数目相等且可比的属性组，θ 是比较运算符。连接运算是从 R 和 S 的笛卡儿积 $R \times S$ 中选取（R 关系）A 属性组中的值与（S 关系）B 属性组中的值满足比较关系 θ 的元组。

连接运算中有两种最为重要也最为常用的连接，一种是等值连接，另一种是自然连接。

（1）等值连接：θ 为 "=" 的连接运算称为等值连接，它是从关系 R 与 S 的笛卡儿积中选取 A、B 属性值相等的那些元组，等值连接为：

$$R \underset{A=B}{\infty} S = \{ t_r t_s \mid t_r \in R \wedge t_s \in S \wedge t_r[A] = t_s[B] \}$$

（2）自然连接：是一种特殊的等值连接，它要求两个关系中进行比较的分量必须是相同的属性组，并且在结果中把重复的属性列去掉，即若 R 和 S 具有相同的属性组 B，则自然连接可记作：

$$R \infty S = \{ t_r t_s \mid t_r \in R \wedge t_s \in S \wedge t_r[A] = t_s[B] \}$$

一般的连接操作是从行的角度进行运算的，但因为自然连接还需要取消重复列，所以自然连接是同时从行和列的角度进行运算的。

【例 1.8】设关系 R、S 分别见表 1.11（a）和表 1.11（b），一般连接 $C<E$ 的结果见表 1.11（c），等值连接 $R.B=S.B$ 的结果见表 1.11（d），自然连接的结果见表 1.11（e）。

表 1.11　连接运算举例

A	B	C
a₁	b₁	5
a₁	b₂	6
a₂	b₃	8
a₂	b₄	12

（a）R

B	E
b₁	3
b₂	7
b₃	10
b₃	2
b₅	2

（b）S

A	R.B	C	S.B	E
a₁	b₁	5	b₂	7
a₁	b₁	5	b₃	10
a₁	b₂	6	b₂	7
a₁	b₂	6	b₃	10
a₂	b₃	8	b₃	10

（c）$R \underset{C<E}{\infty} S$（一般连接）

A	R.B	C	S.B	E
a₁	b₁	5	b₁	3
a₁	b₂	6	b₂	7
a₂	b₃	8	b₃	10
a₂	b₃	8	b₃	2

（d）$R \underset{R.B=S.B}{\infty} S$（等值连接）

续表

A	B	C	E
a_1	b_1	5	3
a_1	b_2	6	7
a_2	b_3	8	10
a_2	b_3	8	2

（e）$R\infty S$（自然连接）

4. 除（Division）

给定一个关系 $R(X, Z)$，X 和 Z 为属性组。定义 $t[X]=x$ 时，x 在 R 中的象集为：

$$Z_x=\{t[Z] \mid t\in R, t[X]=x\}$$

它表示 R 中属性组 X 上值为 x 的诸元组在 Z 上分量的集合。

给定关系 $R(X, Y)$ 和 $S(Y, Z)$，其中 X、Y、Z 可以为单个属性或属性组，关系 R 中的 Y 与关系 S 中的 Y 可以有不同的属性名，但必须出自相同的域。R 与 S 的除运算得到一个新的关系 $P(X)$，P 是 R 中满足下列条件的元组在 X 属性列上的投影：元组在 X 上分量值 x 的象集 Y_x 包含 S 在 Y 上投影的集合，记作：

$$R\div S=\{t[X] \mid t\in R \wedge Y_x\pi y(S)\subseteq Y_x\}$$

其中 Y_x 为 x 在 R 中的象集，$x=t[X]$。

除操作是同时从行和列的角度进行的运算。除操作适合于包含"对于所有的/全部的"语句的查询操作。

【例 1.9】设关系 R、S 分别见表 1.12（a）、表 1.12（b），$R\div S$ 的结果见表 1.12（c）。在关系 R 中，A 可以取 4 个值 $\{a_1, a_2, a_3, a_4\}$。其中：

a_1 的象集为 $\{(b_1, c_2), (b_2, c_3), (b_2, c_1)\}$。

表 1.12　除运算举例

A	B	C
a_1	b_1	c_2
a_2	b_3	c_5
a_3	b_4	c_4
a_1	b_2	c_3
a_4	b_6	c_4
a_2	b_2	c_3
a_1	b_2	c_1

（a）R

B	C	D
b_1	c_2	d_1
b_2	c_1	d_1
b_2	c_3	d_2

（b）S

A
a_1

（c）$R\div S$

a_2 的象集为 $\{(b_3, c_5), (b_2, c_3)\}$。

a_3 的象集为 $\{(b_4, c_4)\}$。

a_4的象集为$\{(b_6,\ c_4)\}$。

S在$(B,\ C)$上的投影为$\{(b_1,\ c_2),\ (b_2,\ c_3),\ (b_2,\ c_1)\}$。

显然因为只有a_1的象集$(B,\ C)_{a_1}$包含S在$(B,\ C)$属性组上的投影，所以$R\div S=\{a_1\}$。

5. 关系代数操作举例（强化训练）

在关系代数中，关系代数运算经过有限次复合后形成的式子称为关系代数表达式。对关系数据库中数据的查询操作可以写成一个关系代数表达式，或者说，写成一个关系代数表达式就表示已经完成了查询操作。以下给出利用关系代数进行查询的例子。

设学生—课程数据库中有 3 个关系。

学生关系：S（Sno，Sname，Ssex，Sage）

课程关系：C（Cno，Cname，Teacher）

学习关系：SC（Sno，Cno，Degree）

（1）查询学习 C3 号课程的学生的学号和成绩。

$$\pi_{sno,\ degree}(\sigma_{Cno='C3'}(SC))$$

（2）查询学习 C4 号课程的学生的学号和姓名。

$$\pi_{sno,\ sname}(\sigma_{cno='C4'}(S\infty SC))$$

（3）查询学习 maths 课程的学生的学号和姓名。

$$\pi_{sno,\ sname}(\sigma_{cname='maths'}(S\infty SC\infty C))$$

（4）查询学习 C1 号或 C3 号课程的学生的学号。

$$\pi_{sno}(\sigma_{cno='C1'\vee cno='C3'}(SC))$$

（5）查询不学习 C2 号课程的学生的姓名和年龄。

$$\pi_{sname,\ sage}(S)-\pi_{sname,\ sage}(\sigma_{cno='C2'}(S\infty SC))$$

（6）查询学习全部课程的学生姓名。

$$\pi_{sname}(S\infty(\pi_{sno,\ cno}(SC)\div\pi_{cno}(C)))$$

（7）查询所学课程包括 200701 所学课程的学生的学号。

$$\pi_{sno,\ cno}(SC)\div\pi_{cno}(\sigma_{sno='200701'}(SC))$$

任务 1-5　数据库系统的组成和结构

【任务分析】

设计人员现在的任务是明确数据模型怎样在计算机上实现，并理解与之相关的基本概念。

【课堂任务】

如何在计算机上实现数据管理，本任务要明确数据在计算机上的存在形式。

- 数据库相关概念
- 数据库系统的体系结构

（一）数据库相关概念

1. 数据库

数据库（Database，DB）是长期存放在计算机内的、有组织的、可共享的相关数据的集合，它将数据按一定的数据模型组织、描述和存储，具有较小的冗余度、较高的数据独立性和易扩展性、可被各类用户共享等特点。

2. 数据库管理系统

数据库管理系统（Database Management System，DBMS）是位于用户与操作系统（Operating System，OS）之间的一层数据管理软件，它为用户或应用程序提供访问数据库的方法，包括数据库的创建、查询、更新及各种数据控制，它是数据库系统的核心。一般由计算机软件公司提供，目前比较流行的 DBMS 有 Oracle、Access、SQL Server、MySQL、PostgreSQL 等。

DBMS 的主要功能包括以下几个方面。

（1）数据定义功能。DBMS 提供数据定义语言（Data Definition Language，DDL），用户通过它可以方便地定义数据库中的数据对象。

（2）数据操纵功能。DBMS 还提供数据操纵语言（Data Manipulation Language，DML），用户可以使用 DML 操纵数据实现对数据库的基本操作，如查询、插入、删除和修改等。

（3）数据库的运行管理。数据库在创建、运用和维护时，由 DBMS 统一管理、统一控制，以保证数据的安全性、完整性、多用户对数据的并发使用及发生故障后的系统恢复。

（4）数据库的创建和维护功能。数据库的创建和维护功能包括数据库初始数据的输入、转换功能，数据库的转储、恢复功能，数据库的组织功能和性能监视、分析功能等。这些功能通常是由一些实用程序完成的。

3. 数据库应用系统

凡是使用数据库技术管理其数据的系统都称为数据库应用系统（Database Application System，DBAS）。数据库应用系统的应用非常广泛，它可以用于事务管理、计算机辅助设计、计算机图形分析和处理及人工智能等系统中。

4. 数据库系统

数据库系统（Database System，DBS）是指在计算机系统中引入数据库后的系统，它由计算机硬件、数据库、DBMS（及其开发工具）、数据库应用系统、数据库用户构成。

数据库用户包括数据库管理员、系统分析员、数据库设计人员及应用程序开发人员和终端用户。

数据库管理员（Database Administrator，DBA）是高级用户，他的任务是对使用中的数据库进行整体维护和改进，负责数据库系统的正常运行，他是数据库系统的专职管理和维护人员。

系统分析员负责应用系统的需求分析和规范说明，要和用户及 DBA 结合，确定系统的硬件、软件配置，并参与数据库系统的概要设计；数据库设计人员负责数据库中数据的确定、数据库各级模式的设计；应用程序开发人员负责设计和编写应用程序的程序模块，并进行调试和安装。

终端用户是数据库的使用者，主要是使用数据，并对数据进行增加、删除、修改、查询、统计等操作，终端用户执行操作的方式有两种，使用系统提供的操作命令或程序开发人员提供的应用程序。数据库系统层次示意图如图 1.7 所示。

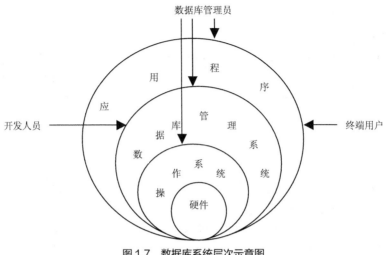

图 1.7　数据库系统层次示意图

（二）数据库系统的体系结构

数据库系统的体系结构分为三级模式和两级映像，如图 1.8 所示。

微课 1-9：数据库
系统的体系结构

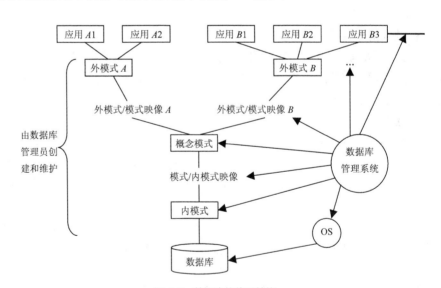

图 1.8　数据库的体系结构

数据库系统的三级模式包括模式、外模式和内模式，它是数据的 3 个抽象级别，它把数据的具体组织留给 DBMS 处理，用户只要抽象地处理数据，而不必关心数据在计算机中的表示和存储，从而减轻了用户使用系统的负担。

三级模式之间差别往往很大，为了实现这 3 个抽象级别的联系和转换，DBMS 在三级模式之间提供了两级映像（Mapping）：外模式/模式映像、模式/内模式映像。

正是这两级映像保证了数据库系统中的数据能够具有较高的逻辑独立性和物理独立性。

1. 模式

模式（Schema）也称概念模式（Conceptual Schema）或逻辑模式，是对数据库中全部数据的逻辑结构和特征的描述，是所有用户的公共数据视图。它是数据库系统模式结构的中间层，既不涉及数据的物理存储细节和硬件环境，也不涉及具体的应用程序及使用的应用开发工具和高级程序设计语言。

模式实际上是数据库数据在概念级上的视图，一个数据库只有一个模式。模式通常以某种数据模型为基础，综合考虑了所有用户的需求，并将这些需求有机地结合成一个逻辑整体。定义模式时，不仅要定义数据的逻辑结构，如数据记录由哪些数据项构成，数据项的名称、类型、取值范围等，而且要定义数据项之间的联系、不同记录之间的联系，以及与数据有关的完整性、安全性等要求。

完整性包括数据的正确性、有效性和相容性。数据库系统应提供有效的措施，以保证数据处于约束范围内。

安全性主要指保密性。不是任何人都可以存取数据库中的数据，也不是每个合法用户可以存取的数据范围都相同，一般采用口令和密码的方式对用户进行验证。

DBMS 提供模式 DDL 来定义模式。

2. 外模式

外模式（External Schema）也称子模式（Subschema）或用户模式，它是对数据库用户（包括程序员和最终用户）能够看见和使用的局部数据的逻辑结构和特征的描述，即个别用户涉及的数据的逻辑结构。

外模式通常是模式的子集，一个数据库可以有多个外模式。外模式是根据用户自己对数据的需要，从局部的角度进行设计，因此如果不同的用户在应用需求、看待数据的方式、对数据保密的要求等方面存在差异，则其外模式描述也不同。一方面，即使是模式中的同一数据在外模式中的结构、类型、长度和保密级别等也都可以不同。另一方面，同一外模式也可以为某一用户的多个应用系统使用，但一个应用程序只能使用一个外模式。

外模式是保证数据库安全性的一个有效措施，每个用户只能看见或访问对应外模式中的数据，数据库中的其余数据是不可见的。

DBMS 提供外模式 DDL 来定义外模式。

3. 内模式

内模式（Internal Schema）也称存储模式（Storage Schema）或物理模式，一个数据库只有一个内模式。内模式是对数据物理结构和存储方式的描述，是数据在数据库内部的表示方式。例如，记录的存储方式是顺序存储，按照 B 树结构存储还是按 hash 方法存储；索引按照什么方式组织；数据是否压缩存储，是否加密；数据的存储记录结构有何规定等。

内模式的设计目标是将系统的模式（全局逻辑结构）组织成最优的物理模式，以提高数据的存取效率，改善系统的性能指标。

DBMS 提供内模式 DDL 来定义内模式。

4. 外模式/模式映像

模式描述的是数据的全局逻辑结构，外模式描述的是数据的局部逻辑结构，同一个模式可以有任意多个外模式。对于每个外模式，数据库系统都有一个外模式/模式映像，它定义了该外模式与模式之间的对应关系。这些映像定义通常包含在各自外模式的描述中。

5. 模式/内模式映像

因为数据库中只有一个模式，也只有一个内模式，所以模式/内模式映像是唯一的，它定义了数据库全局逻辑结构与存储结构之间的对应关系。例如，说明逻辑记录和字段在内部是如何表示的。该映像定义通常包含在模式描述中。

6. 两级数据独立性

数据独立性（Data Independence）是指应用程序和数据库的数据结构之间相互独立，不受影响。

（1）逻辑数据独立性。当模式改变（如增加新的关系、新的属性，改变属性的数据类型等）时，由数据库管理员对各个外模式/模式映像做相应改变，可以使外模式保持不变。应用程序是依据数据的外模式编写的，因而应用程序不必修改，保证了数据与程序的逻辑独立性，简称逻辑数据独立性。

（2）物理数据独立性。当数据库的存储结构改变了（如选用了另一种存储结构），由数据库管理员对模式/内模式映像做相应改变，可以保证模式保持不变，因而应用程序也不必改变。保证了数据与程序的物理独立性，简称物理数据独立性。

特定的应用程序是在外模式描述的数据结构上编制的，它依赖于特定的外模式，与数据库的模式和存储结构相独立。不同的应用程序可以共用同一外模式。数据库的两级映像保证了数据库外模式的稳定性，从而从底层保证了应用程序的稳定性，除非应用需求本身发生变化，否则应用程序一般不需要修改。

数据与程序之间的独立性，使数据的定义和描述可以从应用程序中分离出去。另外，数据的存取由 DBMS 管理，用户不必考虑存取路径等细节，简化了应用程序的编写，大大减少了应用程序的维护及修改工作。

任务 1-6 数据管理技术的发展历程

【任务分析】

应用计算机进行数据处理之前，首先要把大量的信息以数据的形式存放在存储器中。存储器的容量、存储速率直接影响数据管理技术的发展。数据管理技术的发展与计算机硬件(主要是外部存储器)、系统软件及计算机应用的范围有密切的联系。设计人员要了解数据管理技术的发展历程，加强对数据库相关概念的理解。

【课堂任务】

理解以下数据库管理技术的相关概念。

- 人工管理
- 文件系统
- 数据库系统
- 分布式数据库系统
- 面向对象数据库系统
- 数据仓库
- 数据挖掘
- 云计算与大数据

（一）人工管理阶段

20世纪50年代前期，计算机主要用于科学计算，数据处理都是通过手工方式进行的。当时的计算机没有专门管理数据的软件，也没有像磁盘这样可以随机存取的外部存储设备。数据由计算或处理它的程序自行携带，数据和应用程序一一对应。因此，这一时期计算机数据管理的特点是：数据的独立性差，数据不能被长期保存，数据的冗余度大等。

人工管理阶段应用程序与数据之间的关系如图1.9所示。

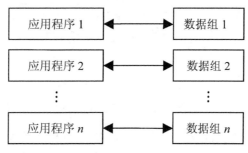

图1.9　人工管理阶段应用程序与数据之间的关系

（二）文件系统阶段

20世纪50年代后期至20世纪60年代中后期，磁盘成为计算机的主要外存储器。在软件方面，出现了高级语言和操作系统。在此阶段，数据以文件的形式进行组织，并能长期保存在外存储器上，用户能对数据文件进行查询、修改、插入和删除等操作。程序与数据有了一定的独立性，程序和数据分开存储，然而依旧存在数据冗余度大及数据不一致等缺点。

文件系统阶段应用程序与数据之间的关系如图1.10所示。

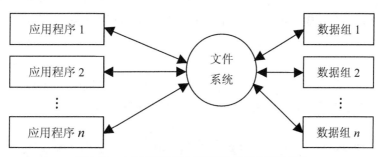

图1.10　文件系统阶段应用程序与数据之间的关系

（三）数据库系统阶段

20世纪60年代后期，计算机的硬件和软件都有了进一步的发展，信息量的爆炸式膨胀带来了数据量的急剧增长，为了解决日益增长的数据量带来的数据管理上的严重问题，数据库技术逐渐发展和成熟起来。

数据库技术使数据有了统一的结构，对所有的数据进行统一、集中、独立的管理，以实现数据共享，保证数据的完整和安全，提高了数据管理效率。在应用程序和数据库之间有 DBMS。DBMS 对数据的处理方式与文件系统不同，它把所有应用程序使用的数据汇集在一起，并以记录为单位存储起来，便于应用程序使用。

数据库系统阶段应用程序与数据之间的关系如图 1.11 所示。

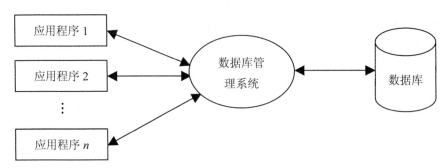

图 1.11　数据库系统阶段应用程序与数据之间的关系

目前世界上已有数百万个数据库系统在运行，其应用已经深入人类社会生活的各个领域，从企业管理、银行业务、资源分配、经济预测到信息检索、档案管理、普查统计等。此外在通信网络基础上，建立了许多国际性的联机检索系统。

（四）分布式数据库系统

随着地理上分散的用户对数据共享的要求日益增强，以及计算机网络技术的发展，在传统的集中式数据库系统基础上产生和发展了分布式数据库系统。

分布式数据库系统（Distributed Database System，DDBS）并不是简单地把集中式数据库安装在不同场地，用网络连接起来以便实现(这是分散的数据库系统)，而是具有自己的性质和特征。集中式数据库系统中的许多概念和技术，如数据独立性的概念、数据共享和减少冗余的控制策略、并发控制和事务恢复的概念及实现技术等，在分布式数据库中有了不同的、更加丰富的内容。

DDBS 包含分布式数据库管理系统（Distributed Database Management System，DDBMS）和分布式数据库（Distributed Database，DDB)。在 DDBS 中，一个应用程序可以对数据库进行透明操作，数据库中的数据分别在不同的局部数据库中存储、由不同的 DBMS 管理、在不同的机器上运行、由不同的操作系统支持、由不同的通信网络连接在一起。

DDB 应具有以下特点。

（1）数据的物理分布性。数据库中的数据不是集中存储在一个场地的一台计算机上，而是分布在不同场地的多台计算机上，它不同于通过计算机网络共享的集中式数据库系统。

（2）数据的逻辑整体性。数据库虽然在物理上是分布的，但其中的数据并不是不相关的，它们在逻辑上是相互联系的整体，它不同于通过计算机网络互连的多个独立的数据库系统。

（3）数据的分布独立性(也称分布透明性)。DDB 中除了数据库的物理独立性和数据的逻辑独立性外，还有数据的分布独立性。即在用户看来，整个数据库仍然是一个集中的数据库，用户不必关心数据的分片、数据物理位置分布的细节和数据副本的一致性，分布的实现完全由 DDBMS 来完成。

（4）场地自治和协调。系统中的每个节点具有独立性，能执行局部的应用请求；每个节点又是整个系统的一部分，可通过网络处理全局的应用请求。

（5）数据的冗余及冗余透明性。与集中式数据库不同，DDB 中应存在适当冗余以适合分布处理的特点，提高系统的处理效率和可靠性。因此，数据复制技术是分布式数据库的重要技术。但 DDB 中的这种数据冗余对用户是透明的，即用户不必知道冗余数据的存在，维护各副本的一致性也由系统负责。

（五）面向对象数据库系统

面向对象数据库系统（Object Oriented Database System，OODBS）是面向对象的程序设计技术与数据库技术相结合的产物。面向对象数据库系统的主要特点是具有面向对象技术的封装性和继承性，提高了软件的可重用性。

因为面向对象程序语言操作的是对象，所以面向对象数据库（OODB）的一个优势是面向对象语言程序员在开发程序时，可直接以对象的形式存储数据。

面向对象模型是一种新兴的数据模型，它采用面向对象的方法来设计数据库。面向对象数据模型有以下特点。

（1）使用面向对象模型将客观世界按语义组织成由各个相互关联的对象单元组成的复杂系统 。对象可以定义为对象的属性和对象的行为描述，对象间的关系分为直接关系和间接关系两种。

（2）语义上相似的对象被组织成类，类是对象的集合，对象只是类的一个实例，通过创建类的实例实现对象的访问和操作。

（3）面向对象模型具有"封装""继承""多态"等基本概念。

（4）方法实现类似于关系数据库中的存储过程，但存储过程并不和特定对象相关联，方法实现是类的一部分。

（5）在实际应用中，面向对象数据库可以实现一些带有复杂数据描述的应用系统，如时态和空间事务、多媒体数据管理等。

（六）数据仓库

数据库技术经过几十年的发展和广泛应用，以及社会各行各业大量信息和数据的多年积累，数据在不断膨胀。从数据海洋中提取、检索出有用的信息——能够支持决策的信息，以便为企业的管理决策提供支持成为数据库的发展趋势。因此，数据仓库技术，包括数据挖掘技术成为数据库技术发展的热门。

随着 C/S 技术的成熟和并行数据库的发展，信息处理技术的发展趋势是从大量的事务型数据库中抽取数据，然后将其清理、转换为新的存储格式，即为决策目标把数据聚合在一种特殊的格式中。随着该过程的发展和不断完善，这种支持决策的、特殊的数据存储即称为数据仓库(Data Warehouse，DW)。

数据仓库之父比尔·恩门（Bill Inmon）在 1991 年出版的 "*Buildingthe Data Warehouse*"（《建立数据仓库》）中对 DW 的定义是：数据仓库是面向主题的、集成的、随时间变化的、非易失性数据的集合，用于支持管理层的决策。

从上面的定义可以发现，数据仓库具有以下重要特性：面向主题性、数据集成性、数据的时变性、数据库的非易失性、数据的集合性和支持决策作用。

数据仓库包含了大量的历史数据，经集成后进入数据仓库的数据是极少更新的。数据仓库内的数据时限为 5~10 年，主要用于分析时间趋势。数据仓库的数据量很大，一般为 10GB 左右，它是一般数据库(100MB)数据量的 100 倍，大型数据仓库可达到 TB 级。

（七）数据挖掘

1. 数据挖掘的定义

数据挖掘（Data mining）又译为资料探勘、数据采矿。它是数据库知识发现（Knowledge-Discovery in Databases，KDD）中的一个步骤。数据挖掘一般是指从大量数据中通过算法搜索隐藏于其中信息的过程。数据挖掘通常与计算机科学有关，并通过统计、在线分析处理、情报检索、机器学习、专家系统（依靠过去的经验法则）和模式识别等诸多方法来实现上述目标。

2. 数据挖掘的常用方法

利用数据挖掘进行数据分析常用的方法主要有分类、回归分析、聚类、关联规则、特征、变化和偏差分析、Web 页挖掘等，它们分别从不同的角度对数据进行挖掘。

（1）分类。分类是找出数据库中一组数据对象的共同特点，并按照分类模式将其划分为不同的类，其目的是通过分类模型，将数据库中的数据项映射到某个给定的类别。它可以应用到客户的分类、客户的属性和特征分析、客户满意度分析、客户的购买趋势预测等。例如，一个汽车零售商将客户按照对汽车的喜好划分成不同的类，这样营销人员就可以将新型汽车的广告手册直接邮寄到有这种喜好的客户手中，从而大大增加了商业机会。

（2）回归分析。回归分析方法反映的是事务数据库中属性值在时间上的特征，产生一个将数据项映射到一个实值预测变量的函数，发现变量或属性间的依赖关系，其主要研究问题包括数据序列的趋势特征、数据序列的预测以及数据间的相关关系等。它可以应用到市场营销的各个方面，如客户寻求、保持和预防客户流失活动、产品生命周期分析、销售趋势预测及有针对性的促销活动等。

（3）聚类。聚类分析是把一组数据按照相似性和差异性分为几个类别，其目的是使得属于同一类别的数据间的相似性尽可能大，不同类别数据间的相似性尽可能小。它可以应用于客户群体分类、客户背景分析、客户购买趋势预测、市场细分等。

（4）关联规则。关联规则是描述数据库中数据项之间关系的规则，即根据一个事务中某些项的出现可导出另一些项在同一事务中也出现，即隐藏在数据间的关联或相互关系。在客户关系管理中，通过挖掘企业客户数据库中的大量数据，可以从大量的记录中发现有趣的关联关系，找出影响市场营销效果的关键因素，为产品定位、定价与定制客户群，客户寻求、细分与保持，市场营销与推销，营销风险评估和诈骗预测等决策支持提供参考依据。

（5）特征。特征分析是从数据库中的一组数据中提取出关于这些数据的特征式，这些特征式表达了该数据集的总体特征。例如，营销人员提取客户流失因素的特征，可以得到导致客户流失的一系列原因和主要特征，利用这些特征可以有效预防客户流失。

（6）变化和偏差分析。变化和偏差分析是探测数据现状、历史记录或标准之间的显著变化和偏离，偏差包括很大一类潜在有趣的知识，如分类中的反常实例、模式的例外、观察结果对期望的偏差等，其目的是寻找观察结果与参照量之间有意义的差别。在企业危机管理及其预警中，管理者更感兴趣的是那些意外规则。意外规则的挖掘可以应用到各种异常信息的发现、分析、识别、评价和预警等方面。

（7）Web 页挖掘。Internet 的迅速发展及 Web 的全球普及，使得 Web 上的信息量无比丰富，通过挖掘 Web，可以利用 Web 的海量数据进行分析，收集政治、经济、政策、科技、金融、各种市场、竞争对手、供求信息、客户等有关的信息，集中精力分析和处理那些对企业有重大或潜在重大影响的外部环境信息和内部经营信息，并根据分析结果找出企业管理过程中出现的各种问题和可能引起危机的先兆，对这些信息进行分析和处理，以便识别、分析、评价和管理危机。

（八）云计算与大数据

1. 云计算

云计算（Cloud Computing）是分布式计算的一种，指的是通过网络"云"将巨大的数据计算处理程序分解成无数个小程序，然后，通过多部服务器组成的系统进行处理和分析，得到结果并返回给用户。早期的云计算，就是简单的分布式计算，解决任务分发，并进行计算结果的合并。因而云计算又称为网格计算。通过这项技术，可以在很短的时间内（几秒）完成对数以万计数据的处理，从而提供强大的网络服务。

云计算具有超大规模、虚拟化、高可靠性、高通用性、高可扩展性、按需服务、极其廉价和具有潜在危险性等特点。

2. 大数据

大数据是指需要新处理模式才能具有更强的决策力、洞察发现力和流程优化能力来适应海量、高增长和多样化的信息资产。

大数据技术的战略意义不在于掌握庞大的数据信息，而在于对这些有意义的数据进行专业化处理。换言之，如果把大数据比作一种产业，那么这种产业实现盈利的关键在于提高对数据的"加工能力"，通过"加工"实现数据"增值"。

IBM 提出的大数据的 5V 特点是 Volume（大量）、Velocity（高速）、Variety（多样）、Value（低价值密度）、Veracity（真实性）。

3. 云计算与大数据的关系

从定义上看，云计算注重资源分配，是硬件资源的虚拟化；而大数据是海量数据的高效处理。大数据与云计算并非独立的概念，无论是在资源的需求上，还是在资源的再处理上，都需要二者共同运用。

从技术上看，大数据与云计算的关系就像一枚硬币的正反面一样密不可分。大数据必然无法用单台的计算机进行处理，必须采用分布式架构。它的特色在于对海量数据进行分布式数据挖掘。但它必须依托云计算的分布式处理、分布式数据库和云存储、虚拟化技术。

云计算和大数据的共同点都是处理海量资源。云计算是基于互联网的相关服务的增加、使用和交付模式，通常涉及通过互联网来提供动态易扩展且经常是虚拟化的资源。而大数据是指无法在一定时间范围内用常规软件工具进行捕捉、管理和处理的数据集合，是需要新处理模式才能具有更强的决策力、洞察发现力和流程优化能力的海量、高增长和多样化的信息资产。

云计算与大数据相辅相成。首先，云计算将计算资源作为服务支撑大数据的挖掘，而大数据的发展趋势是为实时交互的海量数据查询、分析提供了各自需要的价值信息。其次，大数据挖掘处理需要云计算作为平台，而大数据涵盖的价值和规律能使云计算更好地与行业应用结合并发挥更大的作用；大数据的信息隐私保护是云计算大数据快速发展和运用的重要前提，云计算与大数据相结合将可能成为人类认识事物的新工具。

习题

1. 选择题

（1）现实世界中客观存在并能相互区别的事物称为（　　　）。

A. 实体　　　　　B. 实体集　　　　　　C. 字段　　　　　D. 记录

（2）下列实体集的联系中，属于一对一联系的是（　　　）。

A. 教研室对教师的所属联系　　　　　B. 父亲对孩子的亲生联系

C. 省对省会的所属联系　　　　　　　D. 供应商与工程项目的供货联系

（3）采用二维表格结构表达实体类型及实体间联系的数据模型是（　　　）。

A. 层次模型　　　B. 网状模型　　　　C. 关系模型　　　D. 实体联系模型

（4）DB、DBMS、DBS 三者之间的关系是（　　　）。

A. DB 包括 DBMS 和 DBS　　　　　B. DBS 包括 DB 和 DBMS

C. DBMS 包括 DB 和 DBS　　　　　D. DBS 与 DB 和 DBMS 无关

（5）数据库系统中，用（　　　）描述全部数据的整体逻辑结构。

A. 外模式　　　　B. 存储模式　　　　C. 内模式　　　　D. 概念模式

（6）逻辑数据独立性是指（　　　）。

A. 概念模式改变，外模式和应用程序不变

B. 概念模式改变，内模式不变

C. 内模式改变，概念模式不变

D. 内模式改变，外模式和应用程序不变

（7）物理数据独立性是指（　　　）。

A. 概念模式改变，外模式和应用程序不变

B. 概念模式改变，内模式不变

C. 内模式改变，概念模式不变

D. 内模式改变，外模式和应用程序不变

（8）设关系 R 和 S 的元组数分别为 100 和 300，关系 T 是 R 与 S 的笛卡儿积，则 T 的元组数为（　　　）。

A. 400　　　　　B. 10000　　　　　C. 30000　　　　D. 90000

（9）设关系 R 和 S 具有相同的目，且它们对应属性的值取自同一个域，则 $R-(R-S)$ 等于（　　　）。

A. $R \cup S$　　　　B. $R \cap S$　　　　C. $R \times S$　　　　D. $R \div S$

（10）在关系代数中，（　　　）操作称为从两个关系的笛卡儿积中选取它们属性间满足一定条件的元组。

A. 投影　　　　　B. 选择　　　　　　　　C. 自然连接　　　D. θ连接

（11）关系数据模型的 3 个要素是（　　　）。

A. 关系数据结构、关系操作集合和关系规范化理论

B. 关系数据结构、关系规范化理论和关系的完整性约束

C. 关系规范化理论、关系操作集合和关系的完整性约束

D. 关系数据结构、关系操作集合和关系的完整性约束

（12）在关系代数的连接操作中，哪一种连接操作需要取消重复列？（　　　）

A. 自然连接　　　　B. 笛卡儿积　　　　C. 等值连接　　　　D. θ连接

（13）设属性 A 是关系 R 的主属性，则属性 A 不能取空值（NULL），这是（　　　）。

A. 实体完整性规则　　　　　　　　B. 参照完整性规则

C. 用户定义完整性规则　　　　　　D. 域完整性规则

（14）如果在一个关系中，存在多个属性（或属性组）都能用来唯一标识该关系的元组，且其任何子集都不具有这一特性，则这些属性（或属性组）称为该关系的（　　　）。

A. 候选码　　　B. 主码　　　　　　C. 外码　　　　　D. 连接码

2. 填空题

（1）_____是指数据库的物理结构改变时，尽量不影响整体逻辑结构、用户的逻辑结构以及应用程序。

（2）用户与操作系统之间的数据管理软件是_____。

（3）现实世界的事物反映到人的头脑中经过思维加工成数据，这一过程要经过 3 个领域，依次是_____、_____和_____。

（4）能唯一标识实体的属性集，称为_____。

（5）两个不同实体集的实体间有_____、_____和_____ 3 种联系。

（6）表示实体类型和实体间联系的模型，称为_____，最著名、最为常用的概念模型是_____。

（7）数据独立性分为_____独立性和_____独立性两级。

（8）DBS 中最重要的软件是_____；最重要的用户是_____。

（9）设有关系模式 $R(A，B，C)$ 和 $S(E，A，F)$，若 $R.A$ 是 R 的主码，$S.A$ 是 S 的外码，则 $S.A$ 的值或者等于 R 中某个元组的主码值，或者取空值（NULL），这是_____完整性规则。

（10）在关系代数中，从两个关系的笛卡儿积中选取它们的属性或属性组间满足一定条件的元组的操作称为_____连接。

3. 简答题

（1）什么是数据模型？数据模型的作用及三要素是什么？

（2）什么是数据库的逻辑独立性？什么是数据库的物理独立性？为什么数据库系统具有数据与程序的独立性？

（3）数据库系统由哪几部分组成？

（4）DBA 的职责是什么？系统程序员、数据库设计员、应用程序员的职责是什么？

（5）数据管理技术经历了哪几个阶段？

（6）常用的数据库管理系统有哪些？

项目2
设计数据库

02

项目描述：

　　掌握数据库的基本概念后，针对学生信息管理系统（本系统用于管理学生信息，主要任务是对学生的各种信息进行日常管理。该系统的主要功能包括学生基本信息管理、学生成绩管理和学生公寓管理 3 部分）的功能要求，需要处理大量的学生基本信息、成绩信息、住宿信息及系部信息等。要将这些信息组织起来便于管理，就需要设计数据库。

学习目标：

- 掌握数据库设计的步骤和方法
- 理解怎样收集数据
- 掌握建立 E-R 模型的方法

- 掌握如何将 E-R 模型转换为关系模式
- 了解关系模式可能存在的问题及规范化

任务 2-1　数据库设计概述

【任务分析】

微课 2-1: 数据库
设计流程

　　设计人员在设计数据库时，应首先了解数据库设计的基本步骤。

【课堂任务】

了解数据库设计的基本步骤。

　　按照规范化设计的方法，考虑数据库及其应用系统开发的全过程，将数据库设计步骤分为 6 个阶段（见图 2.1）：需求分析阶段、概念设计阶段、逻辑设计阶段、物理设计阶段、数据库实施阶段、数据库运行和维护阶段。

　　前两个阶段是面向用户的应用需求、面向具体的问题，中间两个阶段是面向 DBMS，最后两个阶段是面向具体的实现方法。前 4 个阶段可统称为"分析和设计阶段"，后两个阶段统称为"实现和运行阶段"。

　　在设计数据库之前，首先选择参加设计的人员，包括系统分析人员、数据库设计人员、程序员、用户和数据库管理员。系统分析人员和数据库设计人员是数据库设计的核心人员，他们将自始至终参加数据库的设计，他们的水平决定了数据库系统的质量。用户和数据库管理员在数据库设计中也是举足轻重的人物，他们主要参加需求分析和数据库的运行维护，他们的积极参与不但能加快数据库的设计，而且是决定数据库设计质量的重要因素。程序员则在系统实施阶段参与进来，负责编写程序和配置软硬件环境。

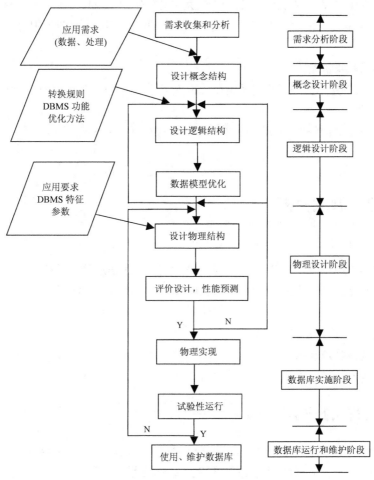

图 2.1　数据库设计步骤

如果设计的数据库应用系统比较复杂，还应该考虑是否需要使用数据库设计工具和 CASE 工具，以提高数据库设计质量并减少设计工作量，以及考虑选用何种工具。

数据库设计 6 个阶段的具体说明如下。

1. 需求分析阶段

需求分析就是根据用户的需求收集数据，是设计数据库的起点。需求分析的结果是否准确反映用户的实际需求，将直接影响后面各个阶段的设计，并影响设计结果是否合理和实用。

2. 概念设计阶段

概念设计是整个数据库设计的关键，它通过对用户的需求进行综合、归纳与抽象，形成一个独立于具体 DBMS 的概念模型。

3. 逻辑设计阶段

逻辑设计是指将概念模型转换成某个 DBMS 支持的数据模型，并对其进行优化。

4. 物理设计阶段

物理设计是指为逻辑数据模型选取一个最适合应用环境的物理结构（包括存储结构和存取方法）。

5. 数据库实施阶段

在数据库实施阶段，设计人员运用 DBMS 提供的数据语言及其宿主语言，根据逻辑设计和物理设计的结果创建数据库（此项工作在项目 4 中具体实现），编制与调试应用程序，组织数据入库，并进行试运行。

6. 数据库运行和维护阶段

数据库运行和维护是指数据库应用系统正式投入运行后，不断地对其进行评价、调整与修改。

提示 设计一个完善的数据库应用系统是不可能一蹴而就的，它往往是上述 6 个阶段的不断反复。

任务 2-2　需求分析

【任务分析】

设计人员在理解数据库的理论基础后，现在开始进行学生信息管理系统数据库设计的第 1 步，即将学生信息管理系统中的数据收集起来，那么收集数据的步骤及方法是什么？

【课堂任务】

理解收集数据的步骤和方法。

- 需求分析的任务及目标
- 需求分析的步骤及方法

（一）需求分析的任务及目标

在创建数据库前，首先应该找出数据库系统必须保存的信息，以及应当怎样保存那些信息（如信息的长度、用数字或文本的形式保存等）。要完成这一任务，需要收集数据。收集数据可以与系统所有者和系统的用户交谈。

需求分析的任务是收集数据，要尽可能多地收集关于数据库要存储的数据以及将来如何使用这些数据的信息，确保收集到数据库需要存储的全部信息。

通过对客户和最终用户的详尽调查以及设计人员的亲自体验，充分了解原系统或手工处理工作存在的问题，正确理解用户在数据管理中的数据需求和完整性要求，如数据库需要存储哪些数据、用户如何使用这些数据、这些数据有哪些约束等。因此客户和最终用户必须参与到对数据和业务的调查、分析和反馈的工作中，客户和最终用户必须确认是否考虑了业务的所有需求，以及由业务需求转换的数据库需求是否正确。

在收集数据的初始阶段，应尽可能多地收集数据，包括各种单据、凭证、表格、工作记录、工作任务描述、会议记录、组织结构及其职能、经营目标等。在收集到的大量信息中，有一些信息对设计工作是有用的，而有一些可能没有用处，设计人员经过与用户的多次交流和沟通，才能最后确定用户的实际需求。在与用户讨论和沟通时，要详细记录。明确以下问题将有助于实现数据库设计目标。

（1）有多少数据，数据源自哪里，是否有已存在的数据资源？

（2）必须保存哪些数据，数据是字符、数字或日期型？

（3）谁使用数据，如何使用？

（4）数据是否经常修改，如何修改和什么时候修改？

（5）某个数据是否依赖于另一个数据或被其他数据引用？

（6）某个信息是否要唯一？

（7）哪些数据是组织内部的，哪些数据是外部的？

（8）哪些业务活动与数据有关，数据如何支持业务活动？

（9）数据访问的频度和增长的幅度如何？

（10）谁可以访问数据，如何保护数据。

（二）需求分析的方法

需求分析首先是调查清楚用户的实际需求，与用户达成共识，然后分析与表达这些需求。

1. 调查用户需求的步骤

调查用户需求的具体步骤如下。

（1）调查组织机构情况。包括了解该组织的部门组成情况、各部门的职责等，为分析信息流程做准备。

（2）调查各部门的业务活动情况。包括了解各个部门输入和使用什么数据，如何加工处理这些数据，输出什么信息，输出到什么部门，输出结果的格式是什么，这是调查的重点。

（3）在熟悉业务的基础上，协助用户明确对新系统的各种要求，包括信息要求、处理要求、完全性与完整性要求，这是调查的又一个重点。

（4）确定新系统的边界。对前面调查的结果进行初步分析，确定哪些功能由计算机完成或将来准备让计算机完成，哪些活动由人工完成。由计算机完成的功能就是新系统应该实现的功能。

2. 常用的调查方法

在调查过程中，可以根据不同的问题和条件使用不同的调查方法。常用的调查方法如下。

（1）跟班作业。亲自参加业务工作来了解业务活动的情况。这种方法可以比较准确地了解用户的需求，但比较耗费时间。

（2）开调查会。与用户座谈来了解业务活动情况及用户需求。座谈时，参加者和用户可以相互启发。

（3）请专人介绍。

（4）询问。对某些调查中的问题，可以找专人询问。

（5）问卷调查。设计调查表请用户填写。如果调查表设计合理，这种方法是很有效的，也易于为用户所接受。

（6）查阅记录。查阅与原系统有关的数据记录。

任务 2-3 概念结构设计

【任务分析】

设计人员完成了数据库设计的第一步，收集到了与学生信息管理系统相关的数据，下一步的工作是分析收集到的学生信息管理系统的数据，找出它们之间的联系，并用 E-R 图表示。

【课堂任务】

理解 E-R 图的设计方法。

- 设计局部 E-R 图
- 设计全局 E-R 图
- 消除合并局部 E-R 图存在的冲突

概念结构设计是将需求分析得到的用户需求抽象为信息结构，即设计概念模型的过程，它是整个数据库设计的关键。只有将需求分析阶段得到的系统应用需求抽象为信息世界的结构，才能更好、更准确地将其转化为机器世界中的数据模型，并用适当的 DBMS 实现这些需求。

（一）概念结构设计的方法和步骤

1. 概念结构设计的方法

概念结构设计的方法通常有以下 4 种。

（1）自顶向下。首先定义全局概念结构的框架，然后逐步细化。

（2）自底向上。首先定义各局部应用的概念结构，然后将它们集成起来，得到全局概念结构。

（3）逐步扩张。首先定义最重要的核心概念结构，然后向外扩充，以滚雪球的方式逐步生成其他概念结构，直至总体概念结构。

（4）混合策略。将自顶向下和自底向上的方法相结合，用自顶向下策略设计一个全局概念结构的框架，以它为框架自底向上设计各局部概念结构。

其中最常采用的策略是混合策略，即自顶向下进行需求分析，然后自底向上进行概念结构设计，其方法如图 2.2 所示。

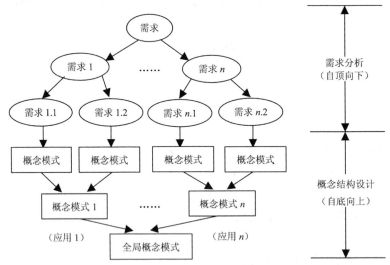

图 2.2　自顶向下需求分析与自底向上概念结构设计

2. 概念结构设计的步骤

按照图 2.2 所示的自顶向下需求分析与自底向上概念结构设计的方法，概念结构设计可分为以下两步。

（1）进行数据抽象，设计局部 E-R 图。

（2）集成各局部 E-R 图，形成全局 E-R 图，其步骤如图 2.3 所示。

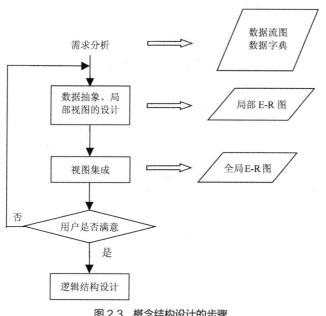

图 2.3　概念结构设计的步骤

微课 2-2：局部
E-R 模型设计

（二）局部 E-R 图设计

设计局部 E-R 图首先需要根据系统的具体情况，在多层的数据流图中选择一组适当层次的数据流图，让这组图中的每一部分对应一个局部应用，然后以这一层次的数据流图为出发点，设计分 E-R 图。将各局部应用涉及的数据分别从数据字典中抽取出来，参照数据流图，确定各局部应用中的实体、实体的属性、标识实体的码、实体之间的联系及其类型（1∶1，1∶n，m∶n）。

实际上，实体和属性是相对而言的。同一事物在一种应用环境中作为"属性"，在另一种应用环境中就有可能作为"实体"。

例如，如图 2.4 所示，大学中的"系"在某种应用环境中，只是作为"学生"实体的一个属性，表明一个学生属于哪个系；而在另一种环境中，由于需要考虑一个系的系主任、教师人数、学生人数、办公地点等，所以它需要作为实体。

图 2.4　"系"由属性上升为实体的示意图

因此，要区分同一事物在不同的应用环境中作为"属性"还是作为"实体"，应当遵循两条基本准则。

（1）属性不能再具有需要描述的性质，即属性必须是不可分的数据项，不能再由另一些属性组成。

（2）属性不能与其他实体具有联系。联系只发生在实体之间。

符合上述两条特性的事物一般作为属性对待。为了简化 E-R 图的处理，现实世界中的事物凡是能够作为属性对待的，都应尽量作为属性。

【例 2.1】 设有如下实体。

学生：学号、系名称、姓名、性别、年龄、选修课程名、平均成绩

课程：编号、课程名、开课单位、任课教师号

教师：教师号、姓名、性别、职称、讲授课程编号

单位：单位名称、电话、教师号、教师姓名

上述实体中存在如下联系。

① 一个学生可选修多门课程，一门课程可由多个学生选修。

② 一个教师可讲授多门课程，一门课程可由多个教师讲授。

③ 一个系可有多个教师，一个教师只能属于一个系。

根据上述约定，可以得到学生选课局部 E-R 图和教师授课局部 E-R 图分别如图 2.5 和图 2.6 所示。

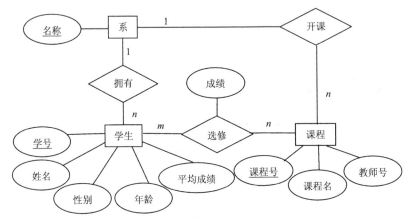

图 2.5 学生选课局部 E-R 图

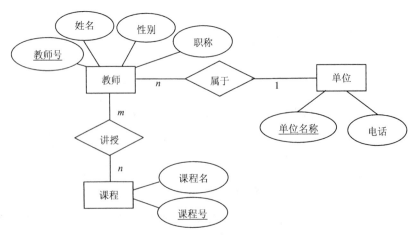

图 2.6 教师授课局部 E-R 图

（三）全局 E-R 图设计

1. 局部 E-R 图的集成方法

各个局部 E-R 图建立好后，还需要将它们合并集成为一个整体的概念数据结构，即全局 E-R 图。局部 E-R 图的集成有两种方法。

（1）多元集成法，也叫作一次集成法，是指一次性将多个局部 E-R 图合并为一个全局 E-R 图，如图 2.7（a）所示。

（2）二元集成法，也叫作逐步集成法，首先集成两个重要的局部 E-R 图，然后用累加的方法逐步将一个新的 E-R 图集成进来，如图 2.7（b）所示。

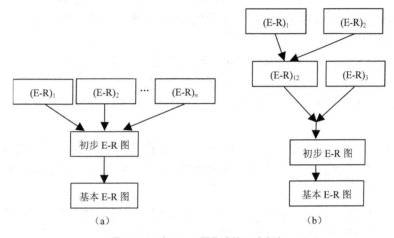

图 2.7　局部 E-R 图集成的两种方法

2. 局部 E-R 图集成的步骤

在实际应用中，可以根据系统复杂度选择这两种方案。如果局部 E-R 图比较简单，可以采用一次集成法。一般情况下，采用逐步集成法，即每次只综合两个图，这样可降低难度。无论使用哪一种方法，局部 E-R 图集成均分为两个步骤。

（1）合并分 E-R 图，生成初步 E-R 图。这个步骤将所有局部 E-R 图综合成全局概念结构。全局概念结构不仅要支持所有的局部 E-R 模型，而且必须合理地表示一个完整、一致的数据库概念结构。

由于各个局部应用面向的问题不同，并且通常由不同的设计人员设计局部 E-R 图，因此，各局部 E-R 图不可避免地会有许多不一致的地方，通常把这种现象称为冲突。

因此合并局部 E-R 图时，并不是简单地将各个 E-R 图画到一起，而是必须消除各个局部 E-R 图中的不一致，使合并后的全局概念结构不仅支持所有的局部 E-R 模型，而且必须是一个能为全系统中所有用户共同理解和接受的统一的概念模型。合并局部 E-R 图的关键就是合理消除各局部 E-R 图中的冲突。

E-R 图中的冲突有 3 种：属性冲突、命名冲突和结构冲突。

① 属性冲突。属性冲突又分为属性值域冲突和属性的取值单位冲突。

a. 属性值域冲突。即属性值的类型、取值范围或取值集合不同。例如，学生的学号通常用数字表示，这样有些部门就将其定义为数值型，而有些部门将其定义为字符型。

b. 属性的取值单位冲突。比如零件的重量，有的以千克为单位，有的以公斤为单位，有的则以克为单位。

属性冲突属于用户业务上的约定，必须与用户协商后解决。

② 命名冲突。命名不一致可能发生在实体名、属性名或联系名之间，其中属性的命名冲突最为常见，一般表现为同名异义或异名同义。

a. 同名异义，即同一名字的对象在不同的局部应用中具有不同的意义。例如，"单位"在某些部门表示为人员所在的部门，而在某些部门可能表示物品的重量、长度等属性。

b. 异名同义，即同一意义的对象在不同的局部应用中具有不同的名称。例如，对于"房间"这个名称，在教务管理部门中对应教室，而在后勤管理部门中对应学生宿舍。

命名冲突的解决方法同属性冲突相同，需要与各部门协商、讨论后解决。

③ 结构冲突。

a. 同一对象在不同应用中有不同的抽象，可能为实体，也可能为属性。例如，教师的职称在某一局部应用中被当作实体，而在另一局部应用中被当作属性。

在解决这类冲突时，就是使同一对象在不同应用中具有相同的抽象，或把实体转换为属性，或把属性转换为实体。

b. 同一实体在不同局部应用中的属性组成不同，可能是属性数或属性的排列次序不同。

解决办法是，合并后的实体的属性组成为各局部 E-R 图中的同名实体属性的并集，然后适当调整属性的排列次序。

c. 实体之间的联系在不同局部应用中呈现不同的类型。例如，在局部应用 X 中，E_1 与 E_2 可能是一对一联系，而在另一局部应用 Y 中，可能是一对多或多对多联系，也可能是 E_1、E_2、E_3 三者之间有联系。

解决方法：根据应用语义对实体联系的类型进行综合或调整。

下面以例 2.1 中已画出的两个局部 E-R 图（见图 2.5、图 2.6）为例，说明如何消除各局部 E-R 图之间的冲突，并合并局部 E-R 模型，生成初步 E-R 图。

首先，这两个局部 E-R 图中存在命名冲突，学生选课局部 E-R 图中的实体"系"与教师授课局部 E-R 图中的实体"单位"都是指系，即所谓异名同义，合并后统一改为"系"，这样属性"名称"和"单位名称"即可统一为"系名"。

其次，还存在结构冲突，实体"系"和实体"单位"在两个局部 E-R 图中的属性组成不同，合并后，这两个实体的属性组成为各局部 E-R 图中的同名实体属性的并集。解决上述冲突后，合并两个局部 E-R 图，就能生成初步的全局 E-R 图。

（2）消除不必要的冗余，生成基本 E-R 图。在初步的 E-R 图中，可能存在冗余的数据和冗余的实体之间的联系。冗余的数据是指可由基本数据导出的数据，冗余的联系是指可由其他的联系导出的联系。冗余的存在容易破坏数据库的完整性，给数据库的维护增加困难，应该消除。当然，不是所有的冗余数据和冗余联系都必须消除，有时为了提高某些应用的效率，不得不以冗余信息作为代价。设计数据库概念模型时，哪些冗余信息必须消除，哪些冗余信息允许存在，需要根据用户的整体需求确定。把消除了冗余的初步 E-R 图称为基本 E-R 图。

通常采用分析的方法消除冗余。数据字典是分析冗余数据的依据，还可以通过数据流图分析出冗余的联系。

在如图 2.5 和图 2.6 所示的初步 E-R 图中，因为"课程"实体中的属性"教师号"可由"讲授"这个教师与课程之间的联系导出，而学生的平均成绩可由"选修"联系中的属性"成绩"计算出来，所以"课程"实体中的"教师号"与"学生"实体中的"平均成绩"均属于冗余数据。

另外，因为"系"和"课程"之间的联系"开课"，可以由"系"和"教师"之间的"属于"联系与"教师"和"课程"之间的"讲授"联系推导出来，所以"开课"属于冗余联系。

这样，图 2.5 和图 2.6 所示的初步 E-R 图在消除冗余数据和冗余联系后，便可得到基本的 E-R 图，如图 2.8 所示。

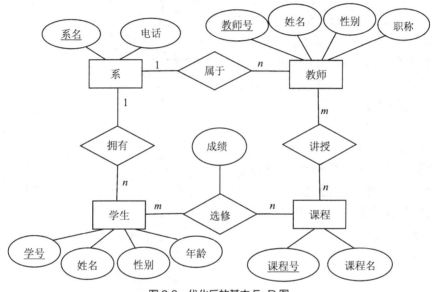

图 2.8　优化后的基本 E-R 图

最终得到的基本 E-R 图是企业的概念模型，它代表了用户的数据要求，是沟通"要求"和"设计"的桥梁，它决定数据库的总体逻辑结构，是成功创建数据库的关键。E-R 模型设计不好，就不能充分发挥数据库的功能，无法满足用户的处理要求。

提示　用户和数据库人员必须反复讨论 E-R 模型，只有用户确认该模型已正确无误地反映了他们的要求之后，才能进入下一阶段的设计工作。

任务 2-4　逻辑结构设计

【任务分析】

设计人员用 E-R 模型表示了数据和数据之间的联系。这种表示方法不能直接在计算机上实现，为了创建用户要求的数据库，需要把概念模型转换为某个具体的 DBMS 支持的数据模型。设计人员使用关系数据库存储学生信息管理系统的数据，因此按照转换规则将 E-R 模型转换成关系模式

（表），并将关系模式进行规范化，保证关系模式达到 3NF。

【课堂任务】

掌握将 E-R 模型转换为关系模式的原则及关系模式的规范化。

- E-R 模型转换为关系模式的原则
- 关系模式的规范化
- 非规范化关系模式存在的问题
- 第一范式、第二范式、第三范式

概念结构设计阶段得到的 E-R 模型是用户的模型，它独立于任何一种数据模型和任何一个具体的 DBMS。为了创建用户要求的数据库，需要把上述概念模型转换为某个具体的 DBMS 支持的数据模型。数据库逻辑设计的过程是将概念结构转换成特定 DBMS 支持的数据模型的过程。从此开始便进入了"实现设计"阶段，该阶段需要考虑具体 DBMS 的性能、具体的数据模型特点。

E-R 图表示的概念模型可以转换成任何一种具体的 DBMS 支持的数据模型，如网状模型、层次模型和关系模型。因为这里只讨论关系数据库的逻辑设计问题，所以只介绍如何将 E-R 图转换为关系模型。

一般的逻辑设计分为以下 3 步，如图 2.9 所示。

（1）初始关系模式设计。

（2）关系模式规范化。

（3）模式的评价与改进。

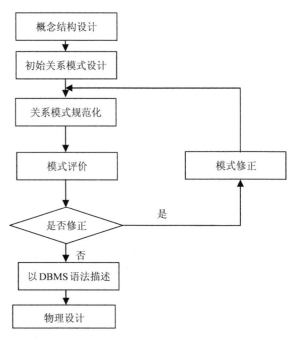

图 2.9　关系数据库的逻辑设计

（一）初始关系模式设计

微课 2-3：初始
关系模式设计

1. 转换原则

因为概念设计得到的 E-R 图是由实体、属性和联系组成的，而关系数据库逻辑设计的结果是一组关系模式的集合。所以将 E-R 图转换为关系模型实际上就是将实体、属性和联系转换成关系模式。在转换中要遵循以下规则。

规则 2.1 实体类型的转换：将每个实体类型转换成一个关系模式，实体的属性即为关系的属性，实体的标识符即为关系模式的码。

规则 2.2 联系类型的转换：根据不同的联系类型做不同的处理。

规则 2.2.1 若实体间的联系是 1∶1，则可以在两个实体类型转换成的两个关系模式中的任意一个关系模式中加入另一个关系模式的码和联系类型的属性。

规则 2.2.2　若实体间的联系是 1 : n，则在 n 端实体类型转换成的关系模式中加入 1 端实体类型的码和联系类型的属性。

规则 2.2.3　若实体间的联系是 m : n，则将联系类型也转换成关系模式，其属性为两端实体类型的码加上联系类型的属性，而码为两端实体码的组合。

规则 2.2.4　3 个或 3 个以上的实体间的一个多元联系，不管是何种类型的联系，总是将多元联系类型转换成一个关系模式，其属性为与该联系相连的各实体的码及联系本身的属性，其码为各实体码的组合。

规则 2.2.5　具有相同码的关系可合并。

2. 实例

【例 2.2】 将图 2.10 所示的含有 1 : 1 联系的 E-R 图按上述规则转换为关系模式。

该 E-R 图包含两个实体，实体间存在 1 : 1 联系，根据规则 2.1 和规则 2.2.1 可将该 E-R 图转换为如下关系模式（带下画线的属性为码）。

方案 1："负责"与"职工"两关系模式合并，转换后的关系模式如下。

职工（职工号，姓名，年龄，产品号）

产品（产品号，产品名，价格）

方案 2："负责"与"产品"两关系模式合并，转换后的关系模式如下。

职工（职工号，姓名，年龄）

产品（产品号，产品名，价格，职工号）

比较上面两个方案，在方案 1 中，由于并不是每个职工都负责产品，所以产品号属性的 NULL 值较多，方案 2 比较合理。

【例 2.3】 将图 2.11 所示的含有 1 : n 联系的 E-R 图按上述规则转换为关系模式。

该 E-R 图包含两个实体，实体间存在 1 : n 联系，规则 2.1 和规则 2.2.2 可将该 E-R 图转换为如下关系模式（带下画线的属性为码）。

仓库（仓库号，地点，面积）

产品（产品号，产品名，价格，仓库号，数量）

【例 2.4】 将图 2.12 所示的含有同实体集 1 : n 联系的 E-R 图按上述规则转换为关系模式。

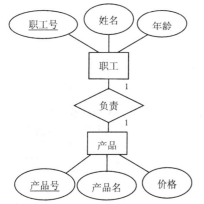

图 2.10　二元 1 : 1 联系转换为关系模式的实例

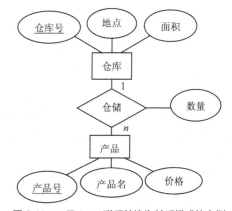

图 2.11　二元 1 : n 联系转换为关系模式的实例

该 E-R 图只有一个实体，实体集内部存在 1 : n 联系，按规则 2.1 和规则 2.2.2 可将该 E-R

图转换为如下关系模式（带下画线的属性为码）。

职工（<u>职工号</u>，姓名，年龄，领导工号）

其中，"领导工号"就是领导的"职工号"，由于同一关系中不能有相同的属性名，故将领导的"职工号"改为"领导工号"。

【例2.5】 将图2.13所示的含有$m:n$联系的E-R图按规则转换为关系模式。

该E-R图包含两个实体，实体间存在着$m:n$联系，按规则2.1和规则2.2.3可将该E-R图转换为如下关系模式（带下画线的属性为码）。

商店（<u>店号</u>，店名，店址，店经理）

商品（<u>商品号</u>，商品名，单价，产地）

经营（<u>店号</u>，<u>商品号</u>，月销售量）

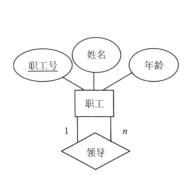

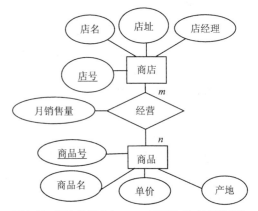

图2.12 实体集内部会有1:n联系的E-R图转换为关系模式的实例

图2.13 两实体间会有$m:n$联系的E-R图转换为关系模式实例

【例2.6】 将图2.14所示的同实体集间含有$m:n$联系的E-R图按规则转换为关系模式。

该E-R图只有一个实体，实体集内部存在$m:n$联系，按规则2.1和规则2.2.3可将该E-R图转换为如下关系模式（带下画线的属性为码）。

零件（<u>零件号</u>，名称，价格）

组装（<u>组装件号</u>，<u>零件号</u>，数量）

其中，"组装件号"为组装后的复杂零件号，由于同一个关系中不允许存在同属性名，因而改为"组装件号"。

【例2.7】 将图2.15所示的多实体集间含有$m:n$联系的E-R图根据规则转换为关系模式。

该E-R图包含3个实体，3个实体间存在$m:n$联系，按规则2.1和规则2.2.4可将该E-R图转换为如下关系模式（带下画线的属性为码）。

供应商（<u>供应商号</u>，供应商名，地址）

零件（<u>零件号</u>，零件名，单价）

产品（<u>产品号</u>，产品名，型号）

供应（<u>供应商号</u>，<u>零件号</u>，<u>产品号</u>，数量）

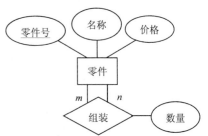

图2.14 同一实体集内会有$m:n$联系的E-R图转换为关系模式的实例

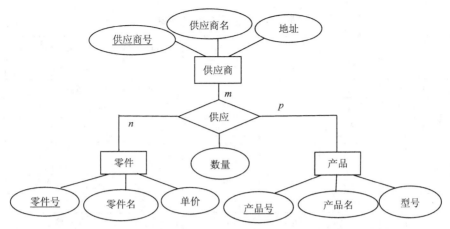

图 2.15　多实体集间含有 $m:n$ 联系的 E-R 图转换为关系模式的实例

【例 2.8】 将图 2.8 所示的 E-R 图，按转换规则转换为关系模式。

图 2.8 所示的 E-R 图包含 4 个实体，实体间存在两个 1：n 联系和两个 m：n 联系，按规则 2.1、规则 2.2.2 和规则 2.2.3 将该 E-R 图转换为如下关系模式（带下画线的属性为码）。

系（系名，电话）

教师（教师号，姓名，性别，职称，系名）

学生（学号，姓名，性别，年龄，系名）

课程（课程号，课程名）

选修（学号，课程号，成绩）

讲授（教师号，课程号）

（二）关系模式的规范化

数据库逻辑设计的结果不是唯一的。为了进一步提高数据库应用系统的性能，还应该根据应用需要适当修改、调整数据模型的结构，这就是数据模型的优化。关系数据模型的优化通常以规范化理论为指导。关系模式设计的好坏将直接影响数据库设计的成败。将关系模式规范化，使之达到较高的范式是设计好关系模式的唯一途径，否则，设计的关系数据库会存在一系列的问题。

1. 存在的问题及解决方法

（1）存在的问题。下面以一个实例说明关系没有经过规范化可能会出现的问题。

例如，要设计一个教学管理数据库，希望从该数据库中得到学生学号、姓名、年龄、性别、系别、系主任姓名、学生学习的课程名和该课程的成绩信息。若将此信息要求设计为一个关系，则关系模式如下。

S（sno，sname，sage，ssex，sdept，mname，cname，score）

该关系模式中各属性之间的关系为：一个系有若干个学生，但一个学生只属于一个系；一个系只能有一名系主任，但一个系主任可以同时兼几个系的系主任；一个学生可以选修多门课程，每门课程可被若干个学生选修；每个学生学习的每门课程都有一个成绩。

可以看出，此关系模式的码为（sno，cname）。仅从关系模式上看，该关系模式已经包括了需要的信息，如果按此关系模式建立关系，并对它进行深入分析，就会发现其中的问题。关系模式 S 的实例见表 2.1。

表 2.1 关系模式 S 的实例

sno	sname	sage	ssex	sdept	mname	cname	score
20060101	孙小强	20	男	计算机系	王中联	C 语言程序设计	78
20060101	孙小强	20	男	计算机系	王中联	数据结构	84
20060101	孙小强	20	男	计算机系	王中联	数据库原理及应用	68
20060101	孙小强	20	男	计算机系	王中联	数字电路	90
20060102	李红	19	女	计算机系	王中联	C 语言程序设计	92
20060102	李红	19	女	计算机系	王中联	数据结构	77
20060102	李红	19	女	计算机系	王中联	数据库原理及应用	83
20060102	李红	19	女	计算机系	王中联	数字电路	79
20060201	张利平	18	男	电子系	张超亮	高等数学	80
20060201	张利平	18	男	电子系	张超亮	机械制图	83
20060201	张利平	18	男	电子系	张超亮	自动控制	73
20060201	张利平	18	男	电子系	张超亮	电工基础	92

从表 2.1 中的数据情况可以看出,该关系存在以下问题。

① 数据冗余太大。每个系名和系主任的名字存储的次数等于该系学生人数乘以每个学生选修的课程数,系名和系主任数据重复量太大。

② 插入异常。一个新系没有招生,或系里有学生但没有选修课程时,系名和系主任名无法插入数据库中。因为在这个关系模式中,码是(sno, cname),这时没有学生而使得学号无值,或学生没有选课而使得课程名无值。但在一个关系中,码属性不能为空值,因此关系数据库无法操作,导致插入异常。

③ 删除异常。当某系的学生全部毕业而又没有招新生时,在删除学生信息的同时,系及系主任名的信息随之删除,但这个系依然存在,但在数据库中无法找到该系的信息,即出现了删除异常。

④ 更新异常。若某系换系主任,则数据库中该系的学生记录应全部修改。如果稍有不慎,某些记录漏改了,则造成数据不一致,即出现了更新异常。

为什么会发生插入异常和删除异常?原因是该关系模式中属性与属性之间存在不好的数据依赖。一个"好"的关系模式应当不会发生插入和删除异常,冗余度要尽可能少。

(2)解决方法。对于存在问题的关系模式,可以通过模式分解的方法使之规范化。

例如,将上述关系模式分解成 3 个关系模式。

S(sno, sname, sage, ssex, sdept)

SC(sno, cname, score)

DEPT(sdept, mname)

这样分解后,3 个关系模式都不会发生插入异常、删除异常,数据的冗余度也得到了控制,数据的更新也变得简单。

"分解"是解决冗余的主要方法,也是规范化的一条原则,"关系模式有冗余问题,就分解它"。

提示 上述关系模式的分解方案是否就是最佳的,也不是绝对的。如果要查询某位学生所在系的系主任名,就要对两个关系做连接操作,而连接的代价也是很大的。一个关系模式的数据依赖会有哪些不好的性质,如何改造一个模式,就是规范化理论讨论的问题。

2．函数依赖的基本概念

（1）规范化。规范化是指用形式更为简洁、结构更加规范的关系模式取代原有关系模式的过程。

（2）关系模式对数据的要求。关系模式必须满足一定的完整性约束条件，以达到现实世界对数据的要求。完整性约束条件主要包括以下两个方面。

① 对属性取值范围的限定。

② 属性值间的相互联系（主要体现在值的相等与否），这种联系称为数据依赖。

（3）属性间的联系。项目 1 讲到客观世界的事物间存在着错综复杂的联系，实体间的联系有两类：一类是实体与实体之间的联系；另一类是实体内部各属性间的联系。这里主要讨论第二类联系。

属性间的联系可分为 3 类。

① 一对一联系（1∶1）。以学生关系模式 S（sno，sname，sage，ssex，sdept，mname，cname，score）为例，如果学生无重名，则属性 sno 和 sname 之间是一对一联系，一个学号唯一地决定一个姓名，一个姓名也唯一地决定一个学号。

设 X、Y 是关系 R 的两个属性（集）。如果对于 X 中的任一具体值，Y 中至多有一个值与之对应；反之亦然，则称 X、Y 两属性间是一对一联系。

② 一对多联系（1∶n）。在学生关系模式 S 中，属性 sdept 和 sno 之间是一对多联系，即一个系对应多个学号（如计算机系可对应 20060101、20060102 等），但一个学号只对应一个系（如 20060101 只能对应计算机系）。同样，mname 和 sno、sno 和 score 之间都是一对多联系。

设 X、Y 是关系 R 的两个属性（集）。如果对于 X 中的任一具体值，Y 中至多有一个值与之对应，而 Y 中的一个值却可以和 X 中的 n 个值（$n \geq 0$）相对应，则称 Y 对 X 是一对多联系。

③ 多对多联系（$m∶n$）。在学生关系模式 S 中，cname 和 score 两属性间是多对多联系。一门课程对应多个成绩，一个成绩也可以在多门课程中出现。sno 和 cname、sno 和 score 之间也是多对多联系。

设 X、Y 是关系 R 的两个属性（集）。如果对于 X 中的任一具体值，Y 中有 m（$m \geq 0$）个值与之对应，而 Y 中的一个值也可以和 X 中的 n 个值（$n \geq 0$）相对应，则称 Y 对 X 是多对多联系。

上述属性间的 3 种联系实际上是属性值之间相互依赖又相互制约的反映，称为属性间的数据依赖。

（4）数据依赖。数据依赖是指通过一个关系中属性间值的相等与否体现出来的数据间的相互关系，是现实世界属性间相互联系的抽象，是数据内在的性质。

数据依赖共有 3 种：函数依赖（Functional Dependency，FD）、多值依赖（Multi Valued Dependency，MVD）和连接依赖（Join Dependency，JD），其中最重要的是函数依赖和多值依赖。

（5）函数依赖。在数据依赖中，函数依赖是最基本、最重要的一种依赖，它是属性之间的一种联系，假设给定一个属性的值，就可以唯一确定（查找到）另一个属性的值。例如，知道某一学生的学号，可以唯一地查询到其对应的系别，如果这种情况成立，就可以说系别函数依赖于学号。这种唯一性并非指只有一个记录，而是指任何记录。

定义 1：设有关系模式 $R(U)$，X 和 Y 均为 $U=\{A1，A2，\cdots，An\}$ 的子集，r 是 R 的任一具体关系，r 中不可能存在两个元组在 X 上的属性值相等，而在 Y 上的属性值不等（也就是说，如果对于 r 中的任意两个元组 t 和 s，只要有 $t[X]=s[X]$，就有 $t[Y]=s[Y]$），则称 X 函数决定 Y，或称 Y 函数依赖于 X，记作 $X \rightarrow Y$，其中 X 叫作决定因素（Determinant），Y 叫作依赖因素（Dependent）。

这里的 $t[X]$ 表示元组 t 在属性集 X 上的值，$s[X]$ 表示元组 s 在属性集 X 上的值。FD 是对关系模式 R 的一切可能的当前值 r 的定义，不是针对某个特定关系的。通俗地说，在当前值 r 的两个不同元组中，如果 X 值相同，就一定要求 Y 值也相同；或者说，对于 X 的每个具体值，Y 都有唯一的具体值与之对应。

下面介绍函数依赖相关的术语与记号。

① $X{\to}Y$，但 $Y\nsubseteq X$，则称 $X{\to}Y$ 是非平凡的函数依赖。

② $X{\to}Y$，但 $Y\subseteq X$，则称 $X{\to}Y$ 是平凡的函数依赖。因为平凡的函数依赖总是成立的，所以若不特别声明，则本书后面提到的函数依赖，都不包含平凡的函数依赖。

③ 若 $X{\to}Y$，$Y{\to}X$，则称 $X{\leftrightarrow}Y$。

④ 若 Y 不函数依赖于 X，则记作 $X{\nrightarrow}Y$。

定义 2：在关系模式 $R(U)$ 中，如果 $X{\to}Y$，并且对于 X 的任何一个真子集 X'，都有 $X'{\nrightarrow}Y$，则称 Y 对 X 完全函数依赖，记作 $X\xrightarrow{f}Y$。

若 $X{\to}Y$，如果存在 X 的某一真子集 $X'(X'\subseteq X)$，使 $X'{\to}Y$，则称 Y 对 X 部分函数依赖，记作 $X\xrightarrow{p}Y$。

定义 3：在关系模式 $R(U)$ 中，X、Y、Z 是 R 的 3 个不同的属性或属性组，如果 $X{\to}Y(Y\nsubseteq X$，Y 不是 X 的子集 ），且 $Y{\nrightarrow}X$，$Y{\to}Z$，则称 Z 对 X 传递函数依赖，记作 $X\xrightarrow{传递}Z$。

加上条件 $Y{\nrightarrow}X$，是因为如果 $Y{\to}X$，则 $X{\leftrightarrow}Y$，实际上是 $X{\to}Z$，是直接函数依赖而不是传递函数依赖。

（6）属性间联系决定函数依赖。前面讨论的属性间的 3 种联系，并不是每种联系中都存在函数依赖。

① 1：1 联系：如果两属性集 X、Y 之间是 1：1 联系，则存在函数依赖 $X{\leftrightarrow}Y$。例如，在学生关系模式 S 中，如果不允许学生重名，则有 sno{\leftrightarrow}sname。

② 1：n 联系：如果两属性集 X、Y 之间是 n：1 联系，则存在函数依赖 $X{\to}Y$，即多方决定一方，如 sno→sdept、sno→sage、sno→mname 等。

③ m：n 联系：如果两属性集 X、Y 之间是 m：n 联系，则不存在函数依赖。例如，sno 和 cname 之间、cname 和 score 之间就是如此。

【例 2.9】 设有关系模式 S（sno，sname，sage，ssex，sdept，mname，cname，score），判断以下函数依赖的对错。

① sno→sname，sno→ssex，（sno，cname）→score。

② cname→sno，sdept→cname，sno→cname。

在①中，因为 sno 和 sname 之间存在一对一或一对多联系，sno 和 ssex、（sno，cname）和 score 之间存在一对多联系，所以这些函数依赖是存在的。

在②中，因为 sno 和 cname、sdept 和 cname 之间都是多对多联系，因此它们之间是不存在函数依赖的。

【例 2.10】 设有关系模式：学生课程（学号，姓名，课程号，课程名称，成绩，教师，教师年龄），在该关系模式中，因为成绩要由学号和课程号共同确定，教师决定教师年龄。所以此关系模式包含了以下函数依赖关系。

学号→姓名（每个学号只能有一个学生姓名与之对应）

课程号→课程名称（每个课程号只能对应一个课程名称）

（学号，课程号）→成绩（每个学生学习一门课只能有一个成绩）

教师→教师年龄（每一个教师只能有一个年龄）

> **注意** 属性间的函数依赖不是指关系模式 R 的某个或某些关系满足上述限定条件，而是指 R 的一切关系都要满足定义中的限定。只要有一个具体关系 r 违反了定义中的条件，就破坏了函数依赖，使函数依赖不成立。

识别函数依赖是理解数据语义的一个组成部分，依赖是关于现实世界的断言，它不能被证明，决定关系模式中函数依赖的唯一方法是仔细考察属性的含义。

3. 范式

利用规范化理论，使关系模式的函数依赖集满足特定的要求，满足特定要求的关系模式称为范式。

关系按其规范化程度从低到高可分为 5 级范式（Normal Form），分别称为 1NF、2NF、3NF(BCNF)、4NF、5NF。规范化程度较高者必是较低者的子集，即

$$5NF \subseteq 4NF \subseteq BCNF \subseteq 3NF \subseteq 2NF \subseteq 1NF$$

一个低一级范式的关系模式，通过模式分解可以转换成若干个高一级范式的关系模式的集合，这个过程称为规范化。

（1）第一范式（1NF）。

定义 4：如果关系模式 R 中不包含多值属性（每个属性必须是不可分的数据项），则 R 满足第一范式（First Normal Form），记作 $R \in 1NF$。

1NF 是规范化的最低要求，是关系模式要遵循的最基本的范式，不满足 1NF 的关系是非规范化的关系。

关系模式如果仅仅满足 1NF 是不够的。尽管学生关系模式 S 满足 1NF，但它仍然会出现插入异常、删除异常、更新异常及数据冗余等问题，只有对关系模式继续规范化，使之满足更高的范式，才能得到高性能的关系模式。

（2）第二范式（2NF）。

定义 5：如果关系模式 $R(U, F) \in 1NF$，且 R 中的每个非主属性完全函数依赖于 R 的某个候选码，则 R 满足第二范式（Second Normal Form），记作 $R \in 2NF$。

【例 2.11】 关系模式 S-L-C(U, F)

U={SNO，SDEPT，SLOC，CNO，SCORE}，其中 SNO 是学号，SDEPT 是学生所在系，SLOC 是学生的宿舍（住处），CNO 是课程号，SCORE 是成绩。

该关系模式的码=(SNO，CNO)

函数依赖集 F={(SNO,CNO)→SCORE,SNO→SDEPT,SNO→SLOC,SDEPT→SLOC}

非主属性={SDEPT，SLOC，SCORE}

非主属性对码的部分函数依赖={(SNO，CNO) $\xrightarrow{P}$ SDEPT，(SNO，CNO) $\xrightarrow{P}$ SLOC}

显然，该关系模式不满足 2NF。

不满足 2NF 的关系模式会产生以下几个问题。

① 插入异常。插入一个新学生，若该生没有选课，则 CNO 为空，但因为码不能为空，所以不

能插入。

② 删除异常。某学生只选择了一门课，现在该门课要删除，则该学生的基本信息也将删除。

③ 更新异常。某个学生要从一个系转到另一个系，若该生选修了 K 门课，则该学生必须修改的相关字段值为 2K 个（系别、住处），一旦有遗漏，将破坏数据的一致性。

造成以上问题的原因是 SDEPT、SLOC 部分函数依赖于码。

解决的办法是用投影分解把关系模式分解为多个关系模式。

投影分解是把非主属性及决定因素分解出来构成新的关系，决定因素在原关系中保持，函数依赖关系相应分开转化（将关系模式中部分依赖的属性去掉，将部分依赖的属性单独组成一个新的模式）。

上述关系模式分解的结果如下。

S-C(SNO，CNO，SCORE)

码={(SNO，CNO)}　F={(SNO，CNO)→SCORE }

S-L(SNO，SDEPT，SLOC)

码={SNO}　F={SNO→SDEPT，SNO→SLOC，SDEPT→SLOC}

经过模式分解，因为两个关系模式中的非主属性对码都是完全函数依赖，所以它们都满足 2NF。

（3）第三范式（3NF）。

定义 6：如果关系模式 $R(U, F) \in$ 2NF，且每个非主属性都不传递函数依赖于任何候选码，则 R 满足第三范式（Third Normal Form），记作 $R \in$ 3NF。

在例 2.11 中，因为关系 S-L(SNO，SDEPT，SLOC)，SNO→SDEPT，SDEPT→SLOC，SLOC 传递函数依赖于码 SNO，所以 S-L 不满足 3NF。

解决的方法同样是将 S-L 进行投影分解，结果如下。

S-D(SNO，SDEPT)码={SNO}　F={SNO→SDEPT}

D-L(SDEPT，SLOC)码={SDEPT}　F={SDEPT→SLOC}

分解后的关系模式中不再存在传递函数依赖，即关系模式 S-D 和 D-L 都满足 3NF。

3NF 是一个可用的关系模式应满足的最低范式，也就是说，一个关系模式如果不满足 3NF，实际上它就是不能使用的。

（4）BCNF。BCNF(Boyce CoddNormal Form)是由 Boyce 和 Codd 提出的，比 3NF 又进了一步，通常认为 BCNF 是修正的第三范式，有时也称为扩充的第三范式。

定义 7：关系模式 $R(U,F) \in$ 1NF，若 $X \rightarrow Y$ 且 $Y \not\subseteq X$ 时，X 必含有码，则 $R(U,F) \in$ BCNF。

也就是说，在关系模式 $R(U, F)$ 中，若每个决定因素都包含码，则 $R(U, F) \in$ BCNF。

由 BCNF 的定义可以得出结论，一个满足 BCNF 的关系模式有以下特点。

① 所有非主属性对每一个码都是完全函数依赖。

② 所有的主属性对每一个不包含它的码也是完全函数依赖。

③ 没有任何属性完全函数依赖于非码的任何一组属性。

【例 2.12】 设关系模式 SC(U，F)，其中 U={SNO，CNO，SCORE}

$$F=\{(SNO，CNO)→SCORE \}$$

SC 的候选码为（SNO，CNO），决定因素中包含码，因为没有属性对码传递依赖或部分依赖，所以 SC∈BCNF。

【例 2.13】 设关系模式 STJ(S，T，J)，其中 S 是学生，T 是教师，J 是课程。每位教师只教一门课，每门课有若干教师，某一学生选定某门课，就对应一位固定的教师。

由语义可得到如下函数依赖。

$$(S，J) \to T，(S，T) \to J，T \to J$$

该关系模式的候选码为(S，J)、(S，T)。

因为该关系模式中的所有属性都是主属性，所以 STJ $\notin$ 3NF，但 STJ $\notin$ BCNF，因为 T 是决定因素，但 T 不包含码。

不属于 BCNF 的关系模式仍然存在数据冗余问题。例如，例 2.13 中的关系模式 STJ，如果有 100 个学生选定某一门课，则教师与该课程的关系就会重复存储 100 次。STJ 可分解为如下两个满足 BCNF 的关系模式，以消除此种冗余。

TJ（T，J）

ST（S，T）

任务 2-5　数据库的物理设计

【任务分析】

设计人员得到了规范化的关系模式后，下一步的工作是考虑数据库在存储设备的存储方法及优化策略，如采取什么存储结构、存取方法和存放位置，以提高数据存取的效率和空间利用率。设计人员进行数据库的物理设计时，要确定数据的存放位置和存储结构，包括确定关系、索引、聚簇、日志、备份等的存储安排和存储结构；确定系统配置等。

【课堂任务】

理解物理设计的目的及内容。

- 存取方法的选择
- 存储结构的确定

数据库在物理设备上的存储结构与存取方法称为数据库的物理结构，它依赖于给定的计算机系统。为一个给定的逻辑数据模型选取一个最适合应用要求的物理结构的过程，称为数据库的物理设计。

物理设计的目的是有效实现逻辑模式，确定采取的存储策略。此阶段是以逻辑设计的结果作为输入，并结合具体 DBMS 的特点与存储设备特性进行设计，选定数据库在物理设备上的存储结构和存取方法。

数据库的物理设计可分为两步。

（1）确定数据库的物理结构，在关系数据库中主要指存储结构和存取方法。

（2）对物理结构进行评价，评价的重点是时间和空间效率。

如果评价结果满足原设计要求，则可进入物理实施阶段，否则需要重新设计或修改物理结构，有时甚至要返回逻辑设计阶段修改数据模型。

（一）关系模式存取方法选择

数据库系统是多用户共享的系统，对同一个关系要建立多条存取路径才能满足多用户的多种应用要求。物理设计的任务之一就是确定选择哪些存取方法，即建立哪些存取路径。存取方法是快速存取数据库中数据的技术。DBMS 一般都提供多种存取方法，常用的存取方法有 3 类：索引方法、聚簇（Cluster）方法和 HASH 方法。

1. 索引存取方法的选择

在关系数据库中，索引是一个单独的、物理的数据结构，它是某个表中一列或若干列的集合和相应指向表中物理标识这些值的数据页的逻辑指针清单。索引可以提高数据的访问速度，可以确保数据的唯一性。

所谓索引存取方法，就是根据应用要求确定对关系的哪些属性列建立索引、哪些属性列建立组合索引、哪些索引要设计为唯一索引等。

（1）如果一个（或一组）属性经常在查询条件中出现，则考虑在这个（或这组）属性上建立索引（或组合索引）。

（2）如果一个属性经常作为最大值或最小值等聚集函数的参数，则考虑在这个属性上建立索引。

（3）如果一个（或一组）属性经常在连接操作的连接条件中出现，则考虑在这个（或这组）属性上建立索引。

关系上定义的索引数并不是越多越好，因为系统为维护索引要付出代价，并且查找索引也要付出代价。例如，若一个关系的更新频率很高，在这个关系上定义的索引就不能太多。因为更新一个关系时，必须对这个关系上有关的索引做相应的修改。

2. 聚簇存取方法的选择

为了提高某个属性或属性组的查询速度，把这个或这些属性（称为聚簇码）上具有相同值的元组集中存放在连续的物理块称为聚簇。

创建聚簇可以大大提高按聚簇码进行查询的效率。例如，要查询信息系的所有学生，若信息系有 500 名学生，在极端情况下，这 500 名学生对应的数据元组分布在 500 个不同的物理块上，尽管可以按系名建立索引，由索引找到信息系学生的元组标识，但由元组标识去访问数据块就要存取 500 个物理块，执行 500 次 I/O 操作。如果在"系名"这个属性上建立聚簇，则同一系的学生元组将集中存放，这将显著减少访问磁盘的次数。

（1）设计聚簇的规则。

① 凡符合下列条件之一，都可以考虑建立聚簇。

a. 对经常在一起进行连接操作的关系可以建立聚簇。

b. 如果一个关系的一组属性经常出现在相等比较条件中，则该关系可建立聚簇。

c. 如果一个关系的一个或一组属性上的值的重复率很高，即对应每个聚簇码值的平均元组不是太少，则可以建立聚簇。如果元组太少，则聚簇的效果不明显。

② 凡存在下列条件之一，应考虑不建立聚簇。

a. 需要经常对全表进行扫描的关系。

b. 在某属性列上的更新操作远多于查询和连接操作的关系。

（2）使用聚簇需要注意如下问题。

① 一个关系最多只能加入一个聚簇。

② 聚簇对于某些特定应用可以明显提高性能，但建立聚簇和维护聚簇的开销很大。

③ 在一个关系上建立聚簇，将导致移动关系中元组的物理存储位置，并使此关系上的原有索引无效，必须重建。

④ 因为一个元组的聚簇码值改变时，该元组的存储也要做相应的移动，所以聚簇码值要相对稳定，以减少修改聚簇码值引起的维护开销。

因此，通过聚簇码进行访问或连接是关系的主要应用，与聚簇码无关的其他访问很少或者是次要时，可以使用聚簇。当 SQL 语句中包含有与聚簇码有关的 ORDER BY、GROUP BY、UNION、DISTINCT 等子句或短语时，使用聚簇特别有利，可以省去对结果集的排序操作；否则很可能会适得其反。

3. Hash 存取方法的选择

有些 DBMS 提供了 Hash 存取方法。选择 Hash 存取方法的规则如下。

如果一个关系的属性主要出现在等值连接条件或相等比较选择条件中，并且满足下列两个条件之一时，则此关系可以选择 Hash 存取方法。

（1）一个关系的大小可预知，并且不变。

（2）关系的大小动态改变，并且选用的 DBMS 提供了动态 Hash 存取方法。

（二）确定数据库的存储结构

确定数据库的物理结构主要是指确定数据的存放位置和存储结构，包括确定关系、索引、聚簇、日志、备份等的存储安排和存储结构；确定系统配置等。

> **提示** 确定数据的存放位置和存储结构要综合考虑存取时间、存储空间利用率和维护代价 3 方面的因素。这 3 个方面常常相互矛盾，因此在实际应用中需要全方位权衡，选择一个折中的方案。

1. 确定数据的存放位置

为了提高系统性能，应该根据实际应用情况将数据库中数据的易变部分与稳定部分、常存取部分、存取频率较低部分分开存放。有多个磁盘的计算机可以采用下面几种存取位置的分配方案。

（1）将表和该表的索引放在不同的磁盘上。在查询时，两个磁盘驱动器并行操作，提高了物理 I/O 读/写的效率。

（2）将比较大的表分别放在两个磁盘上，以加快存取速度，这在多用户环境下特别有效。

（3）将日志文件与数据库的对象（表、索引等）放在不同的磁盘上，以改进系统的性能。

（4）经常存取或对存取时间要求高的对象（如表、索引）应放在高速存储器（如硬盘）上；存取频率小或对存取时间要求低的对象（如数据库的数据备份和日志文件备份等，只在故障恢复时才使用），如果数据量很大，就可以存放在低速存储设备上。

2. 确定系统配置

DBMS 产品一般都提供了一些系统配置变量、存储分配参数，供设计人员和 DBA 对数据库进行物理优化。在初始情况下，系统都为这些变量赋予了合理的默认值。这些初始值并不一定适合每种应用环境，在进行物理设计时，需要重新对这些变量赋值，以改善系统的性能。

系统配置变量很多，例如，同时使用数据库的用户数、同时打开数据库的对象数、内存分配参数、缓冲区分配参数（使用的缓冲区长度、数量）、存储分配参数、物理块的大小、物理块装填因子、时间片大小、数据库的大小、锁的数目等。这些参数值会影响存取时间和存储空间的分配，因此在进行物理设计时，要根据应用环境确定这些参数值，以使系统性能最佳。

任务 2-6　数据库的实施、运行和维护

（一）数据库的实施

完成数据库的物理设计之后，设计人员就要用关系 DBMS 提供的数据定义语言和其他实用程序将数据库逻辑设计和物理设计的结果严格地描述出来，成为 DBMS 可以接受的代码，再经过调试产生目标模式，然后就可以组织数据入库了，这就是数据库实施阶段。

1. 数据载入

数据库实施阶段包括两项重要的工作：一项是数据载入；另一项是应用程序的编码和调试。

数据库系统的数据量一般都很大，而且数据来源于部门的各个不同的单位，数据的组织方式、结构和格式都与新设计的数据库系统有相当的差距。组织数据载入就是将各类源数据从各个局部应用中抽取出来，输入计算机，再分类转换，最后综合成新设计的数据库结构的形式，输入数据库。因此这样的数据转换、组织入库的工作是相当费时费力的。

由于各个不同的应用环境差异很大，不可能有通用的转换器，DBMS 产品也不提供通用的转换工具。为提高数据输入的效率和质量，应该针对具体的应用环境设计数据录入子系统，由计算机来完成数据载入的任务。

由于要载入的数据在原来系统中的格式结构与新系统中的不完全一样，有的差别可能比较大，不仅在向计算机输入数据时有可能发生错误，而且在转换过程中也有可能出错。因此在源数据入库之前要采用多种方法对它们进行检查，以防止不正确的数据入库，这部分的工作在整个数据输入子系统中是非常重要的。

数据库应用程序的设计应该与数据库设计同时进行，因此在组织数据入库的同时，还要调试应用程序。应用程序的设计、编码和调试的方法、步骤在程序设计语言中有详细的讲解，这里就不再赘述了。

2. 数据库试运行

在将部分数据输入数据库后，就可以开始对数据库系统进行联合调试，这称为数据库试运行。

这一阶段要实际运行数据库应用程序，对数据库执行各种操作，测试应用程序的功能是否满足设计要求。如果不满足，则要对应用程序部分进行修改、调整，直到达到设计要求为止。

在数据库试运行时，还要测试系统的性能指标，分析其是否达到了设计目标。在对数据库进行物理设计时，已初步确定了系统的物理参数值，但在一般的情况下，设计时的考虑在许多方面只是近似的估计，和实际系统运行总有一定的差距，因此必须在试运行阶段实际测量和评价系统性能指标。事实上，有些参数的最佳值往往是经过运行调试后找到的。如果测试的结果与设计的目标不符，则要返回物理设计阶段，重新调整物理结构，修改系统参数，在某些情况下，甚至要返回逻辑设计阶段，修改逻辑结构。

这里要特别强调两点。

（1）由于数据入库的工作量实在太大，费时又费力，如果试运行后还要修改物理结构甚至逻辑结构，就会导致数据重新入库。因此应分期分批地组织数据入库，先输入小批量数据供调试用，待试运行基本合格后，再大批量输入数据，逐步增加数据量，逐步完成运行评价。

（2）在数据库试运行阶段，由于系统还不稳定，软硬件故障随时都可能发生，并且系统的操作人员对新系统还不熟悉，误操作也不可避免，因此必须首先调试运行 DBMS 的恢复功能，做好数据库的转储和恢复工作。一旦故障发生，能使数据库尽快恢复，尽量减少对数据库的破坏。

（二）数据库的运行与维护

数据库试运行合格后，数据库开发工作基本完成，可正式投入运行了。但是，由于应用环境在不断变化，在数据库运行过程中，物理存储也会不断变化，对数据库设计进行评价、调整、修改等维护工作是一项长期的任务，也是设计工作的继续和提高。

在数据库运行阶段，对数据库经常性的维护工作主要是由 DBA 完成的，它包括以下几个方面。

（1）数据库的转储和恢复。数据库的转储和恢复是系统正式运行后最重要的维护工作之一。DBA 要针对不同的应用要求制定不同的转储计划，以保证一旦发生故障，能尽快将数据库恢复到某种一致的状态，并尽可能减少对数据库的破坏。

（2）数据库的安全性、完整性控制。在数据库运行过程中，应用环境的变化，对安全性的要求也会发生变化。比如有的数据原来是机密的，现在可以公开查询了，而新加入的数据又可能是机密的。系统中用户的级别也会改变。这些都需要 DBA 根据实际情况修改原有的安全性控制。同样，数据库的完整性约束条件也会变化，也需要 DBA 不断修改，以满足用户的要求。

（3）数据库性能的监督、分析和改进。在数据库运行过程中，监督系统运行、分析监测数据、找出改进系统性能的方法是 DBA 的又一重要任务。DBA 应仔细分析这些数据，判断当前系统运行状况是否最佳，应当做哪些改进，如调整系统物理参数，或对数据库的运行状况进行重组织或重构造等。

（4）数据库的重组织与重构造。数据库运行一段时间后，记录不断增、删、改，会使数据库的物理存储情况变坏，降低了数据的存取效率，数据库性能下降，这时 DBA 就要对数据库进行重组织或部分重组织（只对频繁增、删的表进行重组织）。DBMS 一般都提供用于数据重组织的实用程序。在重组织的过程中，按原设计要求重新安排存储位置、回收垃圾、减少指针链等，以提高系统的性能。

数据库的重组织并不修改原设计的逻辑结构和物理结构，而数据库的重构造则不同，它需要部分修改数据库的模式和内模式。

任务 2-7　案例：设计学生信息管理数据库

【任务分析】

设计学生信息管理数据库。

【课堂任务】

通过上面的学习，设计人员已经了解了关系数据库设计的全过程，即设计关系数据库包括下面几个步骤。

- 收集数据
- 创建 E-R 模型
- 创建数据库关系模型
- 规范化数据

- 确定数据存储结构及存取方法

（一）收集数据

为了收集数据库需要的信息，设计人员与学生管理人员和系统的操作者进行了交谈，从最初的谈论中，记录了如下要点。

（1）数据库要存储每位学生的基本信息、各系部基本信息、各班级基本信息、教师基本信息、教师授课基本信息和学生宿舍基本信息。

（2）管理人员可以通过数据库管理各系部、各班、各教师、全院学生的基本信息。

（3）按工作的要求查询数据，如浏览某系部、某班级、某年级、某专业等学生基本信息。

（4）根据要求实现对各种数据的统计。如学生人数，应届毕业生人数，某系、某专业、某班级男女生人数，各系部教师人数，退、休学人数等。

（5）能实现对学生学习成绩的管理（录入、修改、查询、统计、打印）。

（6）能实现对学生住宿信息的管理，如查询某学生的宿舍楼号、房间号及床位号等。

（7）能实现历届毕业生的信息管理，如查询某毕业生的详细信息。

（8）数据库系统的操作人员可以查询数据，管理人员可以修改数据。

（9）使用关系数据库模型。

上述信息没有固定的顺序，并且有些信息可能有重复，或者遗漏了某些重要的信息，这里收集到的信息要在后面的设计工作中与用户反复查对，以确保收集到了关于数据库的完整和准确的信息。对于比较大的系统，可能需要进行数次会议，每一次会议会针对系统的一部分进行讨论和研究，即便如此，对于每一部分，可能还要经过数次会议反复讨论。此外，还可以通过分发调查表、安排相关人员面谈、亲临现场观察业务活动的实际进行过程等方式收集数据。所有这一切，都是为了尽可能多地收集关于数据库以及如何使用数据库的信息。

完成了收集数据任务，设计人员就可以进入数据库设计的下一步：概念设计，即创建 E-R 模型。

（二）创建 E-R 模型

1. 进行数据抽象，设计局部 E-R 模型

设计人员对收集到的大量信息进行分析、整理后，确定了数据库系统中应该存储如下信息：学生基本信息、系部基本信息、班级基本信息、教师基本信息、课程基本信息、学生学习成绩信息、学生综合素质成绩信息、毕业生基本信息、宿舍基本信息、系统用户信息。

设计人员根据这些信息抽象出系统将要使用的实体：学生、系部、班级、课程、教师、宿舍。定义实体之间的联系以及描述这些实体的属性，最后用 E-R 图表示这些实体和实体之间的联系。

学生实体的属性：学号、姓名、性别、出生日期、身份证号、家庭住址、联系电话、邮政编码、政治面貌、简历、是否退学、是否休学。码是学号。

系部实体的属性：系号、系名、系主任、办公室、电话。码是系号。

班级实体的属性：班级号、班级名称、专业、班级人数、入学年份、教室、班主任、班长。码是班级号。

课程实体的属性：课程号、课程名、学期。码是课程号+学期。

教师实体的属性：教师号、姓名、性别、出生日期、所在系别、职称。码是教师号。

宿舍实体的属性：楼号、房间号、住宿性别、床位数。码是楼号+房间号。

实体与实体之间的联系为：一个系拥有多个学生，每个学生只能属于一个系；一个班级拥有多个学生，每个学生只能属于一个班级；一个系拥有多名教师，一名教师只能属于一个系；一个宿舍里可容纳多名学生，一个学生只在一个宿舍里住宿；一个学生可学习多门课程，一门课程可由多名学生学习；一名教师可承担多门课程的教授任务，一门课程可由多名教师讲授。因此，系部实体和学生实体的联系是一对多联系；系部实体和教师实体是一对多联系；班级实体和学生实体是一对多联系；学生实体和课程实体是多对多联系；课程实体和教师实体多对多联系；宿舍实体和学生实体是一对多联系。

根据上述抽象，可以得到学生选课、教师授课、学生住宿、学生班级等局部 E-R 图，如图 2.16～图 2.19 所示。

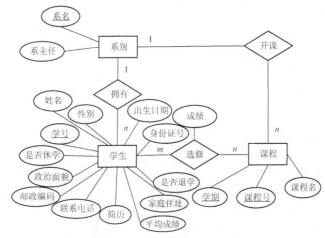

图 2.16　学生选课局部 E-R 图

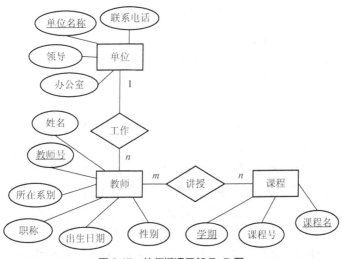

图 2.17　教师授课局部 E-R 图

2. 全局 E-R 图设计

各个局部 E-R 图建立好后，接下来的工作是将它们合并集成为一个全局 E-R 图。

（1）合并局部 E-R 图，生成初步 E-R 图。合并局部 E-R 图的关键是合理消除各局部 E-R 图的冲突。

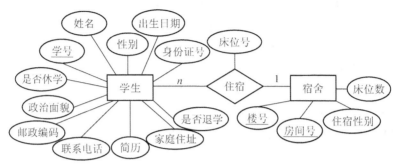

图 2.18　学生住宿局部 E-R 图

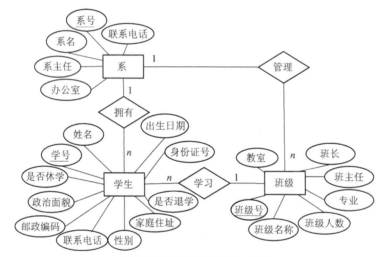

图 2.19　学生班级局部 E-R 图

学生选课局部 E-R 图和教师授课局部 E-R 图中"系"的命名存在冲突，学生选课 E-R 图中的"系"命名为"系别"，教师授课局部 E-R 图中"系"命名为"单位"；同时两局部 E-R 图中存在结构冲突，学生选课局部 E-R 图中"系"的属性有"系名""系主任"，教师授课局部 E-R 图中"系"的属性有"单位名称""领导""办公室""联系电话"。

在学生选课局部 E-R 图、学生住宿局部 E-R 图和学生班级局部 E-R 图中，同一个"学生"实体的属性组成、属性数和排列次序均不同。

（2）消除不必要的冗余，生成全局 E-R 图。在学生选课局部 E-R 图中，因为"系别"和"课程"之间的联系"开课"，可以由"系"和"教师"之间的"工作"联系与"教师"和"课程"之间的"讲授"联系推导出来，所以"开课"属于冗余联系。

在学生选课局部 E-R 图中，因为"学生"实体的属性"平均成绩"可由"选修"联系中的属性"成绩"计算出来，所以"学生"实体中的"平均成绩"属于冗余数据。

教师授课局部 E-R 图中的"所在系别"属性和与之有联系的"系别"实体反映的信息是一致的，因此该属性为冗余数据。

最后，在消除冗余数据和冗余联系后，得到了该管理系统的全局 E-R 图，如图 2.20 所示。

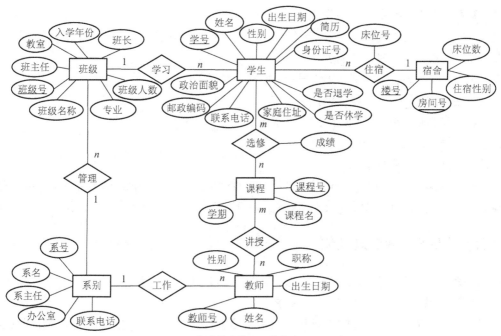

图 2.20　学生信息管理系统的全局 E-R 图

完成了数据的需求分析，得到描述业务需求的 E-R 模型后，接下来的工作是设计数据库的关系模式。

（三）设计关系模式

根据设计要求，学生信息管理数据库采用关系数据模型，按照转换规则将 E-R 图转换成关系模式（表）。

1. 处理 E-R 图中的实体

E-R 图中共有 6 个实体，每个实体转成一个表，实体的属性转换为表的列，实体的码转换为表的主码。得到 6 个关系模式如下。

学生（学号，姓名，性别，出生日期，身份证号，家庭住址，联系电话，邮政编码，政治面貌，简历，是否退学，是否休学）

系（系号，系名，系主任，办公室，电话）

班级（班级号，班级名称，专业，班级人数，入学年份，教室，班主任，班长）

课程（课程号，课程名，学期）

教师（教师号，姓名，性别，出生日期，职称）

宿舍（楼号，房间号，住宿性别，床位数）

2. 处理 E-R 图中的联系

在 E-R 图中共有两种联系类型：一对多联系和多对多联系。设计人员在经过讨论后决定，对于一对多联系，不创建单独的表，而是通过添加外码的方式建立数据之间的联系。转换后得到关系模式如下。

学生（学号，姓名，性别，出生日期，身份证号，家庭住址，联系电话，邮政编码，政治面貌，简历，是否退学，是否休学，楼号，房间号，床位号，班级号）

系（<u>系号</u>，系名，系主任，办公室，电话）

班级（<u>班级号</u>，班级名称，专业，班级人数，入学年份，教室，班主任，班长，系号）

课程（<u>课程号</u>，课程名，<u>学期</u>）

教师（<u>教师号</u>，姓名，性别，出生日期，职称，系号）

宿舍（<u>楼号</u>，<u>房间号</u>，住宿性别，床位数）

对于多对多的联系类型，则创建如下关系模式。

选修（<u>学号</u>，<u>课程号</u>，成绩）

讲授（<u>教师号</u>，<u>课程号</u>）

在这些关系模式中，有些关系模式可能不满足规范化的要求，在创建数据库后会导致数据冗余和数据修改不一致。因此，需要优化关系模式。接下来的工作是进行数据的规范化。

（四）关系数据库的规范化

在对关系模式进行规范化的过程中，设计人员从 1NF 开始，一步步进行规范。

（1）判断关系模式是否达到 1NF 的要求。

设计人员分析的每个关系模式的所有属性都是最小数据项，因此该关系模式达到 1NF 的要求。

（2）判断关系模式是否达到 2NF 的要求。

下面以教师关系模式为例，判断该关系模式是否达到 2NF 的要求。

该关系模式的函数依赖集 $F=\{$教师号→姓名，教师号→性别，教师号→出生日期，教师号→职称，教师号→系号$\}$

该关系模式的码为教师号，不存在非主属性对码的部分函数依赖，因此该关系模式达到 2NF 的要求。

设计人员查看了第 1 步之后的所有关系模式，每个关系模式中的所有非主属性都是由主码决定的，因此该关系模式达到 2NF 的要求。

（3）判断关系模式是否达到 3NF 的要求。

设计人员查看了第 2 步之后的所有表，每个表中的所有非主属性都只依赖于码，因此该关系模式达到 3NF 的要求。

经过分析、设计和判断，得到的最终关系模式如下。

学生（<u>学号</u>，姓名，性别，出生日期，身份证号，家庭住址，联系电话，邮政编码，政治面貌，简历，是否退学，是否休学，楼号，房间号，床位号，班级号）

系（<u>系号</u>，系名，系主任，办公室，电话）

班级（<u>班级号</u>，班级名称，专业，班级人数，入学年份，教室，班主任，班长，系号）

课程（<u>课程号</u>，课程名，<u>学期</u>）

教师（<u>教师号</u>，姓名，性别，出生日期，职称，系号）

宿舍（<u>楼号</u>，<u>房间号</u>，住宿性别，床位数）

选修（<u>学号</u>，<u>课程号</u>，成绩）

讲授（<u>教师编号</u>，<u>课程号</u>）

学生信息管理数据库的逻辑模型设计已经完成，下一步的工作转向物理设计，此时要开始考虑数据库的存储结构及存取方法。具体设计内容见后面章节。

实训　设计数据库

1．实训目的
（1）熟悉数据库设计的步骤和任务。
（2）掌握数据库设计的基本技术。
（3）独立设计一个小型关系数据库。

2．实训内容
（1）设计"医院病房管理系统"数据库。

某医院病房计算机管理需要如下信息。

科室：科室名，科室地址，科电话，医生姓名，科室主任。

病房：病房号，床位号，所属科室名。

医生：姓名，职称，所属科室名，年龄，工作证号。

病人：病历号，姓名，性别，诊断，主管医生，病房号。

其中，一个科室有若干个病房、多个医生，一个病房只能属于一个科室，一个医生只属于一个科室，但可负责多个病人的诊治，一个病人的主管医生只有一个。

（2）设计"订单管理系统"数据库。

某单位销售产品所需管理的信息有订单号，客户号，客户名，客户地址，产品号，产品名，产品价格，订购数量，订购日期。一个客户可以有多个订单，一个订单可以订多种产品。

（3）设计"课程安排管理系统"数据库。

课程安排管理需要协调课程、学生、教师和教室。每个学生最多可以同时选修 5 门课程，每门课程必须安排一间教室供学生上课，一个教室在不同的时间可以被不同的班级使用；一个教师可以教授多个班级的课程，也可以教授同一班级的多门不同的课程，但教师不能在同一时间教授多个班级或多门课程；课程、学生、教师和教室必须匹配。

（4）设计"论坛管理系统"数据库。

现有一论坛（BBS）由论坛的用户管理版块，用户可以发新帖，也可以对已发帖跟帖。

其中，论坛用户的属性包括昵称、密码、性别、生日、电子邮件、状态、注册日期、用户等级、用户积分、备注信息。版块信息包括版块名称、版主、本版留言、发帖数、点击率。发帖信息包括帖子编号、标题、发帖人、所在版块、发帖时间、发帖表情、状态、正文、点击率、回复数量、最后回复时间。跟帖信息包括帖子编号、标题、发帖人、所在版块、发帖时间、发帖表情、正文、点击率。

3．实训要求
（1）分析实验内容包括的实体，画出 E-R 图。
（2）将 E-R 图转换为关系模式，并对关系模式进行规范化。

课外拓展　设计网络玩具销售系统

开发网络玩具销售系统的数据库部分。系统能达到的功能包括以下几个方面。

（1）客户注册功能。因为客户在购物之前必须先注册，所以要用客户表来存放客户信息，如客户编号、姓名、性别、年龄、电话、通信地址等。

（2）因为顾客可以浏览库存玩具信息，所以要用库存玩具信息表来存放玩具编号、名称、类型、价格、所剩数量等信息。

（3）顾客可以订购自己喜欢的玩具，并可以在未付款之前修改自己的选购信息。商家可以根据顾客是否付款，通过顾客提供的通信地址给顾客邮寄其订购的玩具。这样就需要用订单表来存放订单号、用户号、玩具号、购买数量等信息。

操作内容及要求如下。

- 根据案例分析过程提取实体集和它们之间的联系，画出相应的 E-R 图。
- 把 E-R 图转换为关系模式。
- 将转换后的关系模式规范化为第三范式。

习题

1. 选择题

（1）E-R 方法的三要素是（　　）。

A. 实体、属性、实体集　　　　　B. 实体、键、联系

C. 实体、属性、联系　　　　　　D. 实体、域、候选键

（2）如果采用关系数据库实现应用，在数据库的逻辑设计阶段需将（　　）转换为关系数据模型。

A. E-R 模型　　B. 层次模型　　C. 关系模型　　D. 网状模型

（3）概念设计的结果是（　　）。

A. 一个与 DBMS 相关的概念模式　　B. 一个与 DBMS 无关的概念模式

C. 数据库系统的公用视图　　　　　D. 数据库系统的数据词典

（4）如果采用关系数据库来实现应用，则应在数据库设计的（　　）阶段将关系模式进行规范化处理。

A. 需求分析　　B. 概念设计　　C. 逻辑设计　　D. 物理设计

（5）在数据库的物理结构中，将具有相同值的元组集中存放在连续的物理块称为（　　）存储方法。

A. HASH　　　B. B+树索引　　C. 聚簇　　D. 其他

（6）在数据库设计中，合并局部 E-R 图时，学生在某一局部应用中被当作实体，而在另一局部应用中被当作属性，那么这种冲突称为（　　）。

A. 属性冲突　　B. 命名冲突　　C. 联系冲突　　D. 结构冲突

（7）在数据库设计中，E-R 模型是进行（　　）的一个主要工具。

A. 需求分析　　B. 概念设计　　C. 逻辑设计　　D. 物理设计

（8）在数据库设计中，学生的学号在某一局部应用中被定义为字符型，而在另一局部应用中被定义为整型，那么这种冲突称为（　　）。

A. 属性冲突　　B. 命名冲突　　C. 联系冲突　　D. 结构冲突

（9）下列关于数据库运行和维护的叙述中，正确的是（　　）。

A. 只要数据库正式投入运行，就标志着数据库设计工作结束

B. 数据库的维护工作就是维护数据库系统正常运行

C. 数据库的维护工作就是发现问题、修改问题

D. 数据库正式投入运行标志着数据库运行和维护工作的开始

（10）下面有关 E-R 模型向关系模型转换的叙述中，不正确的是（　　　）。

A. 一个实体类型转换为一个关系模式

B. 一个 1∶1 联系可以转换为一个独立的关系模式合并的关系模式，也可以与联系的任意一端实体对应

C. 一个 1∶n 联系可以转换为一个独立的关系模式合并的关系模式，也可以与联系的任意一端实体对应

D. 一个 m∶n 联系转换为一个关系模式

（11）在数据库逻辑结构设计中，将 E-R 模型转换为关系模型应遵循相应原则。对于 3 个不同实体集和它们之间的一个多对多联系，最少应转换为（　　　）个关系模式。

A. 2　　　　　　　B. 3　　　　　　　C. 4　　　　　　　D. 5

（12）存取方法设计是数据库设计（　　　）阶段的任务。

A. 需求分析　　　B. 概念设计　　　C. 逻辑设计　　　D. 物理设计

（13）下列关于 E-R 模型的叙述中，哪一条是不正确的？（　　　）

A. 在 E-R 图中，实体类型用矩形表示，属性用椭圆形表示，联系类型用菱形表示

B. 实体类型之间的联系通常可以分为 1∶1、1∶n 和 m∶n 这 3 类

C. 1∶1 联系是 1∶n 联系的特例，1∶n 联系是 m∶n 联系的特例

D. 联系只能存在于两个实体类型之间

（14）规范化理论是关系数据库逻辑设计的理论依据，根据这个理论，关系数据库中的关系必须满足：其每个属性都是（　　　）。

A. 互不相关的　　　B. 不可分解的　　　C. 长度可变的　　　D. 互相关联的

（15）关系数据库规范化是为解决关系数据库中（　　　）问题引入的。

A. 插入、删除和数据冗余　　　　　　B. 提高查询速度

C. 减少数据操作的复杂性　　　　　　D. 保证数据的安全性和完整性

（16）规范化过程主要为克服数据库逻辑结构中的插入异常、删除异常以及（　　　）的缺陷。

A. 数据不一致　　　B. 结构不合理　　　C. 冗余度大　　　D. 数据丢失

（17）关系模型中的关系模式至少是（　　　）。

A. 1NF　　　　　　B. 2NF　　　　　　C. 3NF　　　　　　D. BCNF

（18）以下哪一条属于关系数据库的规范化理论要解决的问题？（　　　）

A. 如何构造合适的数据库逻辑结构　　　B. 如何构造合适的数据库物理结构

C. 如何构造合适的应用程序界面　　　　D. 如何控制不同用户的数据操作权限

（19）下列关于关系数据库的规范化理论的叙述中，哪一条是不正确的？（　　　）

A. 规范化理论提供了判断关系模式优劣的理论标准

B. 规范化理论提供了判断关系 DBMS 优劣的理论标准

C. 规范化理论对于关系数据库设计具有重要指导意义

D. 规范化理论对于设计其他模型的数据库也有重要指导意义

（20）下列哪一条不是由于关系模式设计不当引起的问题？（　　）

A. 数据冗余　　　　B. 插入异常　　　　C. 删除异常　　　　D. 丢失修改

（21）下列关于部分函数依赖的叙述中，哪一条是正确的？（　　）

A. 若 $X \rightarrow Y$，且存在属性集 Z，$Z \cap Y \neq \Phi$，$X \rightarrow Z$，则称 Y 对 X 部分函数依赖

B. 若 $X \rightarrow Y$，且存在属性集 Z，$Z \cap Y = \Phi$，$X \rightarrow Z$，则称 Y 对 X 部分函数依赖

C. 若 $X \rightarrow Y$，且存在 X 的真子集 X'，$X' \nrightarrow Y$，则称 Y 对 X 部分函数依赖

D. 若 $X \rightarrow Y$，且存在 X 的真子集 X'，$X' \rightarrow Y$，则称 Y 对 X 部分函数依赖

（22）下列关于关系模式的码的叙述中，哪一项是不正确的？（　　）

A. 当候选码多于一个时，选定其中一个作为主码

B. 主码可以是单个属性，也可以是属性组

C. 不包含在主码中的属性称为非主属性

D. 若一个关系模式中的所有属性构成码，则称为全码

（23）在关系模式中，如果属性 A 和 B 存在 1 对 1 联系，则（　　）。

A. $A \rightarrow B$　　　　B. $B \rightarrow A$　　　　C. $A \leftrightarrow B$　　　　D. 以上都不是

（24）候选关键字中的属性称为（　　）。

A. 非主属性　　　　B. 主属性　　　　C. 复合属性　　　　D. 关键属性

（25）由于关系模式设计不当引起的插入异常指的是（　　）。

A. 两个事务并发地对同一关系进行插入而造成数据库不一致

B. 由于码值的一部分为空而不能将有用的信息作为一个元组插入关系中

C. 未经授权的用户对关系进行了插入

D. 插入操作因为违反完整性约束条件而遭到拒绝

（26）任何一个满足 2NF 但不满足 3NF 的关系模式都存在（　　）。

A. 主属性对候选码的部分依赖　　　　B. 非主属性对候选码的部分依赖

C. 主属性对候选码的传递依赖　　　　D. 非主属性对候选码的传递依赖

（27）在关系模式 R 中，若其函数依赖集中的所有候选关键字都是决定因素，则 R 的最高范式是（　　）。

A. 1NF　　　　B. 2NF　　　　C. 3NF　　　　D. BCNF

（28）关系模式中，满足 2NF 的模式（　　）。

A. 可能是 1NF　　B. 必定是 1NF　　C. 必定是 3NF　　D. 必定是 BCNF

2. 填空题

（1）数据库设计的 6 个主要阶段是：_____、_____、_____、_____、_____、_____。

（2）数据库系统的逻辑设计主要是将_____转化成 DBMS 支持的数据模型。

（3）如果采用关系数据库来实现应用，则在数据库的逻辑设计阶段需将_____转化为关系模型。

（4）当将局部 E-R 图集成为全局 E-R 图时，如果同一对象在一个局部 E-R 图中作为实体，而在另一个局部 E-R 图中作为属性，则这种现象称为_____冲突。

（5）在关系模式 R 中，如果 $X \to Y$，且对于 X 的任意真子集 X'，都有 $X' \nrightarrow Y$，则称 Y 对 X _____ 函数依赖。

（6）在关系 A(S，SN，D) 和 B(D，CN，NM) 中，A 的主码是 S，B 的主码是 D，则 D 在 A 中称为_____。

（7）在一个关系 R 中，若每个数据项都是不可分割的，那么 R 一定属于_____。

（8）如果 $X \to Y$ 且有 Y 是 X 的子集，那么 $X \to Y$ 称为_____。

（9）用户关系模式 R 中的所有属性都是主属性，则 R 的规范化程度至少达到_____。

3. 简答题

（1）数据库的设计过程包括几个主要阶段？每个阶段的主要任务是什么？哪些阶段独立于 DBMS？哪些阶段依赖于 DBMS？

（2）需求分析阶段的设计目标是什么？调查内容是什么？

（3）什么是数据库的概念结构？试述其特点和设计策略。

（4）什么是 E-R 图？构成 E-R 图的基本要素是什么？

（5）为什么要集成 E-R 图？集成 E-R 图的方法是什么？

（6）什么是数据库的逻辑结构设计？试述其设计步骤。

（7）试述 E-R 图转换为关系模型的转换规则。

（8）试述数据库物理设计的内容和步骤。

4. 综合题

（1）现有一局部应用，包括两个实体："出版社"和"作者"。这两个实体属多对多联系，设计适当的属性，画出 E-R 图，再将其转换为关系模型（包括关系名、属性名、码、完整性约束条件）。

（2）设计一个图书馆数据库，保存读者、图书和借阅信息，读者信息包括读者号、姓名、地址、性别、年龄、单位。图书信息包括书号、书名、作者、出版社。借阅信息包括读者号、借出的日期、应还日期。要求画出 E-R 图，再将其转换为关系模型。

（3）某公司的"人事管理信息系统"涉及职工、部门、岗位、技能、培训课程、奖惩等信息，其 E-R 图如图 2.21 所示。

该 E-R 图有 7 个实体类型，其属性如下。

职工（工号，姓名，性别，年龄，学历）

部门（部门号，部门名称，职能）

岗位（岗位编号，岗位名称，岗位等级）

技能（技能编号，技能名称，技能等级）

奖惩（序号，奖惩标志，项目，奖惩金额）

培训课程（课程号，课程名，教材，学时）

工资（工号，基本工资，级别工资，养老金，失业金，公积金，纳税）

该 E-R 图有 7 个联系类型，其中一个 1:1 联系，两个 1:n 联系，4 个 m:n 联系。联系类型的属性如下。

选课（时间，成绩）

设置（人数）

考核（时间，地点，级别）

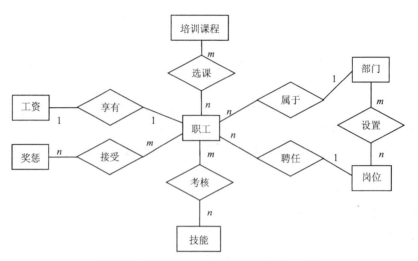

图 2.21 某公司"人事管理信息系统"E-R 图

接受（奖惩时间）

将该 E-R 图转换成关系模式集。

（4）某公司的"库存销售管理信息系统"对仓位、车间、产品、客户、销售员的信息进行了有效管理，其 E-R 图如图 2.22 所示。

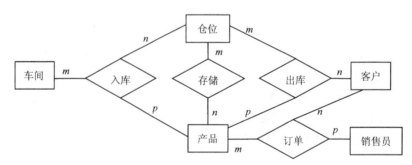

图 2.22 某公司"库存销售管理信息系统"E-R 图

该 E-R 图有 5 个实体类型，其属性如下。

车间（车间号，车间名，主任名）

产品（产品号，产品名，单价）

仓位（仓位号，地址，主任名）

客户（客户号，客户名，联系人，电话，地址，税号，账号）

销售员（销售员号，姓名，性别，学历，业绩）

该 E-R 图有 4 个联系类型，其中 3 个是 $m:n:p$，一个是 $m:n$，其属性如下。

入库（入库单号，入库量，入库日期，经手人）

存储（核对日期，核对员，存储量）

出库（出库单号，出库量，出库日期，经手人）

订单（订单号，数量，折扣，总价，订单日期）

将该 E-R 图转换成关系模式集。

第二篇

基础应用篇

项目3
安装与启动SQL Server 2016

项目描述：

通过数据收集、设计 E-R 图、转换关系模式、对关系模式进行规范化处理，得到了数据库的逻辑结构，接下来了解较新版本的数据库管理系统 SQL Server 2016，为下一步创建数据库做准备。

学习目标：

- 了解 SQL Server 2016 的新功能
- 了解 SQL Server 2016 的版本信息
- 了解 SQL Server 2016 组件和管理工具
- 掌握 SQL Server 2016 的安装与配置

- 了解 SQL Server 2016 图形管理工具的安装
- 掌握 SQL Server Management Studio 管理工具的基本操作

任务 3-1　SQL Server 2016 数据库管理系统概述

【任务分析】

设计人员在理解设计数据库的方法及步骤，并完成了学生管理数据库的逻辑设计后，下一步的工作是要了解 SQL Server 2016 数据库管理系统，包括其最新功能、版本信息及相关的组件与管理工具。

微课 3-1：SQL
Server 2016 概述

【课堂任务】

- SQL Server 2016 的新功能
- SQL Server 2016 版本信息
- SQL Server 2016 组件和管理工具

（一）SQL Server 2016 的新功能

SQL Server 2016 数据库管理系统在性能上和安全性上都增加了许多新特性，具体如下。

在性能上，SQL Server 2016 利用实时业务分析与内存中联机事务处理（Real-time Operational Analytics& In-Memory OLTP）让联机事务处理过程（On-Line Transaction Processing，OLTP）处理速度提升了 30 倍，可升级的内存列存储（Column Store）技术让分析速度提升高达 100 倍，查询时间从几分降到了几秒。

在安全性上，SQL Server 2016 中也加入了一系列的新安全特性，数据全程加密（Always Encrypted）能够保护传输中和存储后的数据安全；透明数据加密（Transparent Data Encryption）只需消耗极少的系统资源即可实现所有用户数据加密；层级安全性控管（Row Level Security）让客户基于用户特征控制数据访问。

其他的新特性如下。

动态数据屏蔽（Dynamic Data Masking）。

原生 JSON 支持。

通过 PolyBase 简单高效地管理 T-SQL 数据。

SQL Server 2016 支持 R 语言。

多 tempdb 数据库文件。

延伸数据库（Stretch Database）。

历史表（Temporal Table）。

增强的 Azure 混合备份功能。

（二）SQL Server 2016 版本信息

微软 SQL Server 2016 正式版分为 5 个版本，分别是 Enterprise（企业）版、Standard（标准）版、Developer（开发人员）版、Web 版和 Express（速成）版。和 Visual Studio 一样，SQL Server 2016 也同样提供免费版本，其中 Express 版本和 Developer 版本是免费的，可以从微软的网站下载使用。

1. Enterprise 版

作为高级版本，SQL Server Enterprise 版提供了全面的高端数据中心功能，性能极为快捷，虚拟化不受限制，还具有端到端的商业智能，可为关键任务工作负荷提供较高服务级别，支持最终用户访问深层数据。

2. Standard 版

SQL Server Standard 版提供了基本数据管理和商业智能数据库，使部门和小型组织能够顺利运行其应用程序，并支持将常用开发工具用于内部部署和云部署，有助于以最少的 IT 资源获得高效的数据库管理。

3. Developer 版

SQL Server Developer 版支持开发人员基于 SQL Server 构建任意类型的应用程序。它包括 Enterprise 版的所有功能，但有许可限制，只能用作开发和测试系统，而不能用作生产服务器。该版本是构建和测试应用程序的理想之选。

4. Web 版

对于为从小规模至大规模 Web 资产提供可伸缩性、经济性和可管理性功能的 Web 宿主和 Web

VAP 来说，SQL Server Web 版是总拥有成本较低用户的选择。

5. Express 版

Express 版是入门级的免费数据库，是学习和构建桌面及小型服务器数据驱动应用程序的理想选择。该版本可以无缝升级到其他更高端的 SQL Server 版本。SQL Server Express Local DB 是 Express 版的一种轻型版本，该版本具备所有可编程性功能，在用户模式下运行，并且具有快速零配置安装和必备组件要求较少的特点。

提示 本书是数据库技术的入门书籍，主要介绍数据库设计和开发所需的各种基本知识和专业技能，因此免费的 SQL Server 2016 Express 数据库系统是理想的选择。

（三）SQL Server 2016 组件和管理工具

SQL Server 的组件包括服务器组件和管理工具，可以根据需要选择要安装 SQL Server 的哪些组件。

1. SQL Server 的服务器组件

SQL Server 数据库引擎：包括数据库引擎、部分工具和数据质量服务（Data Quality Services，DQS）服务器，其中引擎是用于存储、处理和保护数据、复制及全文搜索的核心服务，工具用于管理数据库分析集成中的可访问 Hadoop 及其他异类数据源的 PolyBase 集成中的关系数据和 XML 数据。

Analysis Services：包括一些工具，可用于创建和管理 OLAP 以及数据挖掘应用程序。

Reporting Services：包括用于创建、管理和部署表格报表、矩阵报表、图形报表以及自由格式报表的服务器和客户端组件。Reporting Services 还是一个可用于开发报表应用程序的可扩展平台。

Integration Services：是一组图形工具和可编程对象，用于移动、复制和转换数据。它还包括数据库引擎服务的 DQS 组件。

主数据服务（Master Data Services，MDS）：帮助管理主数据集。可以将数据整理到模型中，创建更新数据的规则，并控制由谁更新数据。通过使用 Excel 可以和组织中的其他用户共享主数据集。

R Services（数据库内）：是 SQL Server 2016 中的一项功能，借助此功能可以使用关系数据运行 R 脚本，用来准备和清理数据、执行特征工程，以及定型、评估数据库和部署机器学习模型。

2. SQL Server 管理工具

SQL Server Management Studio（SSMS）：用于访问、配置、管理和开发 SQL Server 组件的集成环境。Management Studio 使各种技术水平的开发人员和管理员都能使用 SQL Server。

SQL Server 配置管理器：为 SQL Server 服务、服务器协议、客户端协议和客户端别名提供基本配置管理。

SQL Server 事件探查器：提供了一个图形用户界面，用于监视数据库引擎实例或 Analysis Services 实例。

数据库引擎优化顾问：可以协助创建索引、索引视图和分区的最佳组合。

数据质量客户端：提供了一个非常简单和直观的图形用户界面，用于连接到 DQS 数据库并执行数据清理操作。它还允许集中监视在数据清理操作过程中执行的各项活动。

SQL Server Data Tools：提供 IDE，以便为 Analysis Services、Reporting Services 和

Integration Services 商业智能组件生成解决方案。SQL Server Data Tools 还包含"数据库项目"，为数据库开发人员提供集成环境，以便在 Visual Studio 内为任何 SQL Server 平台（包括本地和外部）执行其所有数据库设计工作。数据库开发人员可以使用 Visual Studio 中功能增强的服务器资源管理器，轻松创建、编辑数据库对象和数据以及执行查询。

连接组件：安装用于客户端和服务器之间通信的组件，以及用于 DB-Library、ODBC 和 OLE DB 的网络库。

任务 3-2 SQL Server 2016 的安装与配置

【任务分析】

在了解了 SQL Server 2016 数据库管理系统的新性能及相关知识后，接下来需要学习 SQL Server 2016 数据库管理系统和 SSMS 的安装与配置过程。

【课堂任务】

- 安装与配置 SQL Server 2016
- SSMS 的安装与基本操作

（一）安装与配置 SQL Server 2016

在开始安装 SQL Server 2016 之前，应考虑先完成一些相关操作，以减少安装过程中可能遇到的问题。例如，确定运行 SQL Server 2016 计算机的硬件配置要求，卸载之前的所有旧版本，了解 SQL Server 2016 可运行的操作系统版本及特点等。

微课 3-2：安装与
配置 SQL Server
2016

1. 硬件要求

（1）CPU。运行 SQL Server 2016 的 CPU，建议最低要求使用 x64 位 1.4GHz 处理器，微软建议最低要求使用处理器速度 2.0，这样 SQL Server 运算得更快，由此产生的瓶颈也越少。

（2）内存。SQL Server 2016 需要的内存至少为 512MB，微软推荐 1GB 或者更大的内存，实际上使用 SQL Server 2016 时，内存的大小应该是推荐大小的两倍或更高。目前计算机的配置基本内存也都在 4GB 以上，能够满足安装的内存需要。

（3）硬盘空间。SQL Server 2016 需要比较大的硬盘空间，微软建议 6GB 以上的可用存储空间，磁盘空间的要求将随所安装的 SQL Server 组件不同而变化。目前的计算机都配备大容量的硬盘，都能满足 SQL Server 2016 的需要。

（4）操作系统。本书以 SQL Server 2016 Express 为例来介绍 SQL Server，安装 SQL Server 2016 Express 的计算机最好采用 Windows 8 或 Windows 10 的各版本操作系统。

另外，SQL Server 2016 (13.x) RC1 和更高版本需要.NET Framework 4.6 才能运行数据库引擎、Master Data Services 或复制。SQL Server 2016 (13.x)安装程序可自动安装.NET Framework，也可以手动安装适用于 Windows 的 Microsoft.NET Framework 4.6。

SQL Server 2016 Express 可以从微软网站下载直接安装。

2. SQL Server 2016 Express 安装步骤

（1）在硬盘上打开安装文件所在的文件夹，双击 setup.exe 文件，打开【SQL Server 安装中心】界面，如图 3.1 所示。

图 3.1 【SQL Server 安装中心】界面

（2）从【SQL Server 安装中心】界面的【安装】选项卡中单击【全新 SQL Server 独立安装或向现有安装添加功能】来启动安装程序，如图 3.2 所示。

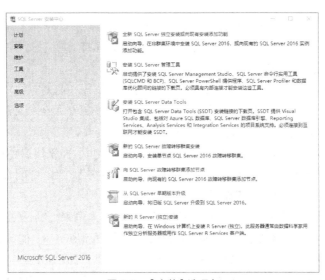

图 3.2 【安装】选项卡

（3）进入【产品密钥】界面，选择要安装的 SQL Server 版本，并输入正确的产品密钥，如图 3.3 所示（免费版本的密钥不需要输入）。

图 3.3　【产品密钥】界面

（4）单击【下一步】按钮，打开【许可条款】页面，显示安装 SQL Server 2016 必须接受的微软软件许可条款，选中【我接受许可条款】复选框，如图 3.4 所示。

图 3.4　【许可条款】界面

（5）单击【下一步】按钮继续安装，进入【全局规则】界面，这里可能要花费几秒，视具体情况而定，如图 3.5 所示。

（6）在【全局规则】界面检查确定没有失败后，单击【下一步】按钮，打开【产品更新】界面，推荐检查 SQL Server 产品更新，选中【包括 SQL Server 产品更新】复选框，如图 3.6 所示。

（7）单击【下一步】按钮，打开【安装安装程序文件】界面，如图 3.7 所示。扫描产品更新并下载安装程序文件，需要等待几秒。

图 3.5 【全局规则】界面

图 3.6 【产品更新】界面

图 3.7 【安装安装程序文件】界面

（8）安装程序文件更新完毕，单击【下一步】按钮，打开【安装规则】界面，如图 3.8 所示。

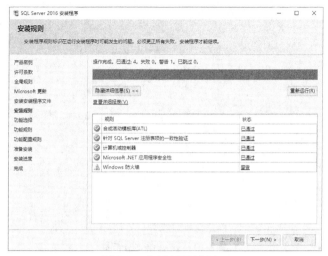

图 3.8 【安装规则】界面

提示 图 3.8 中出现"Windows 防火墙"规则的状态是"警告"，是因为当前 Windows 防火墙是打开的状态，可以暂时关闭防火墙，也可以忽略。

（9）所有规则检查完毕，所有状态显示"已通过"（Windows 防火墙规则可以忽略）后，单击【下一步】按钮，打开【功能选择】界面，如图 3.9 所示。从【功能】列表框中选择要安装的组件，这里为全选。选中各功能名称前复选框后，右侧窗格会显示每个组件的说明。

图 3.9 【功能选择】界面

（10）选择好要安装的组件后，单击【下一步】按钮，打开【实例配置】界面，如图 3.10 所示。可以选择【默认实例】，也可以选择【命名实例】，【默认实例】的实例名和实例 ID 后缀均为 MSSQLSERVER。这里选择【命名实例】，实例根目录选择默认，也可以直接在文本框中输入。

图 3.10　【实例配置】界面

（11）配置完实例后，单击【下一步】按钮，打开【服务器配置】界面，如图 3.11 所示。服务器配置选择默认。

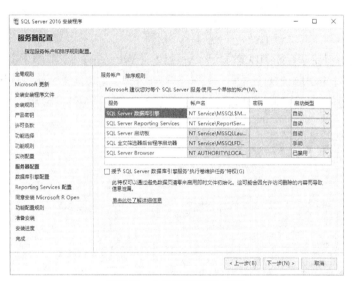

图 3.11　【服务器配置】界面

（12）单击【下一步】按钮，打开【数据库引擎配置】界面，如图 3.12 所示，配置数据库引擎，包括配置服务器和设置数据目录等。

服务器配置主要可以指定如下选项。

① 身份验证模式。为 SQL Server 实例选择 Windows 身份验证模式或混合模式。如果选择混合模式，则必须为内置的 SQL Server 系统管理员（sa）账户设置一个强密码并确认。

② SQL Server 管理员。必须至少为 SQL Server 实例指定一个系统管理员，SQL Server 系统管理员对数据库引擎具有无限制的访问权。若要添加用于运行 SQL Server 安装程序的账户，则可以单击【添加当前用户】按钮。若要向系统管理列表添加账户或者删除账户，则可单

击【添加】或【删除】按钮，然后编辑将对其分配 SQL Server 实例管理员权限的用户、组或计算机的列表。

图 3.12　【服务器配置】选项卡

（13）切换到【数据库引擎配置】界面的【数据目录】选项卡，在这里可以指定数据库安装目录及备份目录等，也可以使用默认的安装目录，如图 3.13 所示。

图 3.13　【数据目录】选项卡

（14）单击【下一步】按钮，打开【Reporting Services 配置】界面，如图 3.14 所示。建议选中"安装和配置"单选按钮，如果选择"仅安装"单选按钮，则以后还要再自行配置，比较麻烦。

（15）单击【下一步】按钮，打开【同意安装 Microsoft R Open】界面，如图 3.15 所示。Microsoft R Open 是 Microsoft 按 GNU 通用公共许可协议 v2 提供的 R 语言增强型分配。单击【接受】按钮，表示选择下载并在计算机上安装 Microsoft R Open，并且同意根据本机上的 SQL Server

更新首选项接受此软件修补程序和更新。

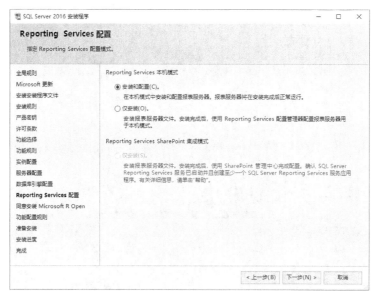

图 3.14 【Reporting Services 配置】界面

图 3.15 【同意安装 Microsoft R Open】界面

（16）单击【下一步】按钮，打开【准备安装】界面，显示所有安装配置信息，如图 3.16 所示。

（17）单击【安装】按钮，进入【安装进度】界面，如图 3.17 所示。这一步需要较长的时间，需要耐心等待。

（18）安装完毕，【下一步】按钮变亮，单击【下一步】按钮，进入【完成】界面，如图 3.18 所示，完成 SQL Server 2016 的安装。

图 3.16　【准备安装】界面

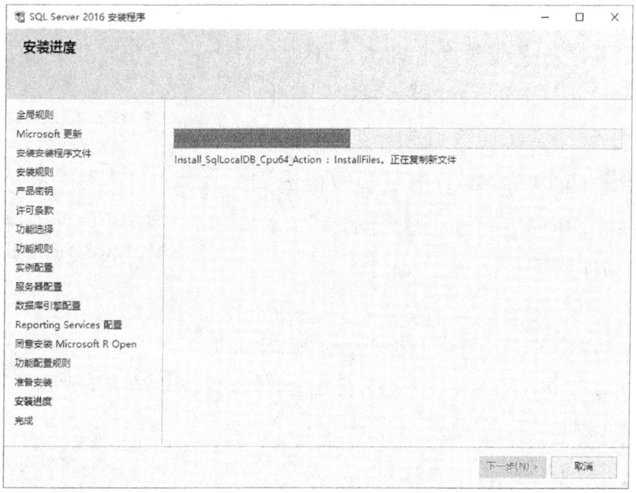

图 3.17　【安装进度】界面

图 3.18　【完成】界面

（二）SQL Server 2016 管理工具

SSMS 是一个管理 SQL Server 基础结构的集成环境，提供了用于配置、监视和管理 SQL Server 实例的图形界面和用于编辑和调试脚本的 Transact-SQL、MDX、DMX、XML 语言编辑器，使各种技术水平的开发人员和管理员都能访问 SQL Server。

SQL Server 2016 没有集成 SSMS 环境，需要从微软的网站下载。

1. SSMS 下载

打开微软网站，单击界面上的【所有 Microsoft】按钮，打开分类选择列表，单击列表中的【文档】选项，在打开的【Microsoft Docs】界面中单击 SQLServer 选项，打开 SQL 文档界面，在【数据库】列表中单击 SQL Server 2016，打开【SQLServer 文档】界面，单击【下载 SQL Server Management Studio（SSMS）】，在【下载 SQL Server Management Studio (SSMS)】界面中单击【下载 SQL Server Management Studio 17.9】，将其下载并保存到磁盘。

安装 SSMS 17.x 不会升级或替换 SSMS 16.x 或更早版本。SSMS 17.x 与以前的版本并行安装，因此，这两个版本均可使用。如果计算机包含 SSMS 的并行安装，可根据特定需求启动相应的版本。最新版本标记为 Microsoft SQL Server Management Studio 17，并有一个新图标，如图 3.19 所示。

图 3.19　Microsoft SQL Server Management Studio 17 版本标记

提示　（1）目前下载的是 SQL Server Management Studio 17.9 版本，有可能在使用过程中，微软网站中的版本有更新，可以随之选择适合自己当前安装系统的版本。

（2）新版本的 SQL Server Management Studio 是向前兼容的，支持 SQL Server 2008 到 SQL Server 2017 的几乎所有功能领域。

2. SSMS 安装

（1）打开相应的磁盘位置，双击已经下载的 SSMS-Setup-CHS.exe 应用程序，开始 SSMS 的安装，如图 3.20 所示。

（2）安装程序需要等待一会才能完成安装，如图 3.21 所示，SSMS 成功安装。

图 3.20　SSMS 安装进度界面

图 3.21　SSMS 安装完成界面

微课 3-3：SSMS
操作基础

3. SSMS 操作基础

（1）连接到 SQL Server 服务器

启动计算机后，单击【开始】按钮，打开【所有程序】菜单，在菜单上展开【Microsoft SQL Server Tools 17】文件夹，单击【Microsoft SQL Server Management Studio 17】，打开【连接到服务器】对话框，如图 3.22 所示。选择服务器类型（默认为数据库引擎）、服务器名称和身份验证。如果选择"SQL Server 身份验证"，则还要输入 SQL Server 用户登录名和密码。

单击【连接】按钮，进入【Microsoft SQL Server Management Studio】主窗口，如图 3.23 所示。系统默认打开【对象资源管理器】窗口，以及右侧空白的【文档】窗口。

图 3.22 【连接到服务器】对话框

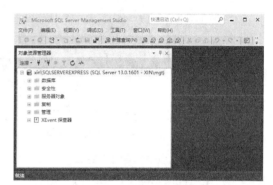

图 3.23 SSMS 主窗口

（2）对象资源管理器窗口

【对象资源管理器】窗口是以树形结构显示管理的连接服务器的所有对象，如图 3.23 所示。一级节点为数据库引擎服务器 xin\SQLSERVEREXPRESS(SQL Server 13.0.1601-XIN\MGT。其中，XIN 为服务器节点，SQLSERVEREXPRESS 为当前实例名，SQL Server 13.0.1601 为服务类型与版本标识，XIN\MGT 为 Windows 登录名。展开一级节点，可以看到一些二级节点，常用的节点介绍如下。

数据库：包含连接到数据库引擎服务器的系统数据库和用户数据库。

安全性：显示能连接到数据库引擎服务器的登录名及服务器角色列表等。

服务器对象：详细显示对象（如备份设备），并提供链接服务器列表。链接服务器使服务器与另一个远程服务器相连。

复制：显示有关数据复制的细节，数据从当前服务器的数据库复制到另一个数据库或另一台服务器上的数据库，或者反之。

管理：详细显示维护计划并提供信息消息和错误消息日志，这些日志对于 SQL Server 的故障排除非常有用。

在【对象资源管理器】窗口中，可以单击对象资源节点前的加号展开或单击对象资源节点前的减号折叠数据库对象，实现对象的层次化管理。

（3）使用【文档】窗口

根据应用需要可以在【文档】窗口中打开多个组件。例如，打开"视图"菜单，单击"对象资源管理器详细信息"命令，打开【对象资源管理器详细信息】选项卡。单击【对象资源管理器】窗口的任何对象节点（如系统数据库），在【对象资源管理器详细信息】选项卡中显示该对象的详细信息（4 个系统数据库），如图 3.24 所示。

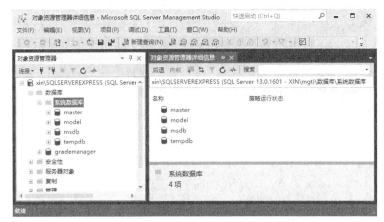

图 3.24 【对象资源管理器详细信息】选项卡

随着对服务器上对象资源操作的不同，【文档】窗口中将显示相应的【查询编辑器】【表设计器】【表编辑器】和【视图设计器】等选项卡或者窗口。

（4）使用【查询编辑器】窗口

打开【查询编辑器】窗口的方法如下。

- 单击系统工具栏上的"新建查询"按钮或"数据库引擎查询"按钮。
- 单击【文件】|【新建】|【数据库引擎查询】命令。
- 在【对象资源管理器】窗口中，用鼠标右键单击服务器或者具体的数据库节点，从快捷菜单中选择"新建查询"命令。

在打开【查询编辑器】的同时，还会弹出【SQL 编辑器】工具栏，如图 3.25 所示。用户可以使用工具栏上"当前数据库"下拉列表中的"分析""调试"和"执行"等按钮完成相应的功能。

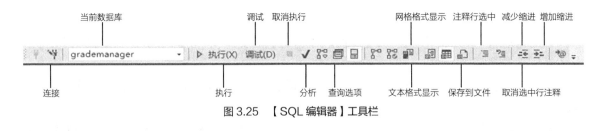

图 3.25 【SQL 编辑器】工具栏

实训　安装 SQL Server 2016 和 SSMS

1. 实训目的

（1）掌握在 Windows 平台安装 SQL Server 2016 的过程。

（2）掌握安装过程中，系统功能组件的选择与配置。

（3）掌握安装过程中，服务器的配置。

（4）掌握 SSMS 的安装与使用。

2. 实训内容及要求

（1）安装 SQL Server 2016。

（2）安装 SSMS。

（3）启动 SSMS，以 Windows 身份登录连接到数据库引擎服务器上，打开【查询编辑器】，在【查询编辑器】中编辑、分析和执行 Transact-SQL 语句。

详细步骤可参考项目 4 中的例 4.1。

习题

1. 选择题

（1）（　　）是管理 SQL Server 基础结构的集成环境，提供了用于配置、监视和管理 SQL Server 实例的图形界面和用于编辑和调试脚本的 Transact-SQL、MDX、DMX、XML 语言编辑器。

A. SQL Server 配置管理器 　　　　B. SQL Server Data Tools

C. SQL Server Management Studio 　　　D. Analysis Services

（2）【对象资源管理器】窗口是以（　　）显示管理的连接服务器的所有对象。

A. 星形结构 　　　B. 树形结构 　　　C. 上下结构 　　　D. 层次结构

（3）下列哪个版本不是 Microsoft 公司提供的 SQL Server 2016 的版本？（　　）

A. 企业版 　　　B. 开发人员版 　　　C. 标准版 　　　D. 智能商业版

2. 填空题

（1）SQL Server 主要包含＿＿＿＿、＿＿＿＿、＿＿＿＿、＿＿＿＿、＿＿＿＿和＿＿＿＿服务组件。

（2）SSMS 是＿＿＿＿＿＿＿＿＿＿＿＿＿＿＿＿＿＿＿＿＿＿＿＿＿＿＿的缩写。

（3）SSMS【文档】窗口可以根据服务器上对象资源操作的不同，显示相应的＿＿＿＿、＿＿＿＿和＿＿＿＿等选项卡或者窗口。

项目4
创建与维护SQL Server数据库

04

项目描述:

在了解 SQL Server 2016 数据库管理系统和 SSMS 的安装,并掌握了 SSMS 图形化窗口的结构后,接下来我们要了解 SQL Server 2016 数据库的相关概念及 SQL,在 SQL Server 2016 数据库管理系统中实现前面设计的学生信息管理数据库的逻辑结构。

学习目标:

- 了解 SQL Server 数据库的相关文件
- 掌握 SQL Server 系统数据库的概念和功能
- 了解 SQL 的语句结构和书写规则
- 掌握数据库的创建、修改和删除
- 掌握数据库的分离和附加

任务 4-1　SQL Server 数据库简介

【任务分析】

认识 SQL Server 数据库要从了解其相关文件开始,掌握 SQL Server 中系统数据库的功能及其常用的数据库对象,为创建和管理数据库做准备。

【课堂任务】

- 了解数据库文件和事务日志文件
- 掌握系统数据库的功能
- 认识常用的数据库对象

1. 数据库文件和事务日志文件

每一个 SQL Server 数据库都有一个与它相关联的事务日志。事务日志是对数据库修改的历史记录。SQL Server 用它来确保数据库的完整性。对数据库的所有更改首先写到事务日志,然后应用到数据库。如果数据库更新成功,则事务完成并记录为成功。如果数据库更新失败,则 SQL Server

使用事务日志将数据库还原到初始化状态(称为回滚事务)。这两个阶段的提交进程使 SQL Server 能在进入事务时发生源故障、服务器无法使用或者出现其他问题时，自动还原数据库。

每个数据库至少有两个文件（一个主要数据文件和一个事务日志文件）和一个文件组，也可以有次要数据文件。

（1）主要数据文件

主要数据文件包含数据库的启动信息，并指向数据库中的其他文件。用户数据和对象可存储在此文件中，也可以存储在次要数据文件中。每个数据库只能有一个主要数据文件，默认文件扩展名为.mdf。

（2）次要数据文件

次要数据文件是可选的，由用户定义并存储用户数据。通过将每个文件放在不同的磁盘驱动器上，次要数据文件可将数据分散到多个磁盘上。另外，如果数据库的主要数据文件超过了单个 Windows 文件的最大限制，就可以使用次要数据文件，这样，数据库能继续增长。次要数据文件的默认文件扩展名是.ndf。

（3）事务日志文件

事务日志文件保存用于恢复数据库的日志信息。每个数据库必须至少有一个事务日志文件，它的默认文件扩展名是.ldf。

（4）文件组

为了便于分配和管理，提高系统性能，可以将数据文件集合起来，放到文件组中。文件组是针对数据文件创建的，是数据库中数据文件的集合。创建文件组，可以使不同的数据对象属于不同的文件组。利用文件组可以优化数据存储，并可以将不同的数据库对象存储在不同的文件组，以提高输入/输出读写的性能。

例如，可以分别在 3 个磁盘驱动器上创建 3 个文件：sys_School_data1.ndf、sys_School_data2.ndf 和 sys_School_data3.ndf，然后将它们分配给文件组 School_FG。这样，可以明确地在文件组 School_FG 上创建一个表。对表中数据的查询工作将分散到 3 个磁盘上，从而提高了数据库的工作性能。

> **提示** 创建与使用文件组需要遵守下列规则。
> ① 主要数据文件必须存储于主文件组中。
> ② 与系统相关的数据库对象必须存储于主文件组中。
> ③ 一个数据文件只能存于一个文件组中，而不能同时存于多个文件组中。
> ④ 日志文件是独立的。数据库的数据信息和日志信息不能放在同一个文件组中，必须分开存放。
> ⑤ 日志文件不能存放在任何文件组中。

2. 系统数据库

系统数据库是指随安装程序一起安装,用于协助 SQL Server 系统共同完成管理操作的数据库,它们是 SQL Server 运行的基础。

（1）master 数据库

master 数据库是 SQL Server 最重要的数据库，它位于 SQL Server 的核心，如果该数据库损坏，则 SQL Server 将无法正常工作。master 数据库包含如下重要信息：①所有的登录名或用户 ID 所属的角色；②所有的系统配置设置(如数据排序信息、安全实现、默认语言)；③服务器中数据库的名称及相关信息；④数据库的位置；⑤SQL Server 如何初始化。

> **提示** 必须经常备份 master 数据库，以便根据业务需要充分保护数据。建议使用定期备份计划，这样在数据大量更新之后可以补充更多的备份。

（2）model 数据库

model 数据库是在 SQL Server 实例上为所有数据库创建的模板。例如，若希望所有的数据库都有确定的初始大小，或者都有特定的信息集，那么可以把这些信息放在 model 数据库中，以 model 数据库作为其他数据库的模板数据库。如果想要使所有的数据库都有一个特定的表，则可以把该表放在 model 数据库中。

（3）tempdb 数据库

tempdb 数据库是用于保存临时或中间结果集的存储空间。每次启动 SQL Server 实例都会重新创建此数据库。服务器实例关闭时，将永久删除 tempdb 数据库中的所有数据。

tempdb 数据库主要用于存储用户建立的临时表和临时存储过程；存储用户说明的全局变量值；为数据排序创建临时表；存储用户利用游标说明筛选出来的数据等。

（4）msdb 数据库

msdb 数据库是 SQL Server 代理用来安排警报和作业以及记录操作员信息的数据库。msdb 数据库还包含历史记录表，如备份和还原历史记录表。msdb 数据库给 SQL Server 代理（Agent）提供必要的信息来运行作业，是 SQL Server 中另一个十分重要的数据库。许多进程利用 msdb 数据库，例如，完成一些调度性的工作，或创建备份和执行还原时，用 msdb 数据库存储相关任务的信息等。

（5）resource 数据库

resource 数据库是包含附带的所有系统对象副本的只读数据库。resource 数据库的物理文件名为 mssqlsystemresource.mdf 和 mssqlsystemresource.ldf，这些文件存储在<驱动器符>:\ProgramFiles\Microsoft SQL Server\MSSQL13.MSSQLEXPRESS\MSSQL\Template Data。

> **提示** 将 mssqlsystemresource.mdf 文件作为二进制（.exe）文件而不是作为数据库文件处理，可以对该文件执行基于文件的备份或基于磁盘的备份。但是不能使用 SQL Server 还原这些备份。只能手动还原 mssqlsystemresource.mdf 的备份副本，并且必须谨慎，不要使用过时版本或可能不安全的版本覆盖当前的 resource 数据库。

使用系统数据库时需要注意，SQL Server 的设计可以在必要时自动扩展数据库。这意味着 master、model、tempdb、msdb 和其他关键的数据库将不会在正常的情况下缺少空间。表 4.1 列出了这些系统数据库在 SQL Server 系统中的逻辑名称、物理名称。

表 4.1　系统数据库

系统数据库	逻辑名称	物理名称
master	master	master.mdf
	mastlog	mastlog.ldf

续表

系统数据库	逻辑名称	物理名称
model	modeldev	model.mdf
	modellog	modellog.ldf
msdb	MSDBData	MSDBData.mdf
	MSDBLog	MSDBLog.ldf
tempdb	tempdev	tempdb.mdf
	templog	templog.ldf

3. 常用的数据库对象

数据库中存储了表、视图、索引、存储过程、触发器等数据库对象，这些数据库对象存储在系统数据库或用户数据库中，用来保存 SQL Server 数据的基础信息及用户自定义的数据操作等。下面简单介绍这些常用的数据库对象。

（1）表

表是数据库中实际存储数据的对象。由于数据库中的其他所有对象都依赖于表，因此可以将表理解为数据库的基本组件。表中存储的数据又可分为字段与记录。字段是表中的纵向元素，包含同一类型的信息，如学生编号、姓名和籍贯等。字段组成记录，记录是表中的横向元素，包含单个表内所有字段保存的信息，例如，学生表中的一条记录可以包含一个学生的学号、姓名、性别、出生日期等。

（2）视图

视图与表非常相似，也是由字段与记录组成的。与表不同的是，视图不包含任何数据，它总是基于表，用来提供一种浏览数据的不同方式。视图的特点是，其本身并不存储实际数据，因此可以是连接多张数据表的虚表，还可以是使用 WHERE 子句限制返回行的数据查询的结果，并且它是专用的，比数据表更直接面向用户。

（3）存储过程和触发器

存储过程和触发器是两个特殊的数据库对象。在 SQL Server 中，存储过程是由一个或多个 Transact-SQL 语句构成的一个组，是独立于表而存在的，触发器则与表紧密结合。用户可以使用存储过程来完善应用程序，使应用程序的运行效率更高；可以使用触发器来实现复杂的业务规则，更加有效地实施数据完整性。

（4）用户和角色

用户是对数据库有存取权限的使用者。角色是指一组数据库用户的集合，与 Windows 中的用户组类似。数据库中的用户组可以根据需要添加，用户如果被加入某一角色，则将具有该角色的所有权限。

（5）其他数据库对象

索引：索引提供无须扫描整张表就能快速访问数据的途径，使用索引可以快速访问数据库表的特定信息。

约束：约束是 SQL Server 实施数据一致性和完整性的方法，是数据库服务器强制的业务逻辑关系。

规则：用来限制表字段的数据范围。例如，限制性别字段只能是"男"或"女"。

类型：除了系统给定的数据类型外，用户还可以根据需要在系统类型的基础上自定义数据类型。

函数：除了系统提供的函数外，用户还可根据需要定义函数。

87

任务 4-2　认识 SQL

【任务分析】

在熟悉 SQL Server 数据库管理系统的相关概念之后，需要知道 SQL Server 主要通过 SQL 对创建的数据库进行操作，有必要了解 SQL 的概念、结构及相关知识。

【课堂任务】

掌握并理解 SQL 的基本概念。

- 熟悉 SQL 的定义和分类
- 了解 SQL 的分类
- 掌握 SQL 的语句结构和书写规则

（一）SQL 简介

微课 4-1：SQL 简介

1. SQL 概述

结构化查询语言（Structural Query Language，SQL）是由美国国家标准协会（American National Standards Institute，ANSI）和国际标准化组织（International Standards Organization，ISO）定义的标准，是用于数据库中的标准数据查询语言。Transact-SQL 是 SQL Server 的编程语言，是 SQL 的增强版本。

提示　因为各种数据库系统在其实践过程中都对 SQL 规范做了某些编改和扩充，所以，实际上不同数据库系统之间的 SQL 不能完全相互通用。

2. SQL 的分类

SQL 可分为数据查询语言、数据定义语言、数据操纵语言和数据控制语言 4 类。

（1）数据查询语言

数据查询语言（Data Query Language，DQL）负责查询数据而不会修改数据本身，SELECT 是最基本的 DQL 语句。

（2）数据定义语言

数据定义语言（Data Definition Language，DDL）负责定义数据结构与数据库对象，由 CREATE、ALTER 与 DROP 三个语句组成。CREATE 语句可以用来创建用户、数据库、数据表、视图、存储过程、函数、触发器、索引等。ALTER 语句是负责修改数据库对象修改。DROP 语句用于删除数据库对象。

（3）数据操纵语言（Data Manipulation Language，DML）主要用于完成数据更新操作，其中数据更新是指对数据进行插入、删除和修改操作，包括 INSERT、UPDATE、DELETE 三个语句。INSERT 语句用于将数据插入数据库对象中。UPDATE 语句用于将数据表中匹配条件的数据更新为新的数值。DELETE 语句用于从数据库对象中删除数据。

（4）数据控制语言

数据控制语言（Data Control Language，DCL）用来设置或更改数据库用户或角色权限。它可以控制特定用户账户对数据表、视图、存储过程等数据库对象的控制权，主要包括 GRANT 和 REVOKE 两个语句。GRANT 语句可以将指定的安全对象的权限授予相应的主体，REVOKE 语句则是删除授予的权限。

（二）Transact-SQL 语句的语法格式和书写准则

1. 关于 Transact-SQL 语句语法格式的约定符号

（1）尖括号"<>"中的内容为必选项。例如，<表名>表示必须在此处填写一个表名。

（2）中括号"[ ]"中的内容为任选项。例如，[UNIQUE]表示 UNIQUE 可写可不写。

（3）[,...]表示前面的项可以重复。

（4）大括号"{}"与竖线"|"表明此处列出的各项仅需选择一项。

例如，{A|B|C|D}表示从 A、B、C、D 中取其一。

（5）SQL 语句中的数据项（包括列、表和视图）分隔符使用英文半角逗号"，"；字符串常量的定界符使用一对英文半角单引号"'"。

2. SQL 语句书写规则

在编写 SQL 语句时，遵守某种准则可以提高语句的可读性，并且易于编辑，这是很有好处的，以下是常用的规则。

（1）SQL 语句使用大小写字母均可。但是为了提高 SQL 语句的可读性，子句开头的关键字通常采用大写形式。

（2）SQL 语句可写成一行或多行，习惯上每个子句占一行。

（3）关键字不能在行与行之间分开，并且很少采用缩写形式。

（4）SQL 语句的结束符为分号"；"，分号必须放在语句中最后一个子句的后面，但可以不在同一行。

（三）Transact-SQL 标识符规则

数据库对象的名称即为其标识符。SQL Server 中的所有内容，如服务器、数据库和数据库对象（如表、视图、列、索引、触发器、过程、约束及规则等）都可以有标识符。大多数对象要求有标识符，但对于有些对象（如约束），标识符是可选的。对象标识符是在定义对象时创建的。标识符随后用于引用该对象。

在 SQL Server 中，标识符分两种类型，一种是常规标识符，另一种是分隔标识符。

1. 常规标识符

常规标识符遵守标识符的格式规则。在 Transact-SQL 语句中使用常规标识符时，不必使用分隔标识符将其分隔开。

（1）第一个字符必须是当前字符集中的任何字母，包括拉丁字符 a～z 和 A～Z，以及来自其他语言的字母字符。

（2）标识符还可包含数字、下画线、@、#和$符号。

（3）标识符必须不能是 Transact-SQL 保留字。

（4）不允许嵌入空格或特殊字符。

（5）不允许使用增补字符。

2. 分隔标识符

在 Transact-SQL 语句中，必须分隔不符合所有标识符规则的标识符。如果标识符包含 Transact-SQL 的保留字或者内嵌的空格和其他不是规则规定的字符，就要把这些不符合规则的标识符包含在双引号（" "）或者方括号（[ ]）内。例如：

```
SELECT *
FROM [My Table]        --标识符包含空格
WHERE [order] = 10     --标识符包含保留字
```

常规标识符和分隔标识符的字符数都必须为 1~128。本地临时表的标识符最多可以有 116 个字符。

任务 4-3   创建数据库

【任务分析】

通过项目 3 掌握了 SQL Server 数据管理系统的运行环境和 SSMS 窗口结构，通过任务 4-1、任务 4-2 掌握了 SQL 及 Transact-SQL 的相关概念，接下来使用 SSMS 和 SQL 语句来创建数据库。

【课堂任务】

• 使用 SSMS 创建数据库

• 使用 CREATE DATABASE 语句创建数据库

在使用数据库存储数据时，首先要创建数据库。因为一个数据库必须至少包含一个主数据文件和一个事务日志文件。所以创建数据库就是建立主数据文件和事务日志文件的过程。在 SQL Server 中，主要使用两种方法创建数据库：一是在 SSMS 窗口中通过方便的图形化向导创建，二是编写 Transact-SQL 语句创建。下面将以创建本书示例数据库 grademanager 为例，分别介绍这两种方法。

（一）使用 SSMS 创建数据库

微课 4-2：使用
SSMS 创建数据库

在 SSMS 窗口中，使用可视化的界面通过提示来创建数据库是最简单也是使用最多的方式，非常适合初学者。创建数据库 grademanager 的具体步骤如下。

（1）单击【开始】|【Microsoft SQL Server Tools 17】|【SQL Server Management Studio17】命令，打开 SSMS 窗口，并使用 Windows 或 SQL Server 身份验证建立连接。

（2）启动 SSMS 后，在【对象资源管理器】窗格中，连接到数据库引擎的实例，然后选择【数据库】节点。

（3）在【数据库】节点上单击鼠标右键，从弹出的快捷菜单中选择【新建数据库】命令，如图 4.1 所示。

（4）弹出【新建数据库】窗口，【选择页】列表中有 3 个选项卡，分别是【常规】、【选项】和【文件组】，如图 4.2 所示。

（5）选择【常规】选项卡，在【数据库名称】文本框中输入数据库名称 grademanager，再输入该数据库的所有者，这里保持"默认"，也可以单击文本框右边的【浏览】按钮选择所有者。选中

【使用全文检索】复选框，表示可以在数据库中使用全文索引进行查询。

图 4.1　选择【新建数据库】命令

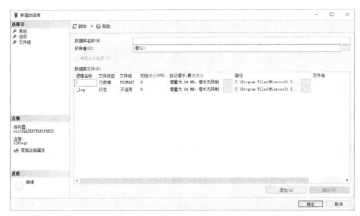

图 4.2　【新建数据库】窗口

（6）【数据库文件】列表框中包含两行：一行是数据文件，另一行是日志文件。单击下面相应按钮可以添加或删除相应的数据文件。该列表框中各字段值的含义如下。

① 逻辑名称：指定该文件的文件名。

② 文件类型：用于区别当前文件是数据文件还是日志文件。

③ 文件组：显示当前数据库文件所属的文件组。一个数据库文件只能存在于一个文件组中。

④ 初始大小：制定该文件的初始容量，在 SQL Server 中，数据文件的默认值为 8MB，日志文件的默认值为 8MB。

提示　数据库文件和事务日志文件的初始大小与为 model 数据库指定的默认大小相同，主要数据文件中包含数据库的系统表。

⑤ 自动增长：用于设置在文件的容量不够用时，文件根据何种增长方式自动增长。单击【自动增长】列中的按钮，打开更改自动增长设置对话框进行设置。图 4.3 和图 4.4 所示分别为数据文件、事务日志文件的自动增长设置对话框。

在创建数据库时，最好指定文件的最大允许增长大小，这样可以防止文件无限制增大，以至于用尽整个磁盘空间。

图 4.3　数据文件自动增长设置

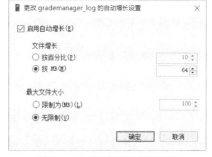

图 4.4　日志文件自动增长设置

⑥ 路径：指定存放该文件的目录。路径默认为 SQL Server 安装目录下的 data 子目录。单击该列右侧的【浏览】按钮，可以打开【定位文件夹】对话框更改数据库的存储路径。

提示　① 可以在创建数据库时改变其存储位置，一旦数据库创建以后，存储位置不能再修改。
② 在创建大型数据库时，尽量把主要数据文件和事务日志文件设置在不同路径下，这样能够提高数据读取的效率。

（7）在【选项】选项卡中可以定义所创建数据库的排序规则、恢复模式、兼容级别、恢复、游标等选项，如图 4.5 所示。

图 4.5　【选项】选项卡

（8）在【文件组】选项卡中可以设置数据库文件所属的文件组，还可以通过【添加】按钮或者

【删除】按钮更改数据库文件所属的文件组。

（9）完成以上操作以后，可以单击【确定】按钮，关闭【新建数据库】窗口。至此，就成功创建了一个数据库，可以在【对象资源管理器】窗格中看到新建的数据库。

> **提示**　① 创建数据库之后，建议创建一个 master 数据库的备份。
> ② 如要在数据库节点中显示新创建的数据库，则需要在数据库节点上单击鼠标右键，选择【刷新】命令。

（二）使用 CREATE DATABASE 语句创建数据库

除了使用 SSMS 创建数据库外，还可以使用 Transact-SQL 语句中的 CREATE DATABASE 命令来创建数据库。

> **提示**　虽然使用 SSMS 创建数据库是一种有效而又容易的方法，但在实际工作中未必总能用它创建数据库。例如，在设计一个应用程序时，开发人员会直接使用 Transact-SQL 在程序代码中创建数据库及其他数据库对象。

使用 Transact-SQL 的 CREATE DATABASE 命令创建数据库的语法格式如下。

微课 4-3：使用 CREATE DATABASE 语句创建数据库

```
CREATE DATABASE database_name
[ON [PRIMARY]
   [(NAME=logical_name,                        --主要数据文件
   FILENAME=physical_file_name
   [, FILESIZE=size]
   [, MAXSIZE= maxsize]
   [, FILEGROWTH=growth_increment])
   [, FILEGROUP filegroup_name
   [(NAME=logical_name,                         --次要数据文件
   FILENAME=physical_file_name
   [, FILESIZE=size]
   [, MAXSIZE=maxsize]
   [, FILEGROWTH=growth_increment])
]
]
]
]
 [LOG ON
(NAME=logical_name,                             --事务日志文件
   FILENAME=physical_file_name
   [, FILESIZE=size]
   [, MAXSIZE=maxsize]
   [, FILEGROWTH=growth_increment])
]
```

在该命令中，ON 用来创建数据文件，PRIMARY 表示创建的是主数据文件。FILEGROUP 关键字用来创建次文件组，其中还可以创建次要数据文件。LOG 关键字用来创建事务日志文件。

NAME 为所创建文件的文件名。FILENAME 指出各文件存储的路径及文件名称。FILESIZE 定义各文件的初始化大小。MAXSIZE 指定文件的最大容量。FILEGROWTH 指定文件增长值。

【例 4.1】 省略 CREATE DATABASE 命令中的各选项创建 exampledb1 数据库。

（1）新建查询。在 SSMS 窗口中单击工具栏中的【新建查询】按钮，新建一个查询窗口。

（2）在查询窗口中输入 Transact-SQL 语句。

（3）执行查询。单击工具栏中的【√】按钮可以检查 Transact-SQL 语句，单击【执行】按钮可以执行指定的 Transact-SQL 语句。

执行结果如图 4.6 所示。

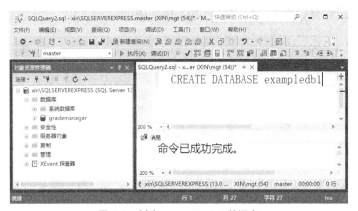

图 4.6　创建 exampledb1 数据库

新建的数据库具有一个数据文件（exampledb1.mdf）和一个日志文件（exampledb1_log.ldf），它们位于该系统默认的文件夹 MSSQL 中的 data 文件夹中。

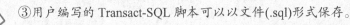

提示　① 如果在查询语句编辑区域选定了语句，则对指定语句执行检查和执行操作，否则执行所有语句。

② 以后章节中的 Transact-SQL 语句的编写和执行步骤与此相同。

③ 用户编写的 Transact-SQL 脚本可以以文件(.sql)形式保存。

【例 4.2】使用 ON 和 LOG ON 选项创建 exampledb2 数据库。

命令和执行结果如图 4.7 所示。

新建的数据库具有一个数据文件（exampledb2_data.mdf）和一个日志文件(exampledb2_log.ldf)，存储在 D 盘的 DATA 文件夹下，初始大小分别为 10MB 和 9MB，最大长度分别限制为 15MB 和 12MB，它们每次的增量为 1MB。

以上两个实例可以反映某些选项的不同作用，读者自己分析比较，其余选项读者可自行设计实例分析。

【例 4.3】 创建 Mydb 数据库。

图 4.7　创建 exampledb2 数据库

```
CREATE DATABASE Mydb
ON
PRIMARY
(NAME=Mydb,
FILENAME='D:\DATA\Mydb.mdf',
SIZE=15,
MAXSIZE=20,
FILEGROWTH=1
)
LOG ON
(NAME=Mydb_log,
FILENAME='D:\DATA\Mydb_log.ldf',
SIZE=12,
MAXSIZE=15,
FILEGROWTH=1
)
```

> **提示**　① 在上述 FILENAME 子句中，物理文件名的定界用单、双引号均可。
>
> ② 如果数据库的大小不断增长，则可以指定其增长方式。如果数据的大小基本不变，则为了提高数据的使用效率，通常不指定其自动增长方式。

任务 4-4　修改数据库

【任务分析】

创建数据库后，在使用数据库的过程中，用户的需求难免会发生变化，所以需要修改其名称、大小等。

【课堂任务】

- 使用 SSMS 修改数据库
- 使用 ALTER DATABASE 语句修改数据库

（一）使用 SSMS 修改数据库

1. 修改数据库名称

一般情况下，不建议用户修改创建好的数据库名称。因为，许多应用程序可能已经使用了该数据库的名称。更改数据库的名称之后，还需要修改相应的应用程序。

具体的修改方法有很多种，可在 SSMS 的【对象资源管理器】窗格中用鼠标右键单击要修改的数据库名称节点(如 grademanager)，选择【重命名】命令后输入新的名称，即可直接改名。

微课 4-4：使用 SSMS 修改数据库

2. 修改数据库文件的大小

修改数据库文件的大小也就是修改数据文件和日志文件的长度，可以通过以下 2 种方式修改。

（1）设置数据库为自动增长方式，这在创建数据库时设置。

（2）直接修改数据文件或日志文件的大小。

通过 SSMS 修改数据库文件大小的步骤如下。

（1）启动 SSMS，在【对象资源管理器】中，连接到数据库引擎的实例，展开【数据库】节点，用鼠标右键单击要修改的数据库节点（如 grademanager），选择【属性】命令，打开【数据库属性】窗口，如图 4.8 所示。

图 4.8 【数据库属性】窗口

（2）在弹出的【数据库属性】窗口左侧窗格中单击【文件】选项卡。

（3）在【数据库属性】窗口右侧窗格 grademanager 数据文件行的【初始大小】列中，输入想要修改成的值。

（4）同样在日志文件行的【初始大小】列中，输入想要修改成的值。

（5）单击【自动增长/最大大小】列中的【浏览】按钮，在打开的【更改自动增长设置】对话框中可设置自动增长方式及大小。

（6）修改后，单击【确定】按钮。

提示 在【数据库属性】窗口中，通过左侧窗格【选择页】下面的选项，即可查看数据库的基本信息、文件信息、选项信息、文件组信息和权限信息等。

3. 添加辅助数据文件

上述方法是通过扩展数据库指定的文件来增大数据库容量，另外，还可以添加辅助文件来增大数据库的容量。

利用 SSMS 为 grademanager 数据库增加一个大小为 3MB 的数据文件来扩大数据库，步骤如下。

（1）用鼠标右键单击 grademanager 数据库，选择【属性】命令，选择其属性窗口中的【文件】选项卡。

（2）单击【添加】按钮，在【数据库文件】列表的【逻辑名称】列中输入名称 grademanager_DATA1。

（3）设置【文件类型】为"行数据"，【文件组】为"PRIMARY"，【初始大小】为"8"。

（4）单击【自动增长/最大大小】列中的【浏览】按钮，在弹出的对话框中设置文件按 10%增长，最大文件大小限制为 10MB。

（5）单击【确定】按钮返回【数据库属性】窗口，为新的数据文件选择存储路径，再单击【确定】按钮完成添加，如图 4.9 所示。

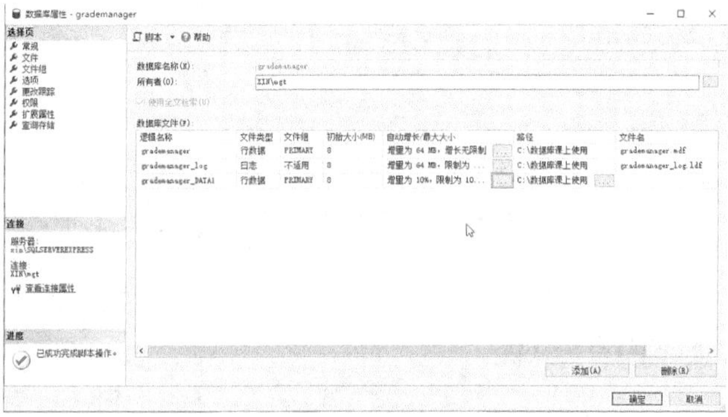

图 4.9　【文件】选项卡

> **提示**　数据文件添加完成后，在指定的存储位置会建立一个 grademanager_DATA.ndf 文件。

（二）使用 ALTER DATABASE 语句修改数据库

1. 修改数据库的名称

ALTER DATABASE 语句可修改数据库名称。该语句修改数据库名称时，只更改了数据库的逻辑名称，对该数据库的数据文件和日志文件没有任何影响，语法如下。

```
ALTER DATABASE databaseName MODIFY NAME=newdatabaseName
```

【例 4.4】 将 grademanager 数据库更名为"学生管理数据库"。

```
ALTER DATABASE grademanager MODIFY NAME=学生管理数据库
```

微课 4-5：使用
ALTER DATABASE
语句修改数据库

2. 修改数据库文件的大小

【例 4.5】 通过 ALTER DATABASE 语句中的 MODIFY FILE 子句修改 grademanager 数据库中主数据文件 grademanager.mdf 的文件大小为 10MB。

```
ALTER DATABASE grademanager
MODIFY FILE
(
NAME=grademanager,
SIZE=10
)
```

3. 添加辅助数据文件

ALTER DATABASE 语句中的 ADD FILE 子句可以新增一个辅助数据文件。

【例 4.6】 为 grademanager 数据库新增日志文件，语句如下。

```
ALTER DATABASE grademanager
ADD LOG FILE
(
    NAME=grademanager_LOG1,
    FILENAME='D:\DATA\grademanager_LOG1.ldf',
    SIZE=5MB,
    MAXSIZE=10MB,
```

```
    FILEGROWTH=10%
)
```

这里日志文件的逻辑名称是 grademanager_LOG1，其大小是 5MB，最大值是 10MB，并且可以自动增长。

> **提示** 如果要增加数据文件，则可以使用 ADD FILE 子句。在一个 ALTER DATABASE 语句中，一次操作可增加多个数据文件或日志文件。多个文件之间使用逗号分隔。

任务 4-5　删除数据库

微课 4-6：删除
数据库

【任务分析】

随着数据库数据量的增加，系统消耗的资源越来越多，运行速度越来越慢，这时可以将不再需要的数据库删除，以释放被占用的磁盘空间和系统消耗。

【课堂任务】

* 使用 SSMS 删除数据库
* 使用 DROP DATABASE 语句删除数据库

（一）使用 SSMS 删除数据库

在 SSMS 窗口中，删除数据库的步骤如下。

（1）启动 SSMS，在【对象资源管理器】窗格中连接到数据库引擎的实例。

（2）在展开的【数据库】节点中，用鼠标右键单击要删除的数据库，从弹出的快捷菜单中选择【删除】命令。

（3）在弹出的【删除对象】对话框中，单击【确定】按钮，确认删除。删除操作完成后会自动返回 SSMS 窗口。

> **提示** ① 当不再需要数据库或将数据库移到另一个数据库或服务器时，可删除该数据库。一旦删除数据库，文件及其数据都从服务器的磁盘中删除，不能再检索，只能使用以前的备份。
> ② 在数据库删除之后备份 master 数据库，因为删除数据库将更新 master 数据库中的系统表。如果 master 数据库需要还原，则从上次备份 master 数据库之后删除的所有数据库都仍然在系统表中有引用，因而可能导致错误信息。
> ③ 必须将当前数据库指定为其他数据库，不能删除当前打开的数据库。

（二）使用 DROP DATABASE 语句删除数据库

使用 Transact-SQL 语句删除数据库的语法格式如下。

```
DROP DATABASE database_name [,...n]
```

其中，database_name 为要删除的数据库名，[,...n]表示可以有多于一个数据库名。

【例 4.7】 删除数据库 grademanager。

```
DROP DATABASE grademanager
```

 警告 因为使用 DROP DATABASE 删除数据库不会出现确认信息，所以使用这种方法时要小心谨慎。注意，千万不能删除系统数据库，否则会导致 SQL Server 服务器无法使用。

任务 4-6　分离和附加数据库

【任务分析】

数据库在联机的状态下，数据库文件是不能复制、移动和删除的，只有将数据库与当前连接的服务器分离，才可以进行数据库文件和日志文件的备份等操作。

【课堂任务】

- 分离数据库
- 附加数据库

（一）分离数据库

分离数据库是指将数据库从 SQL Server 实例上删除，但是该数据库的数据文件和日志文件仍然保持不变，这时可以将该数据库附加到其他任何兼容的 SQL Server 实例上。

 提示 要分离的数据库出现下列情况之一，都将不能分离。

① 已复制并发布数据库。如果要复制数据库，则数据库必须是未发布的。如果要分离数据库，则必须先执行 sp_replicationdboption 存储过程禁用发布后再分离。

② 数据库中存在数据库快照。必须先删除所有数据库快照，才能分离数据库。

③ 数据库处于未知状态。在 SQL Server 2016 中，无法分离可疑和未知状态的数据库，必须将数据设置为紧急模式，才能将其分离。

使用 SSMS 分离数据库的步骤如下。

（1）打开 SSMS 窗口，并使用 Windows 或 SQL Server 身份验证建立连接。

（2）在【对象资源管理器】窗格中找到要分离的数据库的节点（如 grademanager），用鼠标右键单击，在弹出的快捷菜单中单击【任务】→【分离】命令。

（3）打开【分离数据库】窗口，查看【数据库名称】列中的数据库名称，确定是否为要分离的数据库，如图 4.10 所示。

（4）默认情况下，分离操作将在分离数据库时保留过期的优化统计信息；若要更新现有的优化统计信息，则可选中【更新统计信息】复选框。

（5）如果【状态】列中显示"未就绪"，则【消息】列将显示有关数据库的超链接信息。当数据库涉及复制时，【消息】列将显示"Database replicated"。

（6）数据库有一个或多个活动连接时，【消息】列将显示"<活动连接数>活动连接"。在可以分离数据列之前，必须选中【删除连接】复选框来断开与所有活动连接的连接。

图 4.10 【分离数据库】窗口

（7）分离数据库准备就绪后，单击【确定】按钮。

提示 分离数据库前，建议通过属性窗口查看数据库相关文件的信息，以便数据库分离后能找到相应的文件。

（二）附加数据库

附加数据库时，所有数据库文件（.mdf、.ndf 和.ldf 文件）都必须可用。如果数据文件的路径与创建数据库或上次附加数据库时的路径不同，则必须指定文件的当前路径。在附加数据库过程中，如果没有日志文件，则系统将创建一个新日志文件。

使用 SSMS 窗口附加数据库的具体步骤如下。

（1）在【对象资源管理器】窗格中连接到 SQL Server 数据库引擎，展开该实例的【数据库】节点，单击鼠标右键，在弹出的快捷菜单中选择【附加】命令，打开【附加数据库】窗口，如图 4.11 所示。

（2）单击【添加】按钮，从弹出的【定位数据库文件】对话框中选择要附加的数据库所在的位置，再依次单击【确定】按钮返回，如图 4.12 所示。

图 4.11 【附加数据库】窗口

图 4.12 【定位数据库文件】对话框

提示　通过分离和附加数据库可以实现 SQL Server 数据库文件存储位置的改变。

也可以使用 CREATE DATABASE 语句来附加数据库。

【例 4.8】将分离后的 Mydb 数据库附加到指定的 SQL Server 实例中。

微课 4-7：分离
和附加数据库

```
CREATE DATABASE Mydb
ON
(
  FILENAME='D:\DATA\Mydb.mdf'
)
LOG ON
(
  FILENAME='D:\DATA\Mydb_log.ldf'
)
FOR ATTACH
```

实训　创建和维护数据库

1. 实训目的

（1）了解 SQL Server 2016 工作环境。

（2）掌握 SQL Server 2016 数据库的相关概念。

（3）掌握使用 SSMS 和 Transact-SQL 语句创建数据库的方法。

（4）掌握数据库的修改、查看、分离、附加和删除等基本操作的方法。

2. 实训内容

学生信息管理数据库 gradem 参数见表 4.2。

表 4.2　gradem 数据库参数表

主数据文件参数	参数值	日志文件参数	参数值
文件路径	D:\db\gradem.mdf	存储的日志文件路径	D:\db\gradem_log.ldf
数据文件初始大小	10MB	日志文件初始大小	2MB
数据文件最大值	20MB	日志文件最大值	15MB
数据文件增长量	原来 10%	日志文件增长量	2MB

要更改的学生信息管理数据库参数见表 4.3。

表 4.3　要更改的参数表

参数	参数值	参数	参数值
增加的数据文件路径	D:\gradem1_data.ndf	增加的日志文件路径	E:\gradem1_log.ldf
增加的数据文件初始大小	7MB	增加的日志文件初始大小	3MB
增加的数据文件最大值	20MB	增加的日志文件最大值	30MB
增加的数据文件增长量	2MB	增加的日志文件增长量	2MB

3. 实训要求

（1）使用 SSMS 按表 4.2 的要求创建数据库。

（2）在 SSMS 中查看 gradem 数据库的状态，查看 gradem.mdf、gradem_log.ldf 两个数据库文件所在的文件夹。

（3）使用 SSMS 按表 4.3 的要求修改 gradem 数据库的参数。

（4）使用 SSMS 分离该数据库，分离后再把该数据库附加到 SQL Server 实例中。

（5）使用 SSMS 删除该数据库。

（6）使用 Transact-SQL 语句按表 4.2 的要求创建数据库。

（7）使用 Transact-SQL 语句按表 4.3 的要求修改数据库。

（8）使用 Transact-SQL 语句删除数据库。

课外拓展　建立网络玩具销售系统数据库

操作内容及要求如下。

在项目 2 课外拓展中数据库设计的基础上，在服务器的 D:\SQL2016\DATA 文件夹中建立一个数据库 GlobalToys。

习题

1. 选择题

（1）下列选项中属于修改数据库的语句是（　　　）。

A. CREATE DATABASE　　　　　　B. ALTER DATABASE

C. DROP DATABASE　　　　　　　D. 以上都不是

（2）在创建数据库时，系统会自动将（　　　）系统数据库中所有用户定义的对象复制到新建数据库中。

A. master　　　　B. msdb　　　　C. model　　　　D. tempdb

（3）下面关于创建数据库的说法，正确的是（　　　）。

A. 创建数据库时，文件名可以不带扩展名

B. 创建数据库时，文件名必须带扩展名

C. 创建数据库时，数据文件可以不带扩展名，日志文件必须带扩展名

D. 创建数据库时，日志文件可以不带扩展名，数据文件必须带扩展名

（4）在 SQL Server 2016 系统中，下面说法错误的是（　　　）。

A. 一个数据库中至少有一个数据文件，但可以没有日志文件

B. 一个数据库中至少有一个数据文件和一个日志文件

C. 一个数据库中可以有多个数据文件

D. 一个数据库中可以有多个日志文件

（5）在 SQL Server 2016 系统中，将用户编写的 Transact-SQL 脚本保存到磁盘上，其文件的扩展名为（　　　）。

A. .mdf   B. .ndf   C. .ldf   D. sql

（6）在删除数据库前应备份哪个数据库？（   ）

A. 备份将要删除的数据库的主数据文件   B. 备份将要删除的数据库的事务日志文件

C. master   D. model

（7）下列选项中，属于创建数据库的语句是（   ）。

A. CREATE DATABASE   B. ALTER DATABASE

C. DROP DATABASE   D. 以上都不是

（8）每一个数据库至少需要两个关联的存储文件：一个数据文件和一个日志文件，还可以有辅助数据文件，以下哪个不属于这 3 种类型的文件？（   ）

A. .mdf   B. .ndf   C. .dbf   D. .ldf

（9）下列关于数据库的说法，错误的是（   ）。

A. 在创建数据库时改变其存储位置，一旦数据库创建以后，存储位置不能修改

B. 在创建大型数据库时，把主数据文件和事务日志文件设置在不同路径下，可以提高数据读取的效率

C. 在创建数据库时，不可以指定文件的最大增长值

D. 如果需要在数据库节点中显示新创建的数据库，则需要在数据库节点上单击鼠标右键，选择快捷菜单中的【刷新】命令。

（10）下列选项中，属于删除数据库的语句是（   ）。

A. CREATE DATABASE   B. ALTER DATABASE

C. DROP DATABASE   D. 以上都不是

2. 填空题

（1）SQL Server 2016 的 4 个系统数据库为＿＿＿＿、＿＿＿＿、model 和＿＿＿＿。

（2）在 SQL Server 2016 系统中，一个数据库最少有一个数据文件和一个＿＿＿＿。

（3）在 SQL Server 2016 系统中，主数据文件的扩展名为＿＿＿＿，次数据文件的扩展名为＿＿＿＿，日志文件的扩展名为＿＿＿＿。

（4）SQL Server 2016 可管理的最小物理空间是以页为单位的，每一页的大小是＿＿＿＿。

（5）＿＿＿＿是表、视图、存储过程、触发器等数据库对象的集合，是数据库管理系统的核心内容。

（6）除了可以使用 SSMS 创建数据库外，还可以使用＿＿＿＿命令创建数据库。

（7）因为使用 DROP DATABASE 删除数据库不会＿＿＿＿，所以使用这种方法时要小心谨慎。

（8）在删除数据库时，一定不能删除＿＿＿＿，否则会导致 SQL Server 2016 服务器无法使用。

（9）数据库文件是不能复制、移动和删除的，需要将数据库与＿＿＿＿分离才可以进行数据库文件和日志文件的备份等操作。

（10）分离数据库是指将数据库从＿＿＿＿中删除，但是该数据库的数据文件和日志文件仍然保持不变，这时可以将该数据库附加到其他任何兼容的 SQL Server 实例上。

项目5
创建与维护学生信息管理数据表

项目描述：

数据库是用来保存数据的，在 SQL Server 数据库管理系统中，物理的数据是存储在表中的。表的操作包括设计表、创建表和操作表中的记录，其中设计表是指如何合理、规范地存储数据；创建表是在数据库中创建已经设计好的表结构。

学习目标：

- 理解 SQL Server 表的基本概念
- 掌握 SQL Server 的数据类型及列的属性
- 理解并掌握学生信息管理数据库中表结构的设计
- 掌握表的创建、修改及删除方法

任务 5-1 表的概述

微课 5-1：表的
概述

【任务分析】

设计人员在完成数据库的创建后，第一个要创建的数据库对象就是表，用于存储数据。

【课堂任务】

掌握并理解表的基本概念。

- 表的结构组成
- 表的类型
- 字段的命名规则及其数据类型

在 SQL Server 中，表是一种重要的数据库对象，用于存储逻辑设计得到的关系模型，是其他数据库对象的基础。关系模型中的一个关系（二维表）对应数据库中的一个基本表（简称基表或表）。如果把数据库比喻成柜子，表就像柜子中各种规格的抽屉。

1. 表的结构

在 SQL Server 中，表主要由列（Column）和行（Row）构成，每一列用来保存关系的属性，也称为字段。第一行用来保存关系的元组，也称为数据行或记录。在表中，行的顺序可以任意。不同的表有不同的名称。表的命名规则必须符合 Transcat-SQL 的标识符命名规则。

事实上，结构（Structure）和数据记录（Record）是表的两大组成部分。当然，在表能够存放数据记录之前，必须先定义结构，而表的结构定义即决定表拥有哪些字段以及这些字段的特性。所谓"字段特性"，是指这些字段的名称、数据类型、长度、精度、小数位数、是否允许空值（NULL）、默认值、主键等。显然，只有彻底了解字段特性的各个定义项，才能创建功能完善和具有专业水准的表。

2. 表的类型

SQL Server 数据库中，除了标准表外，还提供了起着特殊作用的已分区表、临时表、系统表、文件表和宽表。

（1）标准表。用户定义的表，最多可以有 1 024 列，表的行数仅受服务器的存储容量的限制。

（2）已分区表。当表很大时，可以水平地把数据分割成一些单元，放在同一个数据库的多个文件组中，用于并行访问单元中数据。用户可以通过分区快速访问和管理数据的某部分子集而不是整个数据表，从而便于管理大表和索引。SQL Server 2016 表格分区可扩展至 15 000 个之多，从而能够支持规模不断扩大的数据仓库。

（3）临时表。临时表存储在 tempdb 中。临时表有两种类型：本地临时表和全局临时表。它们在名称、可见性以及可用性上有区别。本地临时表的名称以单个数字符号（#）打头；它们仅对当前用户连接可见；用户从 SQL Server 实例断开连接时，本地临时表被删除。全局临时表的名称以两个数字符号（##）开头，创建后对任何用户都是可见的，当所有引用该表的用户从 SQL Server 实例断开连接时，全局临时表将被删除。

（4）系统表。系统表与普通表的主要区别在于，系统表存储了有关 SQL Server 2016 服务器的配置、数据库设置、用户和表对象的描述等系统信息。一般来说，用户不能直接查看和修改系统表，可以通过系统视图查看系统表中的信息。

（5）文件表（FileTables）。文件表是 SQL Server 新增的功能之一，支持 Windows 文件命名空间以及 Windows 应用程序对存储在 SQL Server 中的文件数据的兼容性。总之，在 SQL Server 中，将文件和文档存储在称为文件表的特殊表中，使得 Windows 应用程序访问这些文件和文档如同它们存储在文件系统一样，而不必对 Windows 客户端应用程序进行任何修改。

（6）宽表

宽表是定义了列集的表。宽表使用稀疏列，从而将表可以包含的总列数增大为 30 000。索引数和统计信息数也分别增大为 1 000 和 30 000。宽表行最大为 8 019 字节。

3. 字段名

表可以拥有多个字段，各个字段分别用来存储不同性质的数据，为了加以识别，每个字段必须有一个名称。字段名同样必须符合 Transcat-SQL 的标识符命名规则。需要注意以下几点。

（1）字段名最长可达 128 个字符。

（2）字段名可以包含中文、英文字母、数字、下画线（_）、井号（#）、货币符号（$）及 at（@）符号。

（3）同一个表中各个字段的名称不能重复。

4．长度、精度和小数位数

决定字段的名称之后，下面要设置字段的数据类型（Data Type）、长度（Length）、精度（Precision）与小数位数（Scale）。数据类型将在后面讲解。

字段的长度是指数字数据类型的长度，是存储此数占用的字节数。精度是指数字的位数。小数位数是指小数点后的数字位数。在 SQL Server 中，长度对不同数据类型字段的意义有些不同。

字符串或 Unicode 数据类型的长度是字符数。

numeric 和 decimal 数据类型的默认最大精度为 38。例如，123.45 的精度是 5，小数位数是 2。

binary、varbinary 和 image 数据类型的长度是字节数。

int 数据类型的精度是 10，长度是 4，小数位数是 0。

通常用如下格式来表示字段的数据类型及其长度、精度和小数位数，其中，n 代表长度，p 代表精度，s 代表小数位数。

binary(n)→binary(10)→长度为 10 的 binary 数据类型的字段。

char(n)→char(12)→长度为 12 的 char 数据类型的字段。

decimal(p[,s])→decimal(8,3)→精度为 8，小数位数为 3 的 decimal 数据类型的字段。

任务 5-2　SQL Server 的数据类型

【任务分析】

数据类型是以数据的表现方式和存储方式来划分的数据种类，规定数据存储所占空间的大小。SQL Server 数据库使用不同的数据类型存储数据，数据类型主要根据数据值的内容、大小、精度来选择。

【课堂任务】

理解并掌握 SQL Server 的数据类型并能在表的定义中选择合适的数据类型。

确定表中每列的数据类型是设计表的重要步骤。列的数据类型就是定义该列所能存放的数据的值的类型。例如，表的某一列存放姓名，则定义该列的数据类型为字符型；表的某一列存放出生日期，则定义该列为日期时间型。

SQL Server 的数据类型很丰富，表 5.1~表 5.6 为常用的数据类型。

1．整数数据类型

表 5.1　整数数据类型

系统提供的数据类型	数值范围	存储长度
int	-2^{31}~$2^{31}-1$ 的所有正负整数	每个 int 类型的数据用 4 字节的存储空间，其中 1 位表示整数值的正负号，其他 31 位表示整数值的长度和大小
smallint	-2^{15}~$2^{15}-1$ 的所有正负整数	每个 smallint 类型的数据占用 2 字节的存储空间，其中 1 位表示整数值的正负号，其他 15 位表示整数值的长度和大小
tinyint	0~255 的所有正整数	每个 tinyint 类型的数据占用 1 字节的存储空间
bigint	-2^{63}~$2^{63}-1$ 的所有正负整数	每个 bigint 类型的数据占用 8 字节的存储空间

2. 浮点数据类型

> **提示** 浮点数据为近似值，并非数据类型范围内的所有值都能精确地表示。

表 5.2 浮点数据类型

系统提供的数据类型	数值范围	存储长度
real	−3.40E+38~−1.18E−38、0 以及 1.18E−38 ~3.40E+38	每个 real 类型的数据占用 4 字节的存储空间
float[(n)]	−1.79E+308~−2.23E−308、0 以及 2.23E−308~1.79E+308	n为用于存储 float 数值尾数的位数（以科学记数法表示），因此可以确定精度和存储大小。当 n 值为 1~24 时，数值的精度为 7 位数，实际上是定义了一个 real 类型的数据，用 4 字节存储；当 n 值为 25~53 时，数值的精度为 15 位数，用 8 字节存储
decimal[p[,s]]和 numeric[p[,s]]	−10^38+1~10^38−1	p（精度）：最多可以存储的十进制数字的总位数，包括小数点左边和右边的位数。该精度取值范围是 1~38，默认精度为 18。s（小数位数）：小数点右边可以存储的十进制数字的位数。从 p 中减去此数字可确定小数点左边的最大位数。小数位数的取值范围必须为 0~p。仅在指定精度后，才可以指定小数位数。默认小数位数为 0；因此，0≤s≤p。最大存储大小基于精度变化 当 p=1~9，存储字节数为 5；当 p=10~19，存储字节数为 9；当 p=20~28，存储字节数为 13；当 p=29~38，存储字节数为 17

3. 二进制数据类型

表 5.3 二进制数据类型

系统提供的数据类型	数值范围	存储长度
binary[（n）]	1~8 000	n 字节的固定长度的二进制数据，存储大小为 n 字节。在输入数据时，必须在数据前加上字符 0x 作为二进制标识 例，如要输入 abc，则应输入 0xabc。若输入的数据过长，则截掉其超出部分。若输入的数据位数为奇数，则会在起始符号 0x 后添加一个 0，如上述的 0xabc 会被系统自动变为 0x0abc。n 表示数据的长度，默认为 1 字节
varbinary[（n|max）]	n 为 1~8 000 max 最大存储大小 2^{31}−1	可变长度的二进制数据，存储大小为输入数据的实际长度 +2 字节。输入数据的长度可以是 0 字节

4. 逻辑数据类型

表 5.4 逻辑数据类型

系统提供的数据类型	数值范围	存储长度
bit	1、0 或 NULL	如果表中的 bit 列为 8 列或更少，则这些列用 1 字节存储。如果 bit 列为 9~16 列，则这些列用 2 字节存储；字符串值 TRUE 和 FALSE 可转换为 bit 值，TRUE 将转换为 1，FALSE 将转换为 0。转换为 bit 会将任何非零值升为 1

5. 字符数据类型

字符数据类型是使用最多的数据类型。它可以用来存储各种字母、数字符号、特殊符号。一般情况下，使用字符类型数据时，必须使用定界符单引号'　'或双引号""。

表 5.5　字符数据类型

系统提供的数据类型	数值范围	存储长度
char[（n）]	1~8 000	固定长度的非 Unicode 字符串数据。n 用于定义字符串长度，存储大小为 n 字节。若输入数据的字符数小于 n，则系统自动在其后添加空格。若输入的数据过长，则系统自动截掉其超出部分。存储的每个字符占 1 字节的存储空间
nchar[（n）]	1~4 000	固定长度的 Unicode 字符串数据。存储大小为 n 字节的两倍。当排序规则代码页使用双字节字符时，存储大小仍然为 n 字节。根据字符串的不同，n 字节的存储大小可能小于为 n 指定的值
varchar[（n|max）]	1~8 000	可变长度的非 Unicode 字符串数据。存储大小为输入数据的实际长度+2 字节 max 指示最大存储大小是 2^30-1 字节（2GB）
nvarchar[（n|max）]	1~4 000	包含 n 个字符的可变长度的 Unicode 字符串数据。存储大小（以字节为单位）是输入字符数的两倍+2 字节。max 指示最大存储大小是 2^30-1 个字符

> **提示**　SQL Server 的未来版本中将删除 ntext、text 和 image 数据类型，这里不再说明，请避免在新开发工作中使用这些数据类型，可以改用 nvarchar(max)、varchar(max) 和 varbinary(max)。

6. 日期和时间数据类型

表 5.6　日期和时间数据类型

系统提供的数据类型	数值范围	存储长度
date	0001-01-01~9999-12-31	固定为 3 字节
time	00:00:00.0000000~23:59:59.9999999	使用默认的小数部分精度（默认精度为 100ns）时，固定为 5 字节。在 Informatica 中，默认为 4 字节，固定不变，同时秒的小数部分精度默认为 1ms
datetime	日期范围:1753 年 1 月 1 日~9999 年 12 月 31 日 时间范围:00:00:00~ 23:59:59.997	8 字节
datetime2	日期范围:公元 1 年 1 月 1 日~公元 9999 年 12 月 31 日 时间范围: 00:00:00~23:59:59.9999999	精度小于 3 时为 6 字节；精度为 3 和 4 时为 7 字节。所有其他精度则需要 8 字节。默认值为 1900-01-01 00:00:00
datetimeoffset	日期范围:公元 1 年 1 月 1 日~公元 9999 年 12 月 31 日 时间范围: 00:00:00~23:59:59.9999999	默认值为 10 字节的固定大小，默认的秒的小数部分精度为 100ns。 默认值为 1900-01-0100:00:00 00:00

续表

系统提供的数据类型	数值范围	存储长度
smalldatetime	日期范围：1900-01-01~2079-06-06 时间范围：00:00:00~23:59:59	固定为 4 字节。默认值为 1900-01-01 00:00:00

 提示　① 在使用某种整数数据类型时，如果提供的数据超出其允许的取值范围，则发生数据溢出错误。

② 在使用过程中，如果某些列中的数据或变量将参与科学计算，或者计算量过大时，建议考虑将这些数据对象设置为 float 或 real 数据类型，否则会在运算过程中产生较大的误差。

③使用字符型数据时，如果某个数据的值超过了数据定义时规定的最大长度，则多余的值会被服务器自动截取。

任务 5-3　列的其他属性

【任务分析】

数据库设计人员在给列指定数据类型时，也就定义了要在列中存储什么。但列的定义不仅是设置数据类型，还可以使用自动增加的数据填充列，或者设置列是否为空值等。

【课堂任务】

掌握默认值、标识列及空值的概念

- 默认值
- 标识列
- NULL 和 NOT NULL

1. 默认值（DEFAULT）

当向表中插入数据时，如果用户没有明确给出某列的值，则 SQL Server 自动指定该列使用默认值。设置默认值是实现数据的域完整性控制的方法之一。

2. 标识列（IDENTITY）

当向 SQL Server 的表中加入新行时，可能希望给行一个唯一而又容易确定的 ID。这可以为表设置一个标识列。定义标识列时，必须同时指定种子和增量，或者二者都不指定。如果二者都未指定，则取默认值 (1,1)。定义标识列也是实现表的实体完整性控制的方法之一。

 提示　① 每个表可以有一个标识列，也只能有一个标识列。

② 标识列的数据类型为不带小数的数值类型，不能为空值。

3. NULL 与 NOT NULL

在创建表的结构时，列的值允许为空值。NULL（空，列可以不指定具体的值）值意味着此值是未知的或不可用的，向表中填充行时，不必给出该列的具体值。注意，NULL 不同于零、空白或长度为零的字符串。

 提示 NOT NULL 不允许为空值，该列必须输入数据。

任务 5-4　设计学生信息管理数据库的表结构

【任务分析】

在项目 2 中设计的学生信息管理数据库的基础上，设计数据库中各表的表结构。在这一步，设计人员要决定数据表的详细信息，包括表名、表中各列的名称、数据类型、数据长度、列是否允许空值、主键、外键、索引、对数据的限制（约束）等内容。

【课堂任务】

通过案例分析并确定学生信息管理数据库中各表的详细结构。

按照数据库设计的流程，这一步要确定学生信息管理系统中各表的结构，设计人员最终给出 8 个表的表结构，见表 5.7 ~ 表 5.14。

表 5.7　student 表的表结构

列名	数据类型	是否空	键/索引	默认值	说明
sno	char(10)	否	主键		学号
sname	char（8）	是			姓名
ssex	char（2）	是		男	性别
sbirthday	date	是		1992-01-01	出生日期
sid	varchar(18)	是			身份证号
saddress	varchar(30)	是			家庭住址
spostcode	char(6)	是			邮政编码
sphone	char(18)	是		不详	联系电话
spstatus	varchar(20)	是			政治面貌
sfloor	char(10)	是			楼号
sroomno	char(5)	是			房间号
sbedno	char（2）	是			床位号
tuixue	tinyint	否		0	是否退学
xiuxue	tinyint	否		0	是否休学
smemo	varchar(max)	是			简历
sphoto	image	是			照片
classno	char（8）	是	外键　class(classno)		班号

表 5.8　class 表的表结构

列名	数据类型	是否空	键/索引	默认值	说明
classno	char(8)	否	主键		班号
classname	varchar(20)	是			班级名称
speciality	varchar(60)	是			专业
inyear	char(4)	是			入学年份
classnumber	tinyint	是			班级人数
header	char(10)	是			辅导员
deptno	char(4)	是	外键 department(deptno)		系号
classroom	varchar(16)	是			班级房间
monitor	char(8)	是			班长姓名
classxuezhi	tinyint	是		3	学制

表 5.9　department 表的表结构

列名	数据类型	是否空	键/索引	默认值	说明
deptno	char(4)	否	主键		系号
deptname	char(14)	是			系部名称
deptheader	char(8)	是			系主任
office	char(20)	是			办公室
deptphone	char(20)	是		不详	系部电话

表 5.10　floor 表的表结构

列名	数据类型	是否空	键/索引	默认值	说明
sfloor	char(10)	否	组合主键		楼号
sroomno	char(5)	否	组合主键		房间号
ssex	char(2)	是			性别
maxn	tinyint	是			人数

表 5.11　course 表的表结构

列名	数据类型	是否空	键/索引	默认值	说明
cno	char(3)	否	组合主键		课程号
cname	char(20)	是			课程名称
cterm	tinyint	否	组合主键		学期

表 5.12　teacher 表的表结构

列名	数据类型	是否空	键/索引	默认值	说明
tno	char(4)	否	主键		教师编号
tname	char(8)	是			
tsex	char(2)	是		男	
deptno	char(4)	是	外键 department(deptno)		

表 5.13　sc 表的表结构

列名	数据类型	是否空	键/索引	默认值	说明
cno	char(3)	否	组合主键 外键 course(cno)		课程号
sno	char(10)	否	组合主键 外键 student(sno)		学号
degree	numeric(4,1)	是			成绩
cterm	tinyint	否	组合主键 外键 course(cterm)		学期

表 5.14　teaching 表的表结构

列名	数据类型	是否空	键/索引	默认值
tno	char(4)	否	组合主键 外键 teacher(tno)	教师编号
cno	char(3)	否	组合主键 外键 course(cno)	课程号
cterm	tinyint	否	组合主键 外键 course(cterm)	学期

任务 5-5　创建表

【任务分析】

设计人员在完成数据表的表结构设计后，下面的工作是在数据库中创建表，用于存储数据。

【课堂任务】

在 SQL Server 中主要使用两种方法创建表。

- 使用 SQL Server 2016 的 SSMS 管理工具。
- 使用 Transact-SQL 的 CREATE TABLE 语句。

（一）使用 SSMS 创建表

微课 5-2：使用
SSMS 创建表

　　下面以创建 student 表为例，介绍使用 SSMS 创建表的方法及过程。表结构见表 5.7~表 5.14。

　　（1）打开 SSMS 窗口，连接到本地的数据库引擎，在【对象资源管理器】窗格中展开服务器，然后展开【数据库】节点，单击 grademanger 数据库节点前面的【＋】按钮，展开该数据库，用鼠标右键单击【表】节点，从快捷菜单中选择【表】命令，如图 5.1 所示。

　　（2）在打开的【表设计器】窗口中，输入列名，选择该列的数据类型，并设置是否为空，如图 5.2 所示。图 5.2 所示的设计表窗口的下半部分显示列属性，包括是否是标识列、是否使用默认值等。逐个定义表中的列，设计完整的表结构。

图 5.1 选择【表】命令

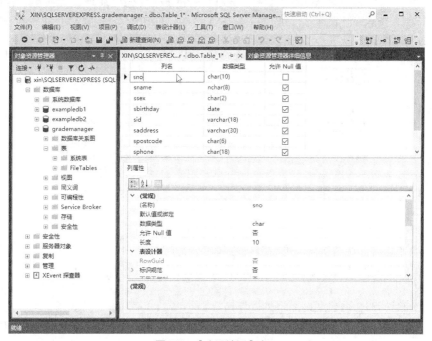

图 5.2 【表设计器】窗口

（3）设置主键约束。选中要作为主键的列，单击【表设计器】｜【设置主键】命令，或用鼠标右键单击该列，在快捷菜单中选择【设置主键】命令，设置完成后，主键列的左侧按钮上显示钥匙标记，如图 5.3 所示。

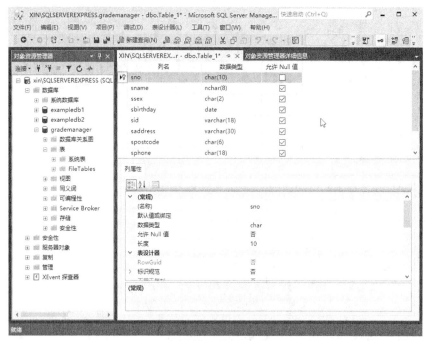

图5.3　设置主键

（4）定义好所有列后，单击标准工具栏上的【保存】按钮或按 Ctrl+S 组合键，弹出【选择名称】对话框，输入表名称 student，单击【确定】按钮，即可保存该表，如图 5.4 所示。至此该表就创建完成了。

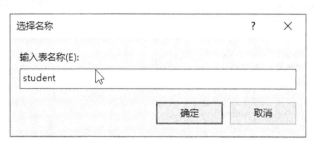

图5.4　【选择名称】对话框

提示　① 尽可能地在创建表时正确输入列的信息。
② 同一个表中的列名不能相同。

在定义表的结构时，可灵活运用下列操作技巧。

① 插入新字段。用鼠标右键单击某一字段，从快捷菜单中选择【插入列】命令，如图 5.5 所示，或者单击【表设计器】|【插入列】命令，一个空白列插入原先选中的字段前。此时，可定义这个新字段的字段名称、数据类型及其他属性。

② 删除现有的字段。若想删除某个字段，可用鼠标右键单击该字段，在弹出的快捷菜单中选择【删除列】命令，如图 5.6 所示，或者单击【表设计器】|【删除列】命令。

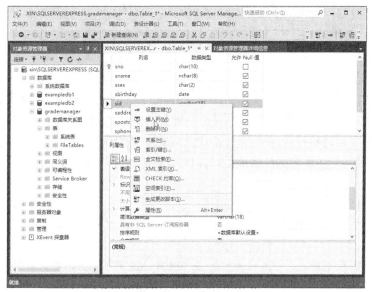

图 5.5　插入新字段

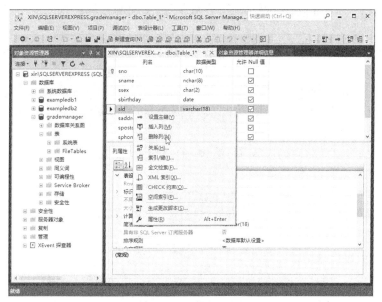

图 5.6　删除现有的字段

微课 5-3：使用
CREATE TABLE
语句创建表

（二）使用 CREATE TABLE 语句创建表

> **提示**　SQL 语句的结构和书写准则见项目 4。

1. CREATE TABLE 语句的语法格式

```
CREATE TABLE <表名>
(<字段 1><数据类型 1>　[<列级完整性约束条件 1>]
```

```
[,<字段 2><数据类型 2> [<列级完整性约束条件 2>]] [,…]
[,<表级完整性约束条件 1>]
[,<表级完整性约束条件 2>] [,…]
)
```

2. 语句格式说明

在定义表结构的同时，还可以定义与该表相关的完整性约束条件(实体完整性、参照完整性和用户自定义完整性)，这些完整性约束条件被存入系统的数据字典中，当用户操作表中的数据时，由 DBMS 自动检查该操作是否违背这些完整性约束条件。如果完整性约束条件涉及该表的多个属性列，则必须定义在表级上，其他情况则既可以定义在列级上，也可以定义在表级上。

（1）列级完整性约束条件如下。

① PRIMARY KEY：指定该字段为主键。可以由一列或多列的组合定义主键。

 提示 主键的值不允许重复，且不能为空。每个表只能定义一个主键约束，强制数据的实体完整性控制。

② NULL /NOT NULL：指定的字段允许为空/不允许为空，如果没有约束条件，则默认为 NULL，用于数据的域完整性控制。

③ UNIQUE：指定字段取值唯一，即每条记录指定字段的值不能重复。每个表可有多个唯一键约束。

```
CONSTRAINT <约束名> UNIQUE <字段名>
```

④ DEFAULT <默认值>：指定设置字段的默认值。当插入一条新纪录时，系统自动将默认值赋予设置默认值的字段，用于实现数据的域完整性控制。

⑤ CHECK <条件表达式>：用于对输入值进行检验，拒绝接受不满足条件的值。

（2）表级完整性约束条件如下。

① PRIMARY KEY 用于定义表级约束，语法格式如下。

```
CONSTRAINT <约束名> PRIMARY KEY [CLUSTERED]<字段名 1,字段名 2,…字段名 n>
```

 注意 当使用多个字段作为表的主键时，使用上述设置主键的方法。

② FOREIGN KEY 用于设置参照完整性规则，即指定某字段为外键，语法格式如下。

```
CONSTRAINT <约束名> FOREIGN KEY <外键> REFERENCES <被参照表(主键)>
```

可以由一列或多列组合定义外键，要求该外键的每个值在所引用的表中对应的被引用列或多列组合中都存在。外键约束只能引用在所引用的表中是主键或唯一键约束的列。

③ CHECK 用于设置用户自定义完整性规则，既可用于列级完整性约束，也可用于表级完整性约束，语法格式如下。

```
CONSTRAINT <约束名> CHECK <条件>
```

【例 5.1】 利用 SQL 语句定义表 5.7 所示的表结构。

```
USE grademanager
CREATE TABLE student                    --创建学生表
```

```
(sno char(10)PRIMARY KEY,              --学号为主键
sname  char(8),                        --姓名
ssex char(2)DEFAULT '男',              --性别
sbirthday date DEFAULT '1992-01-01',   --出生日期
sid varchar(18),                       --身份证号
saddress varchar(30),                  --家庭住址
spostcode char(6),                     --邮政编码
sphone char(18) DEFAULT '不详',        --电话
spstatus varchar(20),                  --政治面貌
sfloor char(10),                       --楼号
sroomno char(5),                       --房间号
sbedno char(2),                        --床位号
tuixue tinyint NOT NULL DEFAULT 0,     --是否退学
xiuxue tinyint NOT NULL DEFAULT 0,     --是否休学
smemo varchar(max),                    --简历
sphoto image,                          --照片
classno char(8)                        --班级号
)
```

> **提示**　① 表是数据库的组成对象，在创建表之前，先要通过 USE 语句打开要操作的数据库。
> ② 用户在选择表名和列名时，不要使用 SQL 中的保留关键字，如 SELECT、CREATE 和 INSERT 等。

利用 SQL 语句定义表 5.11、表 5.13 所示的表结构。

```
CREATE TABLE course                    --创建课程表
(cno char(3) NOT NULL,                 --课程号
cname varchar(20) NOT NULL,            --课程名称
cterm tinyint NOT NULL,                --学期
CONSTRAINT C1 PRIMARY KEY(cno,cterm)   --课程号+学期为主键
)


CREATE TABLE sc                        --创建成绩表
(sno char(10)NOT NULL,                 --学号
cno char(3) NOT NULL,                  --课程号
degree numeric(4,1),                   --成绩
cterm tinyint NOT NULL,                --学期
CONSTRAINT A1 PRIMARY KEY(sno,cno,cterm), --学号+课程号+学期为主键
CONSTRAINT A2 FOREIGN KEY(sno) REFERENCES STUDENT(sno),
                                       --学号为外键
CONSTRAINT A3 FOREIGN KEY(cno,cterm) REFERENCES COURSE(cno,cterm),
                                       --课程号和学期为外键
CONSTRAINT A4 CHECK(degree>=0 AND degree<=100)
                                       --成绩约束条件
)
```

117

任务 5-6 修改表

【任务分析】

设计人员在完成表的创建后，难免要修改其结构，包括修改表名、字段的数据类型和字段名，

增加和删除字段，修改字段的排列位置，更改表的存储引擎和删除表的完整性约束条件等。

【课堂任务】

掌握修改表结构的两种操作方法。

微课 5-4：修改表

- 使用 SSMS 修改表结构。
- 使用 ALTER TABLE 语句修改表结构。

（一）使用 SSMS 修改表结构

1. 修改表名

选中要修改的表，再单击一次，表名即处于编辑状态，直接输入新的表名。或用鼠标右键单击要修改的表，在弹出的快捷菜单中选择【重命名】命令，再输入新表名。

2. 修改字段名和字段数据类型、增加和删除字段、修改字段的排列位置

用鼠标右键单击要修改的表，在弹出的快捷菜单中选择【设计】命令，打开【表设计器】窗口，同新表一样，可以向表中加入列、从表中删除列或修改列的属性，修改完毕单击【保存】按钮即可。

3. 更改表的存储引擎、删除表的完整性约束条件

用鼠标右键单击要修改的表，在弹出的快捷菜单中选择【设计】命令，打开【表设计器】窗口，选择【表设计器】选项卡中的命令或快捷菜单中的命令可以修改主键、关系、索引和 CHECK 约束等。

（二）使用 ALTER TABLE 语句修改表结构

1. ALTER TABLE 语句的语法格式

```
ALTER TABLE <表名>
{
[ALTER COLUMN <字段名><新数据类型> [[NULL | NOT NULL ]]
|[ADD<新字段名><数据类型>  [<表级完整性约束条件>][,...n]]
|[DROP CONSTRAINT <约束名>[,...n] |COLUMN <字段名>[,...n]]
}
```

2. 参数的功能说明

（1）ALTER COLUMN <字段名><新数据类型> [NULL | NOT NULL]修改指定表中字段的数据类型或完整性约束条件。

（2）ADD<新字段名><数据类型> [<表级完整性约束条件>][,...n]为指定的表增加一个新字段，并指定新字段的数据类型和完整性约束。

（3）DROP CONSTRAINT <约束名>[,...n] |COLUMN <字段名>[,...n]删除指定表中不需要的约束或字段。

3. 实例

【例 5.2】在 student 表中添加一个数据类型为 char，长度为 10 的字段 class，表示学生所在班级。

```
ALTER TABLE student ADD class char(10)
```

 提示 不论表中原来是否已有数据，新增加的列一律为空值，且新增加的列位于表结构的末尾。

【例 5.3】将 sc 表中的 degree 字段的数据类型改为 smallint。

```
ALTER TABLE sc ALTER COLUMN degree smallint
```

【例 5.4】将 student 表中的 class 字段删除。

```
ALTER TABLE student DROP COLUMN class
```

 提示 ① 添加列时，不需要带关键字 COLUMN；在删除列时，在列名前要带上关键字 COLUMN，因为在默认情况下，认为是删除约束。
② 添加列时，需要带数据类型和长度；在删除列时，不需要带数据类型和长度，只需指定列名。
③ 如果在该列定义了约束，则在修改时会限制，如果确实要修改该列，则先必须删除该列上的约束，然后再修改。

任务 5-7　删除表

【任务分析】

对于确定不用的数据表，可以将其删除，删除一个表时，该表的结构定义、数据、约束、索引都将永久删除。

【课堂任务】

掌握删除表的两种方法。

- 使用 SSMS 删除表。
- 使用 DROP TABLE 语句删除表。

微课 5-5：删除表

（一）使用 SSMS 删除表

使用 SSMS 删除表非常简单，只需展开【服务器】|【数据库】节点，用鼠标右键单击要删除的表，在弹出的快捷菜单中选择【删除】命令，如果确定要删除该表，则在弹出的【删除对象】对话框中单击【确定】按钮，即可删除表。

提示 如果一个表被其他表通过 FOREIGN KEY 约束引用，那么必须先删除定义 FOREIGN KEY 约束的表，或删除其 FOREIGN KEY 约束。只有没有其他表引用它时，这个表才能被删除，否则删除操作失败。例如，sc 表通过外键约束引用了 student 表，如果尝试删除 student 表，那么会出现警告对话框，删除操作被取消。

（二）使用 DROP TABLE 语句删除表

使用 DROP TABLE 语句删除表的语法格式如下。

```
DROP TABLE <表名>
```

> **警告** DROP TABLE 语句不能用来删除系统表。通过 DROP TABLE 语句删除表，不仅会将表中的数据删除，还将删除表定义本身。如果只想删除表中的数据而保留表的定义，可以使用 DELETE 语句。DELETE 语句删除表的所有行，或者根据语句中的定义只删除特定的行。

```
DELETE <表名>
```

> **提示** 要重命名或者删除表，用户必须拥有相应的权限或者服务器角色。

【例 5.5】 删除学生成绩表 SC。

```
DROP TABLE sc
```

任务 5-8　向表添加、查看、修改与删除数据记录表

【任务分析】

设计人员在完成表的创建后，只是建立了表结构，还应该向表中添加数据，并查看、修改或删除数据记录。

微课 5-6：在表中添加、查看、修改与删除数据记录

【课堂任务】

掌握在 SSMS 中添加数据、查看数据、修改数据、删除数据等操作。

- 向表添加数据。
- 快速查看、修改和删除数据记录。

1. 向表添加数据

向表添加数据时，不同数据类型的数据格式不同，因此应严格遵守它们各自的要求。添加的数据按输入顺序保存，数据记录的条数不限，只受数据库存储空间限制。

打开 SSMS 窗口，连接到本地的数据库引擎，在【对象资源管理器】窗格中展开【服务器】|【数据库】节点，单击前面的【＋】按钮，展开该数据库，单击【表】节点前面的【＋】按钮，显示该数据库下的所有表，用鼠标右键单击要操作的表，选择快捷菜单中的【编辑前 1000 行】命令，打开该表的数据编辑窗口，最后一条记录下面有一条所有字段都为 NULL 的记录，在此处添加新记录，记录添加后数据将自动保存在数据表中。

2. 快速查看、修改和删除数据记录

（1）修改数据记录。修改某字段的值，只需单击该字段，然后输入新的值即可。

（2）删除数据记录。删除某条数据记录，可选中该记录单击鼠标右键，选择快捷菜单中的【删除】命令，出现图 5.7 所示的提示框，如果确认删除，则单击【是】按钮，注意此处的删除是永久

删除，将无法撤销所做的更改。

图 5.7　确认删除提示框

实训　创建与管理表

1. 实训目的

（1）掌握表的基础知识。

（2）掌握使用 SSMS 和 CREATE TABLE 语句创建表的方法。

（3）掌握表的维护、修改、查看、删除等基本操作方法。

2. 实训内容和要求

（1）在 gradem 数据库中创建如表 5.15~表 5.19 所示表结构的表。

表 5.15　student（学生）表的表结构

字段名称	数据类型	长度	小数位数	是否允许 NULL 值	说明
sno	char	10		否	主键
sname	varchar	8		是	
ssex	char	2		是	取值：男或女
sbirthday	date			是	
sdept	char	16		是	
saddress	Varchar	50		是	
speciality	varchar	20		是	

表 5.16　course（课程名称）表的表结构

字段名称	数据类型	长度	小数位数	是否允许 NULL 值	说明
cno	char	5		否	主键
cname	varchar	20		否	

表 5.17　sc（成绩）表的表结构

字段名称	数据类型	长度	小数位数	是否允许 NULL 值	说明
sno	char	10		否	组合主键，外键
cno	char	5		否	组合主键，外键
degree	decimal	4	1	是	取值范围 1~100

121

表 5.18　teacher 表（教师表）的表结构

字段名称	数据类型	长度	小数位数	是否允许 NULL 值	说明
tno	char	3		否	主键
tname	varchar	8		是	
tsex	char	2		是	取值：男或女
tbirthday	date			是	
tdept	char	16		是	

表 5.19　teaching 表（授课表）的表结构

字段名称	数据类型	长度	小数位数	是否允许 NULL 值	说明
cno	char	5		否	组合主键，外键
tno	char	3		否	组合主键，外键
cterm	tinyint			是	取值范围 1～10

（2）向表 5.15～表 5.19 输入数据记录，见表 5.20～表 5.24。

表 5.20　学生关系表 student

sno	sname	ssex	sbirthday	saddress	sdept	speciality
20050101	李勇	男	1987-01-12	山东济南	计算机系	计算机应用
20050201	刘晨	女	1988-06-04	山东青岛	信息系	电子商务
20050301	王敏	女	1989-12-23	江苏南京	数学系	数学
20050202	张立	男	1988-08-25	湖北武汉	信息系	电子商务

表 5.21　课程关系表 course

cno	cname	cno	cname
C01	数据库	C03	信息系统
C02	数学	C04	操作系统

表 5.22　成绩表 sc

sno	cno	degree
20050101	C01	92
20050101	C02	85
20050101	C03	88
20050201	C02	90
20050201	C03	80

表 5.23　教师表 teacher

tno	tname	tsex	tbirthday	tdept
101	李新	男	1977-01-12	计算机系
102	钱军	女	1968-06-04	计算机系
201	王小花	女	1979-12-23	信息系
202	张小青	男	1968-08-25	信息系

表 5.24　授课表 teaching

cno	tno	cterm
C01	101	2
C02	102	1
C03	201	3
C04	202	4

（3）修改表结构

① 向 student 表增加"入学时间"列，其数据类型为日期时间型。

② 将 student 表中的 sdept 字段长度改为 20。

③ 将 stundent 表中的 speciality 字段删除。

④ 删除 student 表

3. 思考题

（1）SQL Server 的数据库文件有几种？扩展名分别是什么？

（2）SQL Server 2016 中有哪几种整型数据类型？它们占用的存储空间分别是多少？取值范围分别是什么？

（3）在定义基本表语句时，NOT NULL 参数的作用是什么？

（4）主键可以建立在"值可以为 NULL"的列上吗？

课外拓展　创建与维护网络玩具销售系统的数据表

操作内容及要求如下。

在项目 4 的课外拓展中，已建立好数据库 GlobalToys，现在创建与维护表。表结构见表 5.25~表 5.27。

表 5.25　Toys 表的表结构

属性名	数据类型
cToyId	char(6)
cToyName	varchar(20)
cToyDescription	varchar(250)
cCategoryId	char(3)
mToyRate	Decimal(10,2)
cBrandId	char(3)
imPhoto	varchar(max)
siToyQoh	smallint
siLowerAge	smallint
siUpperAge	smallint
siToyWeight	smallint
vToyImgpath	varchar(50)

表 5.26　Category 表的表结构

属性名	数据类型
cCategoryId	char(3)
cCategory	char(20)
vDescription	varchar(100)

表 5.27　ToyBrand 表的表结构

属性名	数据类型
cBrandId	char(3)
cBrandName	char(20)

（1）创建表 Category。创建表时，实施下面的数据完整性规则。

① 主关键字应该是种类代码。

② 属性 cCategory 应该是唯一的，但不是主关键字。

③ 种类描述属性允许 NULL 值。

（2）创建表 ToyBrand。创建表时，实施下列数据完整性规则。

① 主关键字应该是品牌代码。

② 品牌名应该是唯一的，但不是主关键字。

（3）创建表 Toys。该表须满足下列数据完整性。

① 主关键字应该是玩具代码。

② 玩具的现存数量（siToyQoh）应该为 0～200。

③ 属性 imPhoto、vToyImgpath 允许存放 NULL 值。

④ 属性 cToyName、vToyDescription 不应该允许为 NULL。

⑤ 玩具年龄下限的默认值是 1。

⑥ 属性 cCategoryId 的值应该是在表 Category 中。

（4）修改表 Toys，实施下列数据完整性。

① 输入属性 cBrandId 中的值应当在 ToyBrand 表中存在。

② 玩具年龄上限的默认值应该是 1。

（5）修改已经创建的表 Toys，实施下列数据完整性规则。

① 玩具的价格应该大于 0。

② 玩具重量的默认值应为 1。

（6）在数据表中存入品牌，见表 5.28。

表 5.28　ToyBrand 表

cBrandId	cBrandName
001	Bobby
002	Frances_Price
003	The Bernie Kids
004	Largo

（7）将表 5.29 所示种类的玩具存储在数据库中。

表 5.29　Category 表

cCategoryId	cCategory	vDescription
001	Activity	创造性玩具鼓励孩子的社交技能，并激发他们对周围世界的兴趣
002	Dolls	各种各样先进品牌的洋娃娃
003	Arts And Crafts	鼓励孩子们用这些令人难以置信的手工工具创造出杰作

（8）将表 5.30 所示的信息存入数据库。

表 5.30　Toys 表

属性名	数据
cToyId	000001
cToyName	RobbytheWhale
cToy Description	一条带两个重型把手的巨大蓝鲸，使得孩子可以骑在它的背上
cCategoryId	001
mToyRate	8.99
cBrandId	001
imPhoto	NULL
siToyQoh	50
siLowerAge	3
siUpperAge	9
siToyWeight	1
vToyImgpath	NULL

（9）将玩具代码为 000001 的玩具的 ToyRate 增加￥1。

（10）在数据库中删除品牌 Largo。

（11）将种类 Activity 的信息复制到新表 PreferredCategory 中。

（12）将种类 Dolls 的信息从 Category 表复制到 PreferredCategory 表。

习题

1. 选择题

（1）下面哪种数据类型不可以存储数据 256？（　　　）

A. bigint　　　　　B. int　　　　　　　C. smallint　　　　　D. tinyint

（2）假设列中数据变化的规律如下，下面哪种情况可以使用 IDENTITY 列定义？（　　　）

A. 1,2,3,4,5,…　　　　　　　　B. 10,20,30,40,50,…

C. 1,1,2,2,3,3,4,4,…　　　　　　D. 1,3,5,7,9,…

（3）下面有关主键和外键之间关系的描述，正确的是（　　　）。

A. 一个表中最多只能有一个主键约束，有多个外键约束

B．一个表中最多只有一个外键约束，一个主键约束

C．在定义主键外键约束时，应该首先定义主键约束，然后定义外键约束

D．在定义主键外键约束时，应该首先定义外键约束，然后定义主键约束

（4）下面关于数据表中行和列的叙述，正确的是（　　　）。

A．表中的行是有序的，列是无序的　　B．表中的列是有序的，行是无序的

C．表中的行和列都是有序的　　　　　D．表中的行和列都是无序的

（5）在下列 SQL 语句中，修改表结构的语句是（　　　）。

A．ALTER　　　　B．CREATE　　　C．UPDATE　　　　　D．INSERT

（6）在下列关于保持数据库完整性的叙述中，哪一个是不正确的？（　　　）

A．向关系 SC 插入元组时，S#和 C#都不能是空值（NULL）

B．可以任意删除关系 SC 中的元组

C．向任何一个关系插入元组时，必须保证该关系主键值的唯一性

D．可以任意删除关系 C 中的元组

（7）在基本表 S 中增加一列 CN(课程名)，可用（　　　）。

A．ADD TABLE S(CN char(8))　　　　　B．ADD TABLE S ALTER(CN char(8))

C．ALTER TABLE S ADD(CN char(8))　　D．ALTER TABLE S(ADD CN char(8))

（8）学生关系模式 S(S#,SNAME,AGE,SEX)，S 的属性分别表示学生的学号、姓名、年龄、性别。要在表 S 中删除一个属性"年龄"，可选用的 SQL 语句是（　　　）。

A．DELETE AGE FROM S

B．ALTER TABLE S DROP COLUMN AGE

C．UPDATE S AGE

D．ALTER TABLE S 'AGE'

（9）SQL Server 的字符型数据类型主要包括（　　　）。

A．int、money、char　　　　　　　　B．char、varchar、nchar

C．date、binary、int　　　　　　　　D．char、varchar、int

（10）下列关于 Transact-SQL 中 NULL 值的说法，正确的是（　　　）。

A．NULL 表示空格　　　　　　　　　B．NULL 表示为 0

C．NULL 表示空值　　　　　　　　　D．NULL 可是 0 或空格

2．填空题

（1）在 Transact-SQL 语句中，创建表的语句是＿＿＿＿；修改表的语句是＿＿＿＿；删除表的语句是＿＿＿＿。

（2）表的主键和外键都可以由＿＿＿＿列属性组成。

（3）主键的值不允许＿＿＿＿，且不能为空。每个表只能定义＿＿＿＿主键约束，强制数据的实体完整性控制。

（4）外键约束只能引用在所引用的表中是＿＿＿＿的列。

项目6
查询与维护学生信息管理数据表

06

项目描述：

设计人员完成数据库的设计后，就准备好了数据库中的数据，接下来就要进行相关的数据操作。对数据的操作有很多，如查询学生的基本信息、成绩，统计各种数据等，有时也会更新已有的数据，如向数据库添加新数据、修改现有数据、删除无用数据等，现实中最常见的数据操作是数据查询。

学习目标：

- 掌握单表无条件查询和有条件查询
- 掌握多表连接查询

- 掌握嵌套查询
- 数据更新操作

任务 6-1 简单数据查询

【任务分析】

数据查询是数据库中最常见的操作，Transact-SQL 是通过 SELECT 语句来实现查询的，接下来就通过简单查询来认识 SELECT 语句的基本语法结构。

【课堂任务】

掌握并理解 SELECT 语句的基本语法结构，并通过其解决实际查询问题。

- 单表无条件查询
- 使用 WHERE 子句实现条件查询
- 使用常用聚集函数查询
- 分组筛选数据
- 对查询结果进行排序

由于 SELECT 语句的结构较为复杂，为了更加清楚地理解 SELECT 语句，下面的语法结构将省略细节，相关细节将在以后各小节展开讲解。SELECT 语句的语法结构如下。

```
SELECT  子句 1
[INTO 新表]
FROM  子句 2
[WHERE  表达式 1]
[GROUP BY  子句 3]
[HAVING  表达式 2]
[ORDER BY  子句 4]
```

功能及说明如下。

（1）SELECT 子句：指定查询结果中需要返回的值。

（2）FROM 子句：指定从其中检索行的表或视图。

（3）WHERE 表达式：指定查询的搜索条件。

（4）GROUP BY 子句：指定查询结果的分组条件。

（5）HAVING 表达式：指定分组或集合的查询条件。

（6）ORDER BY 子句：指定查询结果的排序方法。

（一）单表无条件查询

1. 语法格式

```
SELECT [ALL|DISTINCT] [TOP N[PERCENT]] <选项> [AS <显示列名>]
                          [,<选项> [AS <显示列名>][,…]]
FROM <表名|视图名>
```

微课 6-1：数据查
询—单表无条件
查询

2. 说明

（1）ALL：表示输出所有记录行，包括重复记录。默认值为 ALL。

DISTINCT：表示去掉查询结果中的重复行。

（2）TOP N：返回查询结果集中的前 N 行。

加[PERCENT]：返回查询结果集中的前 N%行。N 的取值范围为 0～100。

（3）选项：查询结果集中的输出列。选项可为字段名、常量、表达式或函数。用"*"表示输出表中的所有字段。

（4）显示列名：在输出结果中，设置选项显示的列名。用 AS 重命名，AS 可以省略。显示列名可用引号定界或不定界。未定义显示列名时，若选项为字段名，则系统自动给出输出的列名为原字段名，若选项为常量、表达式或函数，系统自动给出输出的列名为"无列名"。

（5）表名|视图名：要查询的表或视图。表无需打开，到当前路径下寻找表对应的文件。

3. 例题

【例 6.1】 查询全体学生的学号和姓名。

```
USE grademanager
SELECT sno,sname
FROM student
```

提示 USE 关键字后加数据库名，指定当前操作的数据库。在新建查询中，未指定数据库时，默认的数据库为 master 数据库。

查询结果如图 6.1 所示。

【**例** 6.2】 查询全体学生的学号、姓名、性别。

```
SELECT sno,sname,ssex
FROM student
```

查询结果如图 6.2 所示。

图 6.1 查询学号和姓名的结果　　　　　图 6.2 查询学号、姓名、性别的结果

提示 ① SELECT 子句中，各列的先后顺序可以与表中列的顺序不一致。查询结果中列的顺序由 SELECT 子句控制，用户可以根据应用需要改变列的显示顺序。例 6.2 先列出学号，再列出姓名和所在系。

② 用户可在查询时改变列的显示顺序，但不会改变表中列的原始顺序。

【**例** 6.3】 查询选修了课程的学生的学号。

```
SELECT DISTINCT sno
FROM sc
```

查询结果如图 6.3 所示。

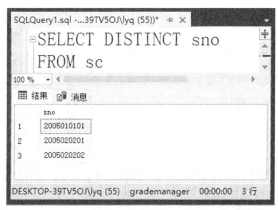

微课 6-2：数据查询—DISTICT 关键字的使用

图 6.3 查询选修了课程的学生的学号的结果

提示 如果没有指定 DISTINCT，则默认为 ALL，即保留结果表中取值重复的行。

【例 6.4】 查询全体学生的详细记录。

```
SELECT *
FROM student
```

上面的语句等价于：

```
SELECT sno,sname,ssex,sbirthday,sid,saddress,spostcode,sphone,spstatus,
       sfloor,sroomno,sbedno,tuixue,xiuxue,smemo,sphoto,classno
FROM student
```

查询结果如图 6.4 所示。

微课 6-3：数据查
询—"*"的使用

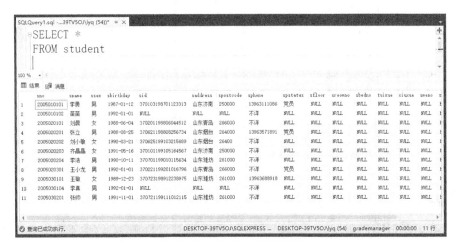

图 6.4 查询全体学生详细记录的结果

提示 在 SELECT 子句中，可用 "*" 表示输出 FROM 子句中表的所有字段。顺序与表中列的顺序相同。

【例 6.5】 输出学生表中的前 5 条记录。

```
SELECT TOP 5 *
FROM student
```

提示 若输出学生表中的前 5% 的记录，则只需在 TOP 5 后加 PERCENT 即可。

微课 6-4：数据
查询—TOP N
[PERCENT]
关键字的使用

【例 6.6】 查询全体学生的姓名、出生日期，并为"姓名"列指定别名为"姓名"，为"出生年份"列指定别名为"日期"，在此列前增加一列"出生日期:"，"常量"列的列名为"生日"。

```
SELECT  sname 姓名,'出生日期:' AS 生日, sbirthday 日期
FROM student
```

查询结果如图 6.5 所示。

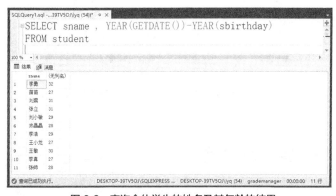

图 6.5　查询全体学生的姓名、出生日期的结果

> **提示**　SELECT 子句中的选项不仅可以是列名，还可以是字符串常量、算术表达式、函数等。
> 例 6.6 中第二列的值即为常量。
>
> 当 SELECT 子句中的选项不是列名时，用户还可以指定别名来改变查询结果中的列标题，这对包含算术表达式、常量、函数名的目标列表达式尤为有用。在未指定别名时，如果选项是列名，则查询结果中的列标题为列名；选项不是列名则查询结果中的列标题为"无列名"。

【例 6.7】　查询全体学生的姓名及其年龄。

```
SELECT sname,YEAR(GETDATE())-YEAR(sbirthday)
FROM student
```

查询结果如图 6.6 所示。

图 6.6　查询全体学生的姓名及其年龄的结果

> **提示**　在例 6.7 中，子句中的第二项不是字段名，而是一个计算表达式，是用当前的年份减去学生的出生年份，这样所得即是学生的年龄。其中，GETDATE( )函数返回当前的系统日期和时间，YEAR( )函数返回指定日期年部分的整数。命令中的标点符号一律为半角。

【例 6.8】　将 sc 表中的学生成绩增加 20 分后输出。

```
SELECT sno,cno,degree+20 AS 成绩
FROM SC
```

查询结果如图 6.7 所示。

微课 6-7：查询
结果的输出—
INTO 子句

图 6.7　将 sc 表中的学生成绩增加 20 分后输出的结果

【例 6.9】使用 INTO 子句创建一个新表，存放 student 表中的姓名和出生日期两列。

INTO 子句的语法格式如下。

```
SELECT 子句
INTO <新表名>
FROM <表名 | 视图名>
```

提示 INTO 子句在默认文件组中创建一个新表，并将来自查询的结果行插入该表。INTO 子句不能单独使用，它包含在 SELECT 语句中。

新建表的格式通过对选择列表中的表达式进行取值来确定。列按选择列表指定的顺序创建。每列与选择列表中的相应表达式具有相同的名称、数据类型、是否允许为空值。列的 IDENTITY 属性将被转移，但在"备注"部分的"使用标识列"中定义的情况除外。

```
SELECT sname,sbirthday
INTO studtemp
FROM student
```

提示 带有 INTO 子句的 SELECT 语句执行的结果将显示有多少行受影响，行数为新表的行数。

（二）使用 WHERE 子句实现条件查询

1. 语法格式

```
SELECT [ALL|DISTINCT] [TOP N[PERCENT]] <选项> [AS <显示列名>]
                                [,<选项> [AS <显示列名>][,…]]
    FROM <表名 | 视图名>
    WHERE <条件表达式>
```

2. 说明

（1）条件表达式：定义要返回的行应满足的条件，条件表达式是通过运算符连接起来的逻辑表达式。

（2）WHERE 条件中的运算符。

WHERE 子句常用的运算符见表 6.1。

表 6.1 常用的运算符

查询条件	运算符
比较运算符	=、<、>、<=、>=、<>、!=、!<、!>
逻辑运算符	AND、OR、NOT
范围运算符	BETWEEN AND、NOT BETWEEN AND
字符匹配符	LIKE、NOT LIKE
列表运算符	IN、NOT IN
空值	IS NULL、IS NOT NULL

3. 例题

（1）比较运算符

使用比较运算符限定查询条件，其语法格式如下。

```
WHERE 表达式1  比较运算符  表达式2
```

【例 6.10】 查询所有女生的学号、姓名和性别。

```
SELECT sno,sname,ssex
FROM student
WHERE ssex='女'
```

查询结果如图 6.8 所示。

【例 6.11】 查询所有成绩大于 80 分的学生的学号和成绩。

```
SELECT sno AS '学号',degree '成绩'
FROM sc
WHERE degree>80
```

查询结果如图 6.9 所示。

图 6.8 查询女生的信息的结果图

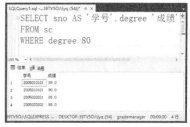

图 6.9 查询成绩大于 80 分学生的信息的结果

【例 6.12】 查询全体团员的名单。

```
SELECT sname
FROM student
WHERE spstatus='共青团员'
```

【例 6.13】 查询 1990 年 9 月 1 日后出生的学生的姓名及出生日期。

```
SELECT sname,sbirthday
FROM student
WHERE sbirthday>'1990-9-1'
```

提示 比较运算符几乎可以连接所有的数据类型。当连接的数据类型不是数字时，要用单引号 "'" 将数据引起来。日期类型比较的是年月日的数值大小。

【例 6.14】 查询年满 18 岁的学生的学号、姓名及出生日期。

```
SELECT sno,sname,sbirthday
FROM student
WHERE DATEPART(year,sbirthday)>=18
```

> **提示** WHERE 子句中比较运算符的两端是表达式，表达式可以由列名、常量、函数等组成，运算符两边表达式的数据类型必须一致。

微课 6-9：单表有
条件查询—使用
逻辑运算符

（2）逻辑运算符

有时，在查询时指定一个查询条件很难满足用户的需求，需要同时指定多个查询条件，此时可以使用逻辑运算符将多个查询条件连接起来。使用逻辑运算符的 WHERE 子句语法格式如下。

```
WHERE NOT 逻辑表达式|逻辑表达式1 逻辑运算符 逻辑表达式2
```

> **提示** 如果 WHERE 子句中有 NOT 运算符，则将 NOT 放在表达式的前面。

【例 6.15】 查询住在 3 号楼的男生的姓名及班号。

```
SELECT sname,classno
FROM student
WHERE sfloor='3' AND ssex='男'
```

【例 6.16】 查询成绩在 90 分以上或不及格的学生的学号和课程号信息。

```
SELECT sno,cno
FROM sc
WHERE degree>90 or degree<60
```

【例 6.17】 查询非团员的学生的学号、姓名及年龄。

```
SELECT sno,sname,YEAR(GETDATE())-YEAR(sbirthday)
FROM student
WHERE NOT spstatus='共青团员'
```

　或

```
SELECT sno,sname,YEAR(GETDATE())-YEAR(sbirthday)
FROM student
WHERE spstatus<>'共青团员'
```

> **提示** spstatus 列中的 NULL 值不在结果集中。

微课 6-10：单表
有条件查询—使
用范围运算符

（3）范围运算符

在 WHERE 子句中可以使用 BETWEEN 关键字查找某一范围内的数据，或使用 NOT BETWEEN 关键字查找不在某一范围内的数据。其语法格式如下。

```
WHERE 表达式 [NOT] BETWEEN 初始值 AND 终止值
```

提示 初始值表示范围的下限（最小值），终止值表示范围的上限（最大值）。绝对不允许初始值大于终止值。

如果表达式的值大于等于初始值的值，并且小于等于终止值的值，则 BETWEEN 返回 TRUE。

表达式的数据类型必须与初始值和终止值的数据类型相同。

【例 6.18】 查询成绩为 60～70 分的学生的学号及成绩。

```
SELECT sno, degree
FROM sc
WHERE degree BETWEEN 60 AND 70
```

或

```
SELECT sno, degree
FROM sc
WHERE degree>=60 AND degree<=70
```

（4）字符匹配符

在 WHERE 子句中使用字符匹配符 LIKE 或 NOT LIKE 可以比较表达式与字符串，确定特定字符串是否与指定模式相匹配，模式可以包含常规字符和通配符，从而实现对字符串的模糊查询。其语法格式如下。

微课 6-11：单表有条件查询—使用字符匹配运算符的模糊查询

```
WHERE 表达式 [NOT] LIKE '字符串' [ESCAPE '换码字符']
```

其中，[NOT]为可选项，表达式为任何有效的字符数据类型的表达式。'字符串'表示要在表达式中搜索并且可以包括有效通配符的特定字符串通配符及其说明如表 6.2 所示。'字符串'的最大长度可达 8 000 字节。在 SQL Server 中使用含有通配符的字符串时，必须将字符串连同通配符用单引号(")引起来。ESCAPE '换码字符'的作用是当用户要查询的字符串本身应含有通配符时，可以使用该选项对通配符进行转义。'换码字符'是位于通配符前的字符，用于指明应将通配符解释为常规字符，而不是通配符。

表 6.2　通配符及其说明

通配符	说明	示例
%	包含零个或多个字符的任意字符串	M%：表示查询以 M 开头的任意字符串，如 Mike %M：表示查询以 M 结尾的任意字符串，如 ROOM %m%：表示查询在任何位置包含字母 m 的所有字符串，如 man、some
_（下画线）	任意单个字符	_M：表示查询以任意一个字符开头，以 M 结尾的两位字符串，如 AM、PM。 H_：表示查询以 H 开头，后面跟任意一个字符的两位字符串，如 Hi、He
[]	指定范围（[a-f]）或集合（[abcdef]）中的任意单个字符	M[ai]%：表示查询以 M 为开头，第二个字符是 a 或 i 的所有字符串，如 Machine、Miss。 [A-M]%：表示查询以 A～M 中的任意字符开头的字符串，如 Job、Mail
[^]	不属于指定范围（[a-f]）或集合（[abcdef]）的任何单个字符。	M[^ai]%：表示查询以 M 开头，第二个字符不是 a 或 i 的所有字符串，如 Media、Moon。 [^A-M]%：表示查询不是以 A～M 中的任意字符开头的字符串，如 Not、Zoo

在模式匹配过程中，常规字符必须与字符串中指定的字符完全匹配。但是，通配符可以与字符

串的任意部分相匹配。与使用=和!=字符串比较运算符相比,使用通配符可以使 LIKE 运算符更加灵活。如果语句中任一参数都不属于字符串数据类型,则 SQL Server 数据库引擎会尽量将它转换为使用字符串数据类型。

> **提示** 比较字符串是不区分大小写的,如 m%和 M%是相同的比较运算符。

【例 6.19】 查询所有姓李的学生的学号、姓名和性别。

```
SELECT
FROM student
WHERE sname LIKE '李%'
```

查询结果如图 6.10 所示。

【例 6.20】 查询生源地不是山东省的所有学生的信息。

```
SELECT *
FROM student
WHERE saddress NOT LIKE '%山东%'
```

【例 6.21】 查询名字中第 2 个字为"小"字的学生的姓名和学号。

```
SELECT sname,sno
FROM student
WHERE sname LIKE '_小%'
```

查询结果如图 6.11 所示。

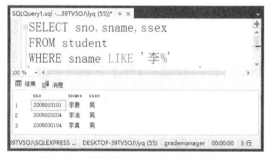

图 6.10 查询所有姓李的学生信息的结果

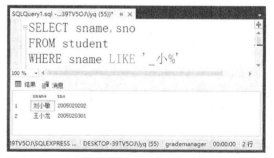

图 6.11 名字中第 2 个字为"小"的学生信息的查询结果

【例 6.22】 查询学号为 2005010102 的学生的姓名和性别。

```
SELECT sname,ssex
FROM student
WHERE sno LIKE '2005010102'
```

以上语句等价于:

```
SELECT sname,ssex
FROM student
WHERE sno='2005010102'
```

> **提示** 如果 LIKE 后面的匹配串中不含通配符,则可以用"="(等于)运算符取代 LIKE,用"<>"(不等于)运算符取代 NOT LIKE。

【例 6.23】 查询 DB_Design 课程的课程号。

```
SELECT cno
FROM course
WHERE cname LIKE 'DB\_Design' ESCAPE'\'
```

提示 其中，ESCAPE'\'短语表示"\"为换码字符，这样匹配串中紧跟在"\"后面的字符"_"不再具有通配符的含义，转义为普通的"_"字符。

（5）列表运算符

在 WHERE 子句中，如果需要确定表达式的取值是否属于某一列表值之一，就可以使用关键字 IN 或 NOT IN 来限定查询条件。其语法格式如下。

```
WHERE 表达式 [NOT] IN 值列表
```

其中，NOT 为可选项，当值不止一个时，需要将这些值用括号括起来，各列表值之间使用逗号(,)隔开。

提示 值列表与表达式具有相同的数据类型。

在 WHERE 子句中以 IN 关键字作为指定条件时，不允许数据表中出现 NULL 值，也就是说，有效值列表中不能有 NULL 值。

在 IN 子句的括号中，值列表包括非常多的值（数以千计，以逗号分隔）可能会消耗资源并返回错误 8623 或 8632。要解决这一问题，请将这些项存储于某个表的 IN 列表中，并在 IN 子句中使用 SELECT 嵌套查询。

【例 6.24】 查询计算机文化基础、数据库技术与应用、电子信息技术 3 门课程的课程名及开课学期。

```
SELECT cname,cterm
FROM course
WHERE cname IN('计算机文化基础','数据库技术与应用','电子信息技术')
```
以上语句等价于：
```
SELECT cname,cterm
FROM course
WHERE cname='计算机文化基础' OR cname='数据库技术与应用'
      OR cname='电子信息技术'
```

提示 条件表达式的表示方法有多种，当条件的范围是多个值时，列表运算符会更简洁。

（6）涉及空值的查询

要确定指定的表达式是否为 NULL 时，可以在 WHERE 子句中使用 IS NULL 关键字查询，反之要查询数据表中值不为 NULL 的信息时，可以使用 IS NOT NULL 关键字。其基本语法格式如下。

微课 6-12：单表有条件查询—空值的查询

```
WHERE 表达式 IS [NOT] NULL
```

【例 6.25】 某些学生选修课程后没有参加考试，所以有选修记录，但没有考试成绩。查询缺少成绩的学生的学号和相应的课程号。

```
SELECT sno,cno
FROM sc
```

```
WHERE degree IS NULL
```

注意 这里的"IS"不能用"="代替。要确定表达式是否为 NULL，可使用 IS NULL 或 IS NOT NULL，而不要使用比较运算符（如=或!=）。

【例 6.26】 查询所有有成绩的学生的学号和课程号。

```
SELECT sno,cno
FROM sc
WHERE degree IS NOT NULL
```

（三）使用常用聚集函数查询

微课 6-13：聚集
函数的使用

  SQL Server 的聚集函数是综合信息的统计函数，也称为聚合函数或集函数，包括计数、求最大值、求最小值、求平均值和求和等。聚集函数可作为列标识符出现在 SELECT 子句的目标列或 HAVING 子句的条件中。

  SQL 查询语句中如果有 GROUP BY 子句，则语句中的函数为分组统计函数；否则，语句中的函数为全部结果集的统计函数。SQL 提供的聚集函数见表 6.3。

表 6.3 聚集函数的用法及含义

聚集函数	用法	含义
COUNT	COUNT([DISTINCT|ALL]*)	统计元组数
COUNT	COUNT([DISTINCT|ALL] <列名>)	统计一列中值的数量
SUM	SUM([DISTINCT|ALL] <列名>)	计算一列值的总和(此列必须为数值型)
AVG	AVG([DISTINCT|ALL] <列名>)	计算一列值的平均值(此列必须为数值型)
MAX	MAX([DISTINCT|ALL] <列名>)	求一列值中的最大值
MIN	MIN([DISTINCT|ALL] <列名>)	求一列值中的最小值

提示 如果指定 DISTINCT 短语，则表示在计算时要取消指定列中的重复值。如果不指定 DISTINCT 短语或指定 ALL 短语(ALL 为默认值)，则表示不取消重复值。

【例 6.27】 查询学生总人数。

```
SELECT COUNT(*) AS 总人数
FROM student
```

查询结果如图 6.12 所示。

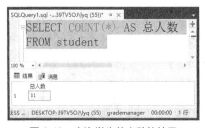

图 6.12 查询学生总人数的结果

【例 6.28】 查询选修了课程的学生人数。

```
SELECT COUNT(DISTINCT sno)
FROM sc
```

查询结果如图 6.13 所示。

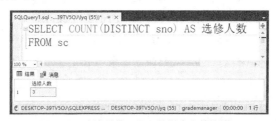

图 6.13　查询选修了课程的学生人数的结果

提示 为避免重复计算学生人数，必须在 COUNT 函数中使用 DISTINCT 短语。

【例 6.29】 计算 002 号课程的平均成绩。

```
SELECT AVG(degree) 平均成绩
FROM sc
WHERE cno='002'
```

【例 6.30】 查询 002 号课程的最高分和最低分。

```
SELECT MAX(degree) 最高分,MIN(degree) 最低分
FROM sc
WHERE cno='002'
```

【例 6.31】 查询学号为 2005010101 的学生的总成绩及平均成绩。

```
SELECT SUM(degree) AS 总成绩,AVG(degree) AS 平均成绩
FROM sc
WHERE sno='2005010101'
```

【例 6.32】 查询有考试成绩的学生人数。

```
SELECT COUNT(DISTINCT sno) 人数
FROM sc
WHERE degree IS NOT NULL
```

提示 因为每位学生的考试成绩有多个，所以需要去掉学号的重复值。

（四）分组筛选数据

使用 GROUP BY 子句可以将查询结果按照某一列或多列数据值进行分类，换句话说，就是对查询结果的信息进行归纳，以汇总相关数据。其语法格式如下。

```
[GROUP BY 列表达式]
[HAVING 条件表达式]
```

列表达式是指定列或列上的非聚合运算。GROUP BY 子句把查询结果集中的各行按列表达式分组，在这些列表达式上，对应值都相同的记录分在一组。

微课 6-14：查询
结果的分组

若无 HAVING 子句，则各组分别输出；若有 HAVING 子句，则只有符合 HAVING 条件的组才输出。

> **注意** GROUP BY 子句通常用于将查询结果划分为多个行组，通常用于使每组执行一个或多个聚合运算。SELECT 语句每组返回一行。在 SELECT 语句的输出列中，只能包含两种目标列表达式，要么是聚集函数，要么是出现在 GROUP BY 子句中的列表达式，并且在 GROUP BY 子句中必须使用列的名称，而不能使用 AS 子句中指定列的别名。

【例 6.33】 统计各生源地的学生人数。

```
SELECT saddress,COUNT(*) 人数
FROM student
GROUP BY saddress
```

查询结果如图 6.14 所示。

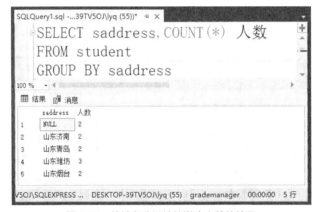

图 6.14 统计各生源地的学生人数的结果

【例 6.34】 统计学生表中男、女生人数。

```
SELECT ssex,COUNT(*) 人数
FROM student
GROUP BY ssex
```

【例 6.35】 统计各生源地男、女生人数。

```
SELECT saddress,ssex,COUNT(*)
FROM student
GROUP BY saddress,ssex
```

【例 6.36】 统计各生源地女生人数。

微课 6-15：分组子句中 HAVING 的使用

```
SELECT saddress,COUNT(*)
FROM student
WHERE ssex='女'
GROUP BY saddress
```

或

```
SELECT saddress,COUNT(*)
FROM student
GROUP BY saddress,ssex
HAVING ssex='女'
```

注意 WHERE 条件与 HAVING 条件的区别在于作用对象不同。HAVING 条件作用于结果组，选择满足条件的结果组；WHERE 条件作用于被查询的表，从中选择满足条件的记录，WHERE 条件在执行分组操作之前，SQL 会删除不满足 WHERE 子句中条件的行。

【例 6.37】 查询选修了两门及以上课程的学生的学号。

```
SELECT sno
FROM sc
GROUP BY sno
HAVING COUNT(*)>=2
```

【例 6.38】 查询各年份出生的学生人数。

```
select year(sbirthday) AS 年份,count(*) AS 人数
from student
group by year(sbirthday)
```

注意 GROUP BY 子句的列表达式通常是列，也可以是列中的非聚合计算，并且在 GROUP BY 子句中，必须使用列的名称而不能使用 AS 子句中指定列的别名。

（五）对查询结果进行排序

用户可以利用 ORDER BY 子句对查询结果按指定的列列表进行升序(ASC)或降序(DESC)排列，默认值为升序。其语法格式如下。

```
[ORDER BY <列或表达式 1> [ASC|DESC][,<列或表达式 2> [ASC|DESC][,…]
```

ORDER BY 子句对查询结果排序后，SELECT 语句的查询结果集中，各记录将按顺序输出。首先按第一列或表达式值排序；前一列或表达式值相同者，再按下一列或表达式值排序，以此类推。若某列或表达式后有 DESC，则按该列或表达式值排序时为降序排列，否则，为升序排列。

微课 6-16：查询
结果集的排序

【例 6.39】 查询选修了 002 号课程的学生的学号及其成绩，查询结果按成绩降序排列。

```
SELECT sno,degree
FROM sc
WHERE cno='002'
ORDER BY degree DESC
```

查询结果如图 6.15 所示。

图 6.15 查询结果排序

> **提示** ① 对于空值，如按升序排列，则含空值的元组将最先显示；如按降序排列，则含空值的元组将最后显示。NULL 值被视为最低的可能值。
>
> ② 中英文字符按其 ASCII 码大小进行比较。
>
> ③ 数值型数据根据其数值大小进行比较。
>
> ④ 日期型数据按年、月、日的数值大小进行比较。
>
> ⑤ 逻辑型数据 false 小于 true。

或

```
SELECT sno,degree
FROM sc
WHERE cno='002'
ORDER BY 2 DESC
```

> **提示** 可以将排序列指定为一个名称或列别名，也可以指定一个表示列在选择列表中所处位置的非负整数。因此，以上语句是有效的，但与指定实际列名相比，其他人并不容易理解该语句。此外，更改选择列表（如更改列顺序或添加新列）需要修改 ORDER BY 子句，以免出现意外结果。

【例 6.40】 查询全体学生情况，查询结果按性别先男后女排列，再按出生日期降序排列。

```
SELECT *
FROM student
ORDER BY ssex ASC,sbirthday DESC
```

查询结果如图 6.16 所示。

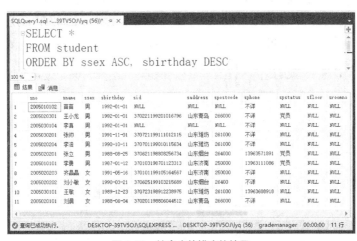

图 6.16 按多个值排序的结果

> **提示** ORDER BY 子句可以指定多个排序列。ORDER BY 子句中排序列的顺序定义了排序结果集的结构。也就是说，先按第一列对结果集进行排序，然后按第二列对排序列表进行排序，以此类推。

【例 6.41】查询全体学生的学号、姓名和性别情况，查询结果按性别先男后女排列，再按姓名升序排列。

```
SELECT sno AS 学号,sname AS 姓名,ssex AS 性别
 FROM student
ORDER BY ssex ASC,姓名 ASC
```

 提示 ORDER BY 子句中引用的列名必须明确对应于选择列表中的列或列别名，或对应于 FROM 子句中指定表中定义的列。别名必须是唯一的。

```
SELECT sno AS 学号,sname AS 姓名,ssex AS 性别
 FROM student
ORDER BY ssex ASC,sname+ ' ' ASC
```

 提示 以上语句是正确的。ORDER BY 子句对查询结果按指定的列表排序，列表可以是列或表达式。

```
SELECT sno AS 学号,sname AS 姓名,ssex AS 性别
 FROM student
ORDER BY ssex ASC,姓名+'' ASC
```

 提示 但以上语句是错误的。如果 ORDER BY 子句引用选择列表中的列别名，则必须单独使用列别名，而不是作为 ORDER BY 子句中某些表达式的一部分。

任务 6-2 多表连接查询

【任务分析】

进行数据查询时，有时仅从单个表中无法得到想要的结果，此时，可以使用多表连接查询。

【课堂任务】

掌握并理解表的连接查询。

- 交叉连接
- 内连接
- 自连接
- 外连接

连接查询是指查询同时涉及两个或两个以上表之间的逻辑关系的查询，连接查询是关系数据库中最主要的查询，表与表之间的连接分为交叉连接(Cross Join)、内连接(Inner Join)、自连接(Self Join)、外连接(Outer Join)。外连接又分为 3 种，即左外连接(Left Join)、右外连接(Right Join)、全外连接(Full Join)。

连接查询的类型可以在 SELECT 语句的 FROM 子句中指定，也可以在 WHERE 子句中指定。可以在 FROM 或 WHERE 子句中指定内连接。只能在 FROM 子句中指定外连接。在 FROM 子句中指定连接条件有助于将这些连接条件与 WHERE 子句中可能指定的其他任何搜索条件分开，建

143

议用这种方法来指定连接。

虽然连接条件通常使用相等比较（=），但也可以像指定其他谓词一样指定其他比较运算符或关系运算符。连接条件中用到的列不必具有相同的名称或数据类型。但如果数据类型不相同，则必须兼容，或者是可由 SQL Server 进行隐式转换的类型。如果数据类型不能进行隐式转换，则连接条件必须使用 CAST 函数显式转换数据类型。

（一）交叉连接

微课 6-17：交叉
连接

交叉连接又称笛卡儿连接，是指两个表之间做笛卡儿积操作，得到结果集的行数是两个表的行数的乘积。交叉连接的语法格式如下。

```
SELECT [ALL|DISTINCT] [别名.]<选项 1> [AS<显示列名>] [,[别名.]<选项 2>
[AS<显示列名>]…]
FROM <表名1>[别名1] ,<表名2>[别名2][,…]
```

需要连接查询的表名在 FROM 子句中指定，表名之间用英文逗号隔开。

【例 6.42】 将成绩表（sc）和课程名称表（course）进行交叉连接。

```
SELECT A.*,B.*
FROM course A,sc B
```

或

```
SELECT *
FROM course A,sc B
```

> **提示** 此处为了简化表名，分别给两个表指定了别名。但是，一旦为表指定了别名，则在该命令中，都必须用别名代替表名。"*"前未加别名，表示输出 FROM 后所有表中的所有列。

（二）内连接

微课 6-18：内
连接

内连接的语法格式如下。

```
SELECT [ALL|DISTINCT] [别名.]<选项 1>[AS<显示列名>] [,[别名.]<选项
2>[AS<显示列名>][,…]]
FROM <表名 1> [别名 1],<表名 2> [别名 2][,…]
WHERE <连接条件表达式> [AND <条件表达式>]
```

或

```
SELECT [ALL|DISTINCT] [别名.]<选项 1>[AS<显示列名>] [,[别名.]<选项
2>[AS<显示列名>][,…]]
FROM <表名 1> [别名 1] INNER JOIN <表名 2> [别名 2] ON <连接条件表达式>
[WHERE <条件表达式>]
```

其中，第一种语法格式的连接类型在 WHERE 子句中指定，第二种语法格式的连接类型在 FROM 子句中指定。

另外，连接条件是指在连接查询中连接两个表的条件。连接条件表达式的语法格式如下。

```
[<表名 1>]<别名 1.列名><比较运算符>[<表名 2>]<别名 2.列名>
```

比较运算符可以使用等号 "="，此时称作等值连接；也可以使用不等比较运算符，包括>、<、>=、<=、!>、!<、<>等，此时为不等值连接。

说明 （1）FROM 后可跟多个表名，表名与别名之间用空格间隔。

（2）当在 WHERE 子句中指定连接类型时，WHERE 后一定要有连接条件表达式，即两个表的公共字段相等。

（3）若不定义别名，则表的别名默认为表名，定义别名后，使用定义的别名。

（4）用表的别名对列加以限定，可提高可读性。

（5）若在输出列或条件表达式中出现所引用的两个或多个表中的公共字段，则公共字段名前必须加别名限定。

【例 6.43】 查询每门课程及其被选修的情况。

因为课程的基本情况存放在 course 表中，选课情况存放在 sc 表中，所以查询过程涉及上述两个表。这两个表是通过公共字段 cno 和 cterm 实现内连接的。

```
SELECT A.*,B.*
FROM course A,sc B
WHERE A.cno=B.cno AND A.cterm=B.cterm
```

或

```
SELECT A.*,B.*
FROM course A INNER JOIN sc B
ON A.cno=B.cno AND A.cterm=B.cterm
```

该查询的执行结果如图 6.17 所示。

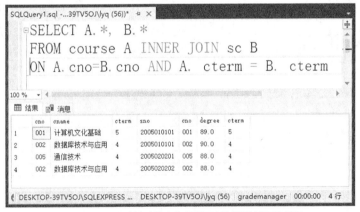

图 6.17　用内连接查询每门课程及其被选修情况的结果

若在等值连接中把目标列中的重复字段去掉，则称为自然连接。

【例 6.44】 用自然连接完成例 6.43 的查询。

```
SELECT course.cno,cname,course.cterm,sno,degree
FROM course,sc
WHERE course.cno=sc.cno AND course.cterm=sc.Cterm
```

或

```
SELECT course.cno,cname,course.cterm,sno,degree
FROM course INNER JOIN sc
ON course.cno=sc.cno AND course.cterm=sc.cterm
```

该查询的执行结果如图 6.18 所示。

145

> **注意** cno 和 cterm 前的表名不能省略，因为 cno 和 cterm 是 course 和 sc 共有的属性，所以必须加上表名前缀。

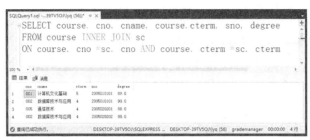

图 6.18　用自然连接查询每门课程及其被选修情况的结果

【例 6.45】　输出所有女生的学号、姓名、选修课程的课程号及成绩。

```
SELECT A.sno,sname,cno,degree
FROM student A,sc B
WHERE A.sno=B.sno AND ssex='女'
```
　或
```
SELECT A.sno,sname,cno,degree
FROM student A INNER JOIN sc B ON A.sno=B.sno
WHERE ssex='女'
```

【例 6.46】　输出学生党员的学号、姓名、选修课程的课程名及成绩。

```
SELECT A.sno,sname,cname,degree
FROM student A,sc B,course C
WHERE A.sno=B.sno AND B.cno=C.cno AND B.cterm=C.cterm AND spstatus='党员'
```
该查询的执行结果如图 6.19 所示。

图 6.19　学生党员情况的查询结果

另一种方法为：

```
SELECT A.sno,sname,cname,degree
FROM student A INNER JOIN sc B ON A.sno=B.sno
INNER JOIN course C ON B.cno=C.cno AND B.cterm=C.cterm
WHERE spstatus='党员'
```

> **注意** A.sno=B.sno AND B.cno=C.cno AND B.cterm =C.cterm 是连接条件，3 个表两两连接。

（三）自连接

连接操作不只是在不同的表之间进行，一张表内还可以进行自身连接操作，即将同一个表的不同行连接起来，我们称之为自连接，自连接是一种特殊的内连接。自连接的语法格式如下。

微课 6-19：自连接

```
SELECT [ALL|DISTINCT] [别名.]<选项 1> [AS<显示列名>]
                     [,[别名.]<选项 2> [AS<显示列名>][,…]]
FROM <表名 1> [别名 1],<表名 1> [别名 2][,…]
WHERE <连接条件表达式> [AND <条件表达式>]
```

【例 6.47】查询同时选修了 001 和 002 号课程的学生的学号。

```
SELECT A.sno
FROM sc A,sc B
WHERE A.sno=B.sno AND A.cno='001' AND B.cno='002'
```

该查询的执行结果如图 6.20 所示。

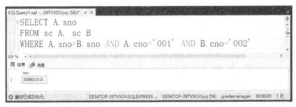

图 6.20　同时选修了 001 和 002 号课程的学生的学号的查询结果

 注意 自连接可以看作一张表的两个副本之间的连接。在自连接中，必须为表指定两个别名，使之在逻辑上成为两张表。

【例 6.48】查询与李勇生源地相同的学生的姓名和生源地。

```
SELECT B.sname,B.classno
FROM student A,student B
WHERE A.classno=B.classno AND A.sname='李勇' AND B.sname!='李勇'
```

该查询的执行结果如图 6.21 所示。

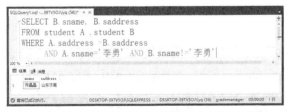

图 6.21　与刘晨生源地相同的学生的姓名和生源地信息

（四）外连接

在内连接中，只有在两个表中匹配的行才能在结果集中出现。在外连接中可以只限制一个表，而对另外一个表不加限制（所有行都出现在结果集中）。

微课 6-20：外
连接

外连接分为左外连接、右外连接和全外连接。左外连接不限制连接条件中左边的表，即在结果集中保留连接表达式左边表中的非匹配记录；右外连接不限制右边的表，即在结果集中保留连接表达式右边表中的非匹配记录；全外连接对两个表都不加限制，两个表中的所有行都会包含在结果集中。

外连接命令的语法格式如下。

```
SELECT [ALL|DISTINCT] [别名.]<选项1> [AS<显示列名>]
          [,[别名.]<选项2> [AS<显示列名>][,…]]
FROM <表名1> LEFT| RIGHT| FULL [OUTER]JOIN <表名2>
ON<表名1.列1>=<表名2.列2>
```

【例 6.49】 利用左外连接改写例 6.43 的查询。

```
SELECT A.*,B.*
FROM course A LEFT JOIN sc B ON A.cno=B.cno
```

该查询的执行结果如图 6.22 所示。

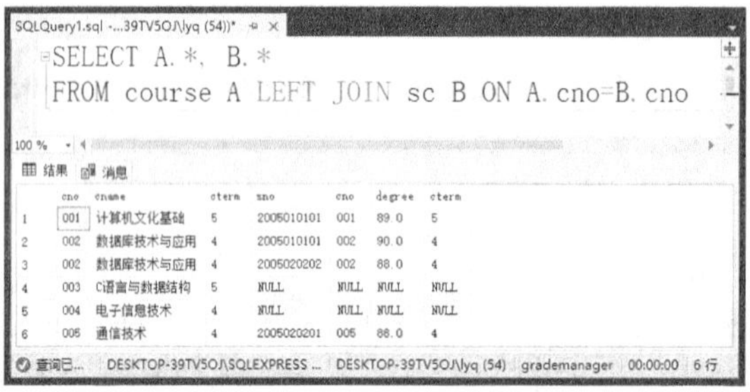

图 6.22 用左外连接查询每门课程及其被选修情况的结果

注意 在例 6.43 的查询结果中，由于 005 号课程没有被选修，所以查询结果中没有这门课程的信息，但有时候也需要在查询结果中显示这样的信息，这就需要使用外连接查询。

连接表的列中的 NULL 值（如果有）互相不匹配。如果其中一个连接表的列中出现空值，则只能通过外连接返回这些空值。

任务 6-3 嵌套查询

【任务分析】

查询数据时，一个 SELECT…FROM…WHERE 语句称为一个查询块。将一个查询块嵌套在另一个查询块的 WHERE 子句或 HAVING 子句的条件中称为嵌套查询或子查询。嵌套查询可以帮助解决多表连接查询问题及其他解决不了的查询问题。

嵌套查询可以使一系列简单查询构成复杂的查询，从而明显增强 SQL 的查询能力。以层层嵌套的方式来构造程序正是 SQL 中"结构化"的含义所在。

【课堂任务】

掌握并理解表的嵌套查询。

- 嵌套子查询
- 相关子查询

例如，查询选修了 002 号课程的学生的姓名。

```
SELECT sname
FROM student
WHERE sno IN(SELECT sno
                FROM sc
                WHERE cno='002')
```

在这个例子中，下层查询块"SELECT sno FROM sc WHERE cno='002'"嵌套在上层查询块"SELECT sname FROM student WHERE sno IN"的 WHERE 条件中。

上层查询块又称为外部查询、外部选择、父查询或主查询，下层查询块又称为内层查询、内部选择或子查询。SQL 允许多层嵌套查询，即一个子查询中还可以嵌套其他子查询。需要特别指出的是，子查询中的 SELECT 语句用一对括号"()"定界。子查询包括 SELECT、FROM 子句，可选 WHERE、GROUP BY、HAVING 子句，一般不能使用 ORDER BY 子句，除非指定了 TOP 子句，这时能包含 ORDER BY 子句。ORDER BY 子句永远只能对最终查询结果排序。

如果某个表只出现在子查询中，而没有出现在外部查询中，那么该表中的列就无法包含在输出（外部查询的选择列表）中。

嵌套查询的求解方法是由里向外处理的，即每个子查询在其上一级查询处理之前求解，子查询的结果用于建立其父查询的查找条件。

子查询一般分为两种：嵌套子查询和相关子查询。

（一）嵌套子查询

嵌套子查询又称为不相关子查询，也就是说，嵌套子查询的执行不依赖于外部嵌套。

嵌套子查询的执行过程为：首先执行子查询，子查询得到的结果集不被显示出来，而是传给外部查询，作为外部查询的条件使用，然后执行外部查询，并显示查询结果。子查询可以多层嵌套。

嵌套子查询一般也分为两种：子查询返回单个值和子查询返回一个值列表。

微课 6-21：返回单个值的子查询

1. 返回单个值

当子查询返回单个值时，这个值可用于外部查询的比较操作(如，=、!=、<、<=、>、>=)，该值可以是子查询中使用聚集函数得到的值。

【例 6.50】 查询所有年龄大于平均年龄的学生的姓名（注：在 student 表中加入 sage（年龄）字段）。

```
SELECT sname
FROM student
WHERE sage>(SELECT AVG(sage) FROM student )
```

在例 6.50 中，SQL 首先获得"SELECT AVG(sage) FROM student"的结果集，该结果集为单行单列，然后将其作为外部查询的条件执行外部查询，并得到最终的结果。

【例 6.51】 查询与刘晨生源地相同的学生的姓名和生源地。

```
SELECT sname,sdept
FROM student
WHERE sdept=(SELECT sdept FROM student WHERE sname='刘晨')
    AND sname!='刘晨'
```

该查询的执行结果如图 6.23 所示。

图6.23　与刘晨生源地相同的学生的姓名和生源地信息

> **注意**　在例 6.51 中，刘晨没有重名，子查询的结果是单个值，可使用 "="，否则，子查询的结果就是一个值列表，这时就不能用 "="，而是要用 IN 操作符。

微课 6-22：返回
值列表的子查询

2. 返回一个值列表

　　子查询结果是 0 个或多个值的列表，不确定只有一个值时，外部查询可使用 IN、NOT IN、ANY 或 ALL 等操作符。

　　（1）使用 IN 或 NOT IN 操作符的嵌套查询。IN 表示属于，用于判断外部查询中某个属性列值是否在子查询的结果中。由于在嵌套查询中，子查询的结果往往是一个集合，所以 IN 操作符是嵌套查询中最常用的操作符。

【例 6.52】　用 IN 操作符改写例 6.48。

```
SELECT sname,saddress
FROM student
WHERE saddress IN (SELECT saddress
                   FROM student
                   WHERE sname='刘晨')
      AND sname!='刘晨'          //该句为父查询中的一个条件
```

【例 6.53】　查询没有选修"数据库技术与应用"课程的学生的学号和姓名。

```
SELECT sno,sname
FROM student
WHERE sno NOT IN (SELECT sno
                  FROM sc
                  WHERE cno IN ( SELECT cno
                                 FROM course
                                 WHERE cname='数据库技术与应用'))
```

> **注意**　在例 6.53 中，一定要注意否定词的位置，特别是 sc 表中的 sno 和 cno 不是一对一的关系。该例题的执行步骤是首先在 course 表中查询出数据库技术与应用的课程号，然后根据查出的课程号在 sc 表中查出选修了该课程的学生的学号，最后在 student 表中查出不是这些学号的学生的学号和姓名。
> 此例无法转换为一个连接查询，许多包含子查询的 Transact-SQL 语句都可以改用连接表示。但有些问题只能通过子查询解决。
> 因为包含子查询的语句和语义上等效的连接语句在性能上通常没有差别。一般在子查询和连接语句中会选择使用连接方式。

（2）带有 ANY 或 ALL 操作符的子查询。ANY（SOME 是与 ANY 等效的 ISO 标准。）和 ALL 操作符必须和比较运算符一起使用，其格式如下。

```
<字段><比较符>[ANY|ALL]<子查询>
```

ANY 和 ALL 的用法及含义见　　　表 6.4。

微课 6-23：带有 ANY
和 ALL 的子查询

表 6.4　ANY 和 ALL 的用法和含义

用法	含义
>ANY	大于子查询结果中的某个值
>ALL	大于子查询结果中的所有值
<ANY	小于子查询结果中的某个值
<ALL	小于子查询结果中的所有值
>=ANY	大于等于子查询结果中的某个值
>=ALL	大于等于子查询结果中的所有值
<=ANY	小于等于子查询结果中的某个值
<=ALL	小于等于子查询结果中的所有值
=ANY	等于子查询结果中的某个值
=ALL	等于子查询结果中的所有值（通常没有实际意义）
!=ANY 或<>ANY	不等于子查询结果中的某个值（与 NOT IN 不同）
!=ALL 或<>ALL	不等于子查询结果中的任何一个值（表示与 NOT IN 相同）

【例 6.54】　查询其他生源地中，比山东济南某一学生年龄小的学生的姓名和年龄。

```
SELECT sname,sage
FROM student
WHERE sage<ANY(SELECT sage
               FROM student
               WHERE saddress='山东济南')
     AND saddress<>'山东济南'          //该句为父查询中的一个条件
```

提示　在例 6.54 中，首先处理子查询，找出济南的学生的年龄，构成一个集合，然后处理主查询，找出年龄小于集合中某一个值且并不是济南的学生。

【例 6.55】　查询其他生源地中，比山东济南所有学生年龄都小的学生的姓名和年龄。

```
SELECT *
FROM student
WHERE sage<ALL(SELECT sage
               FROM student
               WHERE saddress='山东济南')
     AND saddress<>'山东济南'
```

例 6.55 也可以用以下方法。

```
SELECT *
FROM student
WHERE sage<(SELECT MIN(sage)
               FROM student
```

```
        WHERE saddress='山东济南')
    AND saddress<>'山东济南'
```

> **提示** 事实上，用聚集函数实现子查询通常比直接用 ANY 或 ALL 查询效率要高。

（二）相关子查询

微课 6-24：相关
子查询

在相关子查询（Correlated Subquery）中，子查询的执行依赖于外部查询，即子查询的查询条件依赖于外部查询的某个属性值。

相关子查询的执行过程与嵌套子查询完全不同，嵌套子查询中的子查询只执行一次，而相关子查询中的子查询需要重复执行。相关子查询的执行过程如下。

（1）子查询将外部查询的每一个元组（行）执行一次，外部查询将子查询引用列的值传给子查询。

（2）如果子查询的返回值与外部查询某行元组中的值相匹配，则外部查询取此行放入结果表。

（3）返回（1），直到处理完外部表的每一行。

【例 6.56】 查询成绩比该课程平均成绩高的学生的学号。

```
SELECT sno
FROM sc A
WHERE degree>(SELECT avg(degree)
            FROM sc B
            WHERE B.cno=A.cno)
```

> **提示** 在例 6.56 中，子查询和外部查询使用同一张表，为了加以区别，通过重命名使其形成逻辑上的两张表。
>
> 外部查询的条件是成绩大于该课程平均成绩，子查询就是查询"该课程平均成绩"，该课程 B.cno 是哪门课程呢，是外部查询当前记录中的课程 A.cno。
>
> 例 6.56 中的问题通过嵌套查询或连接查询都无法解决，相关子查询虽然执行过程复杂，但同样能解决复杂问题。

在相关子查询中，经常要用到 EXISTS 操作符，EXISTS 代表存在量词"∃"。带有 EXISTS 的子查询不需要返回任何实际数据，而只需要返回一个逻辑真值 true 或逻辑假值 false。也就是说，它的作用是在 WHERE 子句中测试子查询返回的行是否存在。如果存在，则返回真值，如果不存在，则返回假值。

【例 6.57】 查询所有选修了 001 号课程的学生的姓名。

```
SELECT sname
FROM student
WHERE EXISTS(SELECT *
            FROM sc
            WHERE sno=student.sno AND cno='001')
```

该查询的执行结果如图 6.24 所示。

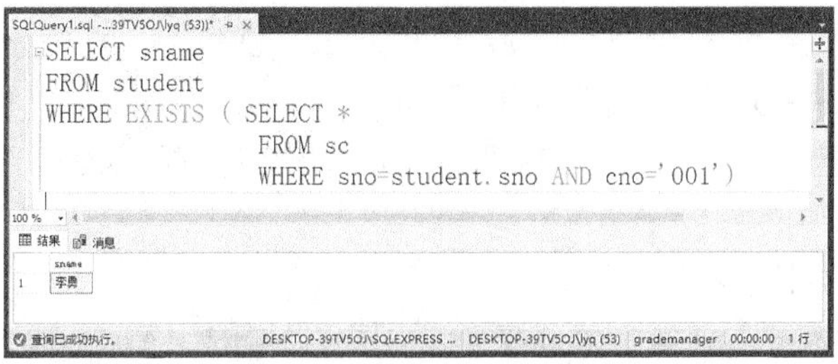

图 6.24　所有选修了 001 号课程的学生姓名的查询结果

> **提示**　由 EXISTS 引出的子查询中的目标列表达式通常都用 "*"，因为带 EXISTS 的子查询只返回真值或假值，给出列名也无实际意义。
>
> 这类查询与前面的不相关子查询有一个明显区别，即子查询的查询条件依赖于外层父查询的某个属性值(在例 6.57 中是依赖于 student 表的 sno 值)。

【例 6.58】 查询选修了全部课程的学生的姓名。

该查询查找的是这样的学生，没有一门课程是他不选修的，在 EXISTS 谓词前加 NOT 表示不存在。例 6.58 中需使用两个 NOT EXISTS，其中第一个 NOT EXISTS 表示不存在这样的课程记录，第二个 NOT EXISTS 表示该生没有选修的选课记录。

```
SELECT sname
FROM student
WHERE NOT EXISTS (SELECT *
                 FROM course
                 WHERE NOT EXISTS(SELECT *
                                  FROM sc
                                  WHERE sno=student.sno
                                        AND cno=course.cno))
```

> **注意**　一些带 EXISTS 或 NOT EXISTS 的子查询不能用其他形式的子查询等价替换，但所有带 IN、比较运算符、ANY 和 ALL 的子查询都能用带 EXISTS 的子查询等价替换。

例如，可将例 6.48 改写如下。

```
SELECT sname,saddress
FROM student S1
WHERE EXISTS(SELECT *
            FROM student S2
            WHERE S2.saddress=S1.saddress AND S2.sname='刘晨')
```

因为子查询也是使用 SELECT 语句实现的，所以使用 SELECT 语句应注意的问题，子查询也应注意，同时，子查询还受下面条件的限制。

（1）通过比较运算符引入的子查询的选择列表只能包括一个表达式或列名称。

（2）如果外部查询的 WHERE 子句包括某个列名，则该子句必须与子查询选择列表中的该列兼容。

微课 6-25：子查询的规则

（3）子查询的选择列表中不允许出现 ntext、text 和 image 数据类型。

（4）无修改的比较运算符引入的子查询不能包括 GROUP BY 和 HAVING 子句。

（5）包括 GROUP BY 的子查询不能使用 DISTINCT 关键字。

（6）不能指定 COMPUTE 子句和 INTO 子句。

（7）子查询中只有当 SELECT 子句使用了 TOP 关键字，才可以在子查询中使用 ORDER BY 子句。

（8）由子查询创建的视图不能更新。

（9）通过 EXISTS 引入的子查询的选择列表由星号(*)组成，而不使用单个列名。

（10）当=、!=、<、<=、>或>=用在主查询中时，ORDER BY 子句和 GROUP BY 子句不能用在内层查询中，因为内层查询返回的一个以上的值不能被外层查询处理。

子查询是一个嵌套在 SELECT、INSERT、UPDATE 和 DELETE 语句或其他子查询中的查询。任何允许使用表达式的地方都可以使用子查询。尽管可用内存和查询中其他表达式的复杂程度不同，嵌套限制也有所不同，但嵌套可以到 32 层。

任务 6-4　集合查询

【任务分析】

因为 SELECT 的查询结果是元组的集合，所以可以对 SELECT 的结果进行集合操作。SQL 提供的集合操作主要有 3 个：UNION（并操作）、INTERSECT（交操作）、EXCEPT（差操作）。

【课堂任务】

掌握并理解集合操作。

- UNION
- INTERSECT
- EXCEPT

【例 6.59】 查询山东济南和山东青岛的学生的姓名和性别。

```
SELECT sname,ssex
FROM student
WHERE saddress='山东济南'
UNION
SELECT sname,ssex
FROM student
WHERE saddress='山东青岛'
```

> **提示** UNION 将两个或多个查询的结果合并到一个结果集中。
>
> 在使用 UNION、INTERSECT、EXCEPT 集合操作符进行联合查询时，应确保每个联合查询语句的选择列表中具有相同数量的表达式。
>
> 每个查询选择表达式应具有相同的数据类型，或者可以自动将它们转换为相同的数据类型。在自动转换时，数值类型系统将低精度的数据类型转换为高精度的数据类型。
>
> 各语句中对应的结果集列出现的顺序必须相同。

【例 6.60】 查询学号为 2005010101 和 2005010102 的学生都选修的课程的课程号。

```
SELECT cno
FROM sc
WHERE sno='2005010101'
INTERSECT
SELECT cno
FROM sc
WHERE sno='2005010102'
```

提示 INTERSECT 返回两侧查询结果共同拥有的元组的集合。

【例 6.61】 查询选修 002 号未选修 001 号课程的学生的学号。

```
SELECT sno
FROM sc
WHERE cno='002'
EXCEPT
SELECT sno
FROM sc
WHERE cno='001'
```

提示 EXCEPT 从左侧查询返回行中去掉右侧查询返回行的结果。

如果 EXCEPT 或 INTERSECT 与其他运算符一起用于表达式，则根据以下优先顺序对表达式求值。

（1）括号中的表达式。

（2）INTERSECT 运算符。

（3）基于在表达式中的位置从左到右求值的 EXCEPT 和 UNION。

任务 6-5 数据更新

【任务分析】

在数据库的使用过程中，数据在不断变化，向数据库添加新数据、修改现有数据、删除无用数据等是数据维护的主要工作。SQL 中的数据更新包括数据记录的插入、数据记录的修改和数据记录的删除。

【课堂任务】

- 数据记录的插入
- 数据记录的修改
- 数据记录的删除

（一）数据记录的插入

SQL 的数据插入语句 INSERT 通常有 3 种形式：插入单条记录、插入多条记录和插入子查询结果。

微课 6-26：数据
记录的插入

1. 插入单条记录

（1）语句格式

```
INSERT INTO<表名>[(<列名清单>)]
VALUES(<常量清单>)
```

（2）功能

向指定表插入一条新记录。

（3）说明

① 若有<列名清单>，则<常量清单>中各常量为新记录中这些属性的对应值（根据语句中的位置一一对应）。但在定义该表时，说明为 NOT NULL 且无默认值的列必须在<列名清单>中，否则将出错。

② 如果省略<列名清单>，则按<常量清单>顺序为每个属性列赋值，即每个属性列都应该有值。

【例 6.62】 向 sc 表插入一条选修记录。

```
INSERT INTO sc
VALUES('2005010101','003','92','5')
```

语句执行结果如图 6.25 所示。

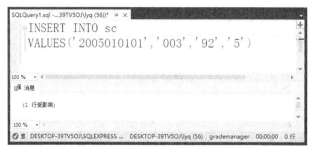

图 6.25　向 sc 表插入一条选修记录的执行结果

注意　数据更新操作的执行结果是"(1 行受影响)"，这也说明了数据更新操作不会改变表的结构，只会改变表中的部分行，因此显示了几行受到影响。

【例 6.63】 向 student 表添加一条记录。

```
INSERT INTO student(sno,sname)
VALUES('2005010103','张三')
```

注意　要将数据添加到一行中的部分列时，需要同时给出要使用的列名以及要赋给这些列的数据。

对于添加部分列的操作，在添加数据前，应确认未在 VALUES 列表中出现的列是否允许为 NULL，只有允许为 NULL 的列，才可以不出现在 VALUES 列表中。

如果没有为该列指定值，则使用默认值。

2. 插入多条记录

（1）语句格式

```
INSERT INTO<表名>[(<列名清单>)]
VALUES(<常量清单 1>),(<常量清单 2>),…(<常量清单 n>)
```

（2）功能

向指定表插入多条新记录。

【例 6.64】 向 sc 表连续插入 3 条记录。

```
INSERT INTO sc
VALUES('2005020201','001',78,'5'),
      ('2005020201','002',91,'4'),
      ('2005020201','003', 83,'5')
```

语句执行结果如图 6.26 所示。

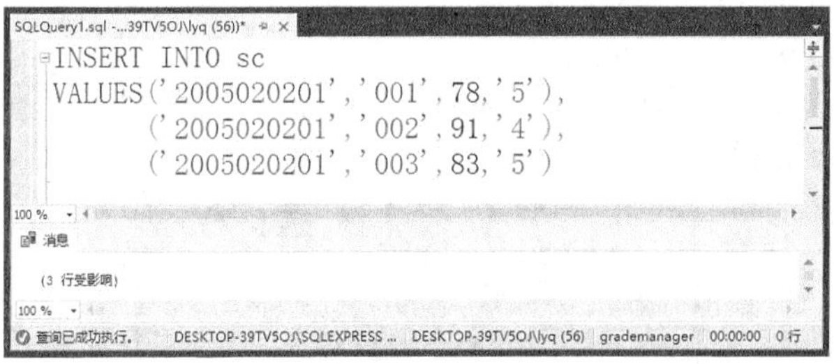

图 6.26 向 sc 表连续插入 3 条记录的执行结果

3. 插入子查询结果

子查询不仅可以嵌套在 SELECT 语句中，用于构造主查询的条件，还可以嵌套在 INSERT 语句中，用子查询结果作为要插入的批量数据。语句格式如下。

```
INSERT INTO <表名>[(列名1,列名2,…)]
<子查询语句>
```

【例 6.65】 把平均成绩大于 80 分的学生的学号和平均成绩存入另一个已知的基本表 S_GRADE(SNO, AVG_GRADE)中。

```
INSERT INTO S_GRADE(SNO,AVG_GRADE)
SELECT sno,AVG(degree)
FROM sc
GROUP BY sno
HAVING AVG(degree)>80
```

提示
① INSERT 语句中的 INTO 可以省略，同时，使用子查询插入数据不用关键词 VALUES。

② 如果某些属性列在表名后的列名表中没有出现，则新记录在这些列上将取空值。但必须注意的是，在定义表时指定了 NOT NULL 的属性列不能为空值，否则系统会提示错误。

③ 如果没有指明任何列名，则新插入的记录必须在每个属性列上均有值。

④ 字符型数据必须使用 """ 引起来。

⑤ 常量的顺序必须和指定的列名顺序一致。

⑥ 在把数据值从一列复制到另一列时，值所在列不必具有相同数据类型，只要插入目标表的值符合该表的数据限制即可。

（二）数据记录的修改

修改表中已有数据的记录，可用 UPDATE 语句。

微课 6-27：数据
记录的修改

1. 语句格式

```
UPDATE <表名>
SET<列名 1>=<表达式 1> [ ,<列名 2>=<表达式 2> ] [ ,…]
[ WHERE<条件表达式> ]
```

2. 功能

把指定<表名>内符合<条件表达式>的记录中规定<列名>的值更新为该<列名>后<表达式>的值。如果省略 WHERE 子句，则表示修改表中的所有记录。

【例 6.66】将张立同学的性别改为女。

```
UPDATE student
SET ssex='女'
WHERE sname='张立'
```

语句执行结果如图 6.27 所示。

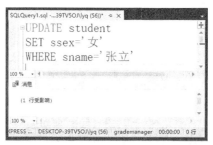

图 6.27　数据更新的执行情况

提示　如果不指定条件，则修改所有的记录。

【例 6.67】　将张立同学的性别改为男，政治面貌改为共青团员。

```
UPDATE student
SET ssex='男',spstatus='共青团员'
WHERE sname='张立'
```

提示　如果要修改多列，则在 SET 语句后用"，"分隔需要修改的各子句。

【例 6.68】　将 sc 表中不及格的成绩修改为空值。

```
UPDATE sc
SET degree=NULL
WHERE degree<60
```

提示　SET 子句后的"="是赋值运算符（不是比较运算符），也可以使用复合赋值运算符（+=、-=等）。

但在 WHERE 子句中要确定表达式是否为 NULL，要使用 IS NULL 或 IS NOT NULL，而不要使用比较运算符，如=或!=。

【例 6.69】 将男生的成绩置 0。

```
UPDATE sc
SET degree=0
WHERE sno IN(SELECT sno
             FROM student
             WHERE ssex='男')
```

或

```
UPDATE sc
SET degree=0
WHERE '男'=(SELECT ssex
           FROM student
           WHERE student.sno=sc.sno)
```

 提示 WHERE 子句中可以嵌套子查询。

【例 6.70】 将选修了 001 号课程，学号为 2005010101 的学生的成绩置为该课程的平均成绩。

```
UPDATE sc
SET degree=(SELECT avg(degree)
            FROM sc
            WHERE cno='001')
WHERE sno='2005010101' AND cno='001'
```

 提示 SET 子句中的表达式可以嵌套子查询。

（三）数据记录的删除

在实际应用中，随着使用和修改数据，表中可能会存在一些无用的或过期的数据。这些数据不仅会占用空间，还会影响修改和查询的速度，所以应该及时删除。

在 SQL Server 中，使用 DELETE 语句删除数据，该语句可以通过事务从表或视图中删除一行或多行记录。

微课 6-28：数据
记录的删除

1. 语句格式

```
DELETE [FROM] <表名>
[WHERE<条件表达式>]
```

2. 功能

删除指定<表名>中所有符合<条件表达式>的记录。

3. 说明

无 WHERE<条件表达式>项时，将删除<表名>中的所有记录。但是，该表结构还在，只是没有了记录，是个空表而已。

【例 6.71】 删除学号为 2005030201 的学生的记录。

```
DELETE FROM student
WHERE sno='2005030201'
```

【例 6.72】 删除所有学生的选修记录。

```
DELETE FROM sc
```

【例 6.73】 删除男生的选修记录。

```
DELETE FROM sc
WHERE sno IN(SELECT sno
                FROM student
                WHERE ssex='男')
```

 注意 WHERE 子句中的条件表达式可以嵌套，条件表达式也可以是来自几个基本表的复合条件。

实训　实现数据查询

1. 实训目的

（1）掌握 SELECT 语句的基本用法。

（2）使用 WHERE 子句进行有条件的查询。

（3）掌握聚集函数的使用方法。

（4）使用 GROUP BY 子句将查询结果分组。

（5）使用 ORDER BY 子句将查询结果排序。

（6）掌握多表连接的几种连接方式及应用。

（7）掌握使用嵌套查询解决实际应用问题。

（8）掌握插入、更新、删除数据记录的有效办法。

2. 实训内容和要求

（1）掌握 SELECT 语句的基本用法。

① 查询生源地有哪些。

② 输出教师表中的前 3 条记录。

③ 查询所有开设课程的课程名。

（2）使用 WHERE 子句进行有条件的查询。

① 查询所有男生的信息。

② 查询所有任课教师的 tname、tdept。

③ 查询学生党员的姓名、性别和出生日期。

④ 查询 001 号课程的开课学期。

⑤ 查询成绩在 80~90 分的学生的学号及课程号。

⑥ 查询年龄大于 18 岁的女生的学号和姓名。

⑦ 查询在 1990 年 1 月 1 日之前出生的男生的信息。

⑧ 查询所有姓"刘"的学生信息。

⑨ 输出有成绩的学生的学号。

⑩ 查询成绩为 79 分、89 分或 99 分的记录。

⑪ 查询名字有"小"字的学生的姓名和学号。

（3）掌握聚集函数的使用方法。

① 统计有学生选修的课程数。

② 计算 001 号课程的平均成绩。

③ 计算学号为 2005010101 学生的总成绩。

（4）使用 GROUP BY 子句将查询结果分组。

① 统计输出生源地学生的人数。

② 查询各个课程号及相应的选课人数。

③ 统计每门课程的选课人数和最高分。

④ 查询被两名以上学生选修的课程的课程号。

（5）使用 ORDER BY 子句将查询结果排序。

① 统计每个学生的选课数和考试总成绩，并按选课数降序排列。

② 查询成绩不及格的学生的学号及课程号，并按成绩降序排列。

③ 查询选修了 003 号课程的学生的学号及其成绩，查询结果按分数降序排列。

（6）掌握多表连接的几种连接方式及应用。

① 查询是党员的学生的学号、姓名及考试成绩。

② 查询课程成绩及格的男生的学生信息、课程号及成绩。

③ 查询女教师所授课程的课程号及课程名称。

④ 查询姓"王"的学生所学的课程名称。

⑤ 查询选修了 004 号课程的学生的平均年龄。

⑥ 查询选修了"数据库技术与应用"课程且成绩在 80～90 分的学生的学号及成绩。

⑦ 查询选修了"计算机文化基础"课程的学生的学号和姓名。

⑧ 查询在第 4 学期开设的课程的课程名称及成绩。

⑨ 查询至少选修一门课程的女生的姓名。

（7）掌握使用嵌套查询解决实际应用问题。

① 查询 002 号课程不及格的学生信息。

② 查询不讲授 001 号课程的教师的姓名。

③ 查询成绩比该课程平均成绩高的学生的学号及成绩。

④ 查询出生日期大于所有女生出生日期的男生的姓名及生源地。

⑤ 查询没有选修 002 号课程的学生的学号及姓名。

⑥ 查询没有学生选修的课程的课程号及课程名称。

⑦ 查询选修了"数据库技术与应用"课程的学生的学号、姓名及系别。

⑧ 查询学号比"刘晨"大，而出生日期比他小的学生的姓名。

⑨ 查询学号比"刘晨"大的学生的姓名。

⑩ 查询与"李勇"生源地相同的学生的姓名。

（8）掌握插入、更新、删除数据记录的有效办法。

① 向 student 表插入记录(2005020302，张静，1981-3-21，女)。

② 插入学号为 20050302，姓名为"李四"，出生日期为"1981-3-21"的学生信息。

③ 将"李勇"的生源地改为"山东青岛"。

④ 将学号为 2005020202 的学生的姓名改为"张华"，生源地改为"山东青岛"。

⑤ 删除 sc 表中尚无成绩的选课记录。

⑥ 删除学号为 2005030201 的学生的记录。

⑦ 把"刘晨"的选修记录全部删除。

⑧ 把成绩低于总平均成绩的女生的成绩提高 5%。

⑨ 把山东青岛的学生记录保存到 TS 表(TS 表已存在，表结构与 student 表相同)中。

⑩ 把未选修课程的学生的信息删除。

⑪ 把选修了"数据库"课程而成绩不及格的学生的成绩全改为空值(NULL)。

⑫ 将学号为 20050201 的学生选修 003 号课程的成绩改为该课的平均成绩。

⑬ 删除山东潍坊所有学生的选课记录。

3. 思考题

（1）聚集函数能否直接使用在 SELECT 子句、HAVING 子句、WHERE 子句、GROUP BY 子句中？

（2）关键字 ALL 和 DISTINCT 的含义有什么不同？

（3）SELECT 语句中的通配符有几种？含义分别是什么？

（4）数据的范围除了可以利用 BETWEEN…AND 运算符表示外，能否用其他方法表示？怎样表示？

（5）指定一个较短的别名有什么好处？

（6）内连接与外连接有什么区别？

（7）嵌套查询中的"="与 IN 在什么情况下作用相同？

（8）使用存在量词[NOT]EXISTS 的嵌套查询时，何时外层查询的 WHERE 条件为真？何时为假？

（9）当既能用连接查询又能用嵌套查询时，应该选择哪种查询较好？为什么？

（10）如何从备份表中恢复 3 个表？

（11）DROP 命令和 DELETE 命令的本质区别是什么？

（12）利用 INSERT、UPDATE 和 DELETE 命令可以同时对多个表进行操作吗？

课外拓展　对网络玩具销售系统进行数据查询操作

1. 表的查询

（1）显示玩具名称中包含 Racer 的所有玩具的所有信息。

（2）显示所有名字以 s 开头的购物者。

（3）显示接受者所属的所有州，州名不应该有重复。

（4）显示所有玩具的名称及其所属的类别。

（5）显示所有玩具的订货代码、玩具代码、包装说明，格式见表 6.5。

表 6.5　格式 1

OrderNumber	ToyId	WrapperDescription

（6）显示所有玩具的名称、商标和类别，格式见表 6.6。

表 6.6　格式 2

ToyName	Rrand	Category

（7）显示购物者和接受者的名字，格式见表 6.7。

表 6.7　格式 3

ShopperName	ShopperAddress	RecipientName	RecipientAddress

（8）显示所有玩具的名称和购物车代码，格式见表 6.8。如果玩具不在购物车上，则应显示 NULL。

表 6.8　格式 4

ToyName	CartId
RobbytheWhale	000005
Water Channel System	NULL

> **提示**　使用左外连接。

（9）将所有价格高于¥20 的玩具的所有信息复制到一个名为 PremiumToys 的新表中。

（10）显示购物者和接受者的名字、姓、地址和城市，格式见表 6.9。

表 6.9　格式 5

FirstName	LastName	Address	City

（11）显示价格最贵的玩具的名称。

（12）查询订货（Orders）表中，运货方式代码（cShippingModeId）是 01 的总费用（mShipping Charges）（用 GROUP BY 和 HAVING 实现）。

（13）查询订货（Orders）表中，总费用（mTotalCost）最高的前 3 个订货单代码。

2．表的查询

（1）显示价格范围为¥10～¥20 的所有玩具的列表。

（2）显示属于 California 或 Illinois 州的购物者的名字、姓和 E-mail 地址。

（3）显示发生在 2001-05-20 的，总值超过¥75 的订货，格式见表 6.10。

表 6.10　格式 6

OrderNumber	OrderDate	ShopperId	TotalCost

（4）显示属于 Dolls 类，且价格小于¥20 的玩具的名称。

> **提示**　Dolls 的类别代码(CategoryId)为 002。

（5）显示没有任何附加信息的订货的全部信息。

（6）显示不住在 Texas 州的购物者的所有信息。

（7）显示所有玩具的名称和价格，格式见表 6.11。确保价格最高的玩具显示在列表顶部。

表 6.11　格式 7

ToyName	ToyRate

（8）升序显示价格小于¥20 的玩具的名称。

（9）显示订货代码、购物者代码和订货总值，按总值升序显示。

（10）显示本公司卖出的玩具的种数。

（11）显示玩具价格的最大值、最小值和平均值。

（12）显示所有订货的总值。

（13）在一次订货中，可以订购多个玩具。显示包含订货代码和每次订货的玩具总价的报表，格式见表 6.12。

表 6.12　格式 8

OrderNumber	TotalCostofToysforanOrder

（14）在一次订货中，可以订购多个玩具。显示包含订货代码和每次订货的玩具总价的报表。（条件：该次订货的玩具总价超过¥50。）

（15）根据 2000 年的售出数量，显示前 5 个 Pick of the Month 玩具的玩具代码。

（16）显示一张包含所有订货的订货代码、玩具代码和所有订货的玩具价格的报表。该报表应该既显示每次订货的总计，又显示所有订货的总计。

（17）显示玩具名、说明、所有玩具的价格，但只显示说明的前 40 个字母。

（18）显示所有运货的报表，格式见表 6.13。

表 6.13　格式 9

OrderNumber	ShipmentDate	ActualDeliveryDate	DaysinTransit

提示 运送天数（DaysinTransit）＝实际交付日期（ActualDeliveryDate）－运货日期（ShipmentDate）

（19）显示订货代码为 000009 的订货的报表，格式见表 6.14。

表 6.14 格式 10

OrderNumber	DaysinTransit

（20）显示所有的订货，格式见表 6.15。

表 6.15 格式 11

OrderNumber	ShopperId	DayofOrder	Weekday

GlobalToys 数据库中各表的说明见表 6.16～表 6.29。

表 6.16 Orders（订单）表

字段名	说明	键值	备注
cOrderNo	订单编号	PK	
dOrderDate	订单日期		
cCartId	购物车编号	FK	注 1
cShopperId	顾客编号	FK	注 2
cShippingModeId	运货方式代码		
mShippingCharges	运货费用		
mGiftWrapCharges	包装费用		
cOrderProcessed	订单是否处理		
mTotalCost	订单总价		商品总价+运货费用+包装费用
dExpDelDate	期望送货时间		

表 6.17 OrderDetail（订单细目）表

字段名	说明	键值	备注
cOrderNo	订单编号	PK	注 1: FK
cToyId	玩具编号		注 2: FK
siQty	玩具数量		
cGiftWrap	是否包装		是: Y, 否: N
cWrapperId	包装 ID	FK	注 3:
vMessage	信息		
mToyCost	玩具总价		玩具单价×数量

165

表 6.18　Toys（玩具）表

字段名	说明	键值	备注
cToyId	玩具编号	PK	
cToyName	玩具名称		
cToyDescription	玩具描述		
cCategoryId	玩具类别	FK	
mToyRate	玩具价格		
cBrandId	玩具品牌	FK	
imPhoto	图片		
siToyQoh	库存数量		
siLowerAge	年龄下限		
siUpperAge	年龄上限		
siToyWeight	玩具重量		
vToyImgPath	图片存放地址		

表 6.19　ToyBrand（玩具品牌）表

字段名	说明	键值	备注
cBrandId	品牌编号	PK	
cBrandName	品牌名称		

表 6.20　Category（玩具类别）表

字段名	说明	键值	备注
cCategoryId	类别编号	PK	
cCategory	类别名称		
vDescription	类别描述		

表 6.21　Country（国家）表

字段名	说明	键值	备注
cCountryId	国家编号	PK	
cCountry	国家名称		

表 6.22　PickOfMonth（月销售量）表

字段名	说明	键值	备注
cToyId	玩具编号	PK	
siMonth	月份		
iYear	年份		
iTotalSold	销售总量		

表 6.23　Recipient（接受者）表

字段名	说明	键值	备注
cOrderNo	订单编号	PK/FK	
vFirstName	接受者姓		
vLastName	接受者名		
vAddress	地址		
CCity	城市		
CState	州		
cCountryId	国家		
cZipCode	邮编		
cPhone	电话		

表 6.24　Shipment（运货）表

字段名	说明	键值	备注
cOrderNo	订单编号	PK/FK	
dShipmentDate	运货日期		
CDeliveryStatus	运货状态		d: 已送达 s: 未送达
DActualDeliveryDate	实际交付日期		

表 6.25　ShippingMode（运货方式）表

字段名	说明	键值	备注
cModeId	运货方式代码	PK	
cMode	运货方式		
iMaxDelDays	最长运货时间		

表 6.26　ShippingRate（运价表）表

字段名	说明	键值	备注
cCountryID	国家编号	PK	
cModeId	运货方式		
mRatePerPound	运价比		每磅运价比率

表 6.27　Shopper（顾客）表

字段名	说明	键值	备注
cShopperId	顾客编号	PK	
cPassword	密码		
vFirstName	姓		
vLastName	名		
vEmailId	E-mail		
vAddress	地址		

续表

字段名	说明	键值	备注
cCity	城市		
cState	州		
cCountryId	国家编号		
cZipCode	邮编		
cPhone	电话		
cCreditCardNo	信用卡号		
vCreditCardType	信用卡类型		
dExpiryDate	有效期限		

表 6.28　ShoppingCart（购物车）表

字段名	说明	键值	备注
cCartId	购物车编号	PK	
cToyId	玩具编号		
siQty	玩具数量		

表 6.29　Wrapper（包装）表

字段名	说明	键值	备注
cWrapperId	包装编号	PK	
vDescription	描述		
mWrapperRate	包装费用		
imPhoto	图片		
VWrapperImgPath	图片存放地址		

习题

1. 选择题

（1）设有关系 R(A,B,C)和 S(C,D)，与关系代数表达式 $\pi_{A,B,D}(\sigma_{R.C=S.C}(R\bowtie S))$ 等价的 SQL 语句是（　　）。

　　A. SELECT * FROM R，S WHERE R.C=S.C

　　B. SELECT A,B,D FROM R,S WHERE R.C=S.C

　　C. SELECT A,B,D FROM R,S WHERE R=S

　　D. SELECT A,B FROM R WHERE(SELECT D FROM S WHERE R.C=S.C

（2）关系 $R(A,B,C)$ 与 SQL 语句"SELECT DISTINCT A FROM R WHERE B=17"等价的关系代数表达式是（　　）。

　　A. $\pi_A(\sigma_{B=17}(R))$ 　　　　　　B. $\sigma_{B=17}(\pi_A(R))$

　　C. $\sigma_{B=17}(\pi_{A,C}(R))$ 　　　　　D. $\pi_{A,C}(\sigma_{B=17}(R))$

下面第(3)~(6)题，基于"学生-选课-课程"数据库中的 3 个关系。

S(S#,SNAME,SEX,DEPARTMENT)，主码是 S#

C(C#,CNAME,TEACHER)，主码是 C#

SC(S#,C#,GRADE)，主码是(S#，C#)

（3）查找每个学生的学号、姓名、选修的课程名和成绩，将使用关系（　　　）。

A. 只有 S,SC　　　　　　B. 只有 SC,C　　　　　　C. 只有 S,C　　　　　D. S,SC,C

（4）若要查找姓"王"的学生的学号和姓名，则下面的 SQL 语句中，哪个（些）是正确的?
（　　　）。

Ⅰ. SELECT S#,SNAME FROM S WHERESNAME='王%'

Ⅱ. SELECT S#,SNAME FROM S WHERE SNAME LIKE '王%'

Ⅲ. SELECT S#,SNAME FROM S WHERESNAME LIKE '王_'

A. Ⅰ　　　　　　　　B. Ⅱ　　　　　　　　C. Ⅲ　　　　　　　D. 全部

（5）若要"查询选修了 3 门以上课程的学生的学号"，则正确的 SQL 语句是（　　　）。

A. SELECT S#　FROM SC GROUP BY S#　WHERE COUNT(*)> 3

B. SELECT S#　FROM SC GROUP BY S#　HAVING COUNT(*)> 3

C. SELECT S#　FROM SC ORDER BY S#　WHERE COUNT(*)> 3

D. SELECT S#　FROM SC ORDER BY S#　HAVING COUNT(*)> 3

（6）若要查找"张劲老师执教的数据库课程的平均成绩、最高成绩和最低成绩"，则使用关系
（　　　）。

A. S 和 SC　　　　　　B. SC 和 C　　　　　　C. S 和 C　　　　　D. S、SC 和 C

下面第（7）~（10）题基于学生表 S、课程表 C 和学生选课表 SC，它们的关系模式如下。

S（S#,SN,SEX,AGE,DEPT）（学号,姓名,性别,年龄,系别）

C（C#,CN)(课程号,课程名称）

SC（S#,C#,GRADE）（学号,课程号,成绩）

（7）检索所有比"王华"年龄大的学生的姓名、年龄和性别，下面的 SELECT 语句正确的是
（　　　）。

A. SELECT SN,AGE,SEX FROM S WHERE AGE>(SELECT AGE FROM S WHERE
SN='王华')

B. SELECT SN,AGE,SEX FROM S WHERE SN='王华'

C. SELECT SN,AGE,SEX FROM S WHERE AGE>(SELECT AGE WHERE SN='王华')

D. SELECT SN,AGE,SEX FROM S WHERE SGE>王华.AGE

（8）检索 C2 课程成绩最高的学生的学号，下面的 SELECT 语句正确的是（　　　）。

A. SELECT S#　FROM SC WHERE C#='C2' AND GRADE>=
(SELECT GRADE FROM SC WHERE C#='C2')

B. SELECT S#　FROM SC WHERE C#='C2' AND GRADE IN
(SELECT GRADE FROM SC WHERE C#='C2')

C. SELECT S#　FROM SC WHERE C#='C2' AND GRADE NOT IN
(SELECT GRADE GORM SC WHERE C#='C2')

D. SELECT S#　FROM SC WHERE C#='C2' AND GRADE>=ALL
　　(SELECT GRADE FROM SC WHERE C#='C2')

（9）检索学生姓名及其所选修课程的课程号和成绩，下面的 SELECT 语句正确的是（　　）。

A. SELECT S.SN,SC.C#,SC.GRADE FROM S WHERE S.S#=SC.S#

B. SELECT S.SN, SC.C#,SC.GRADE FROM SC WHERE S.S#=SC.GRADE

C. SELECT S.SN,SC.C#,SC.GRADE FROM S, SC WHERE S.S#=SC.S#

D. SELECT S.SN,SC.C#,SC.GRADE FROM S,SC

（10）检索选修了 4 门以上课程的学生总成绩（不统计不及格的课程），并要求按总成绩降序排列，正确的 SELECT 语句是（　　）。

A. SELECT S#,SUM(GRAGE) FROM SC WHERE GRADE>=60 GROUP BY S# ORDER BY S# HAVING COUNT(*)>=4

B. SELECT S#,SUM(GRADE) FROM SC WHERE GRADE>=60 GROUP BY S# HAVING COUNT(*)>=4 ORDER BY 2 DESC

C. SELECT S#,SUM(GRADE) FROM SC WHERE GRADE>=60 HAVING COUNT(*)<=4 GROUP BY S# ORDER BY 2 DESC

D. SELECT S#,SUM(GRADE) FROM SC WHERE GRADE>=60 HAVING COUNT(*)>=4 GROUP BY S# ORDER BY 2

（11）数据库见表 6.30 和表 6.31，若职工表的主关键字是职工号，部门表的主关键字是部门号，则不能执行的 SQL 操作是（　　）。

A. 从职工表中删除行(025,王芳,03,720)

B. 将行（005,乔兴,04,720）插入职工表中

C. 将职工号为 001 的职工的工资改为 700

D. 将职工号为 038 的职工的部门号改为 03

表 6.30　职式表

职工号	职工名	部门号	工资
001	李红	01	580
005	刘军	01	670
025	王芳	03	720
038	张强	02	650

表 6.31　部门表

部门号	部门名	主任
01	人事处	高平
02	财务处	蒋华
03	教务处	许红
04	学生处	杜琼

（12）若用如下的 SQL 语句创建一个 STUDENT 表。

CREATE TABLE STUDENT

    (NO char(4)NOT NULL,

    NAME char(8)NOT NULL,

    SEX char(2),

    AGE int)

可以插入 STUDENT 表中的是（   ）。

A. ('1031', '曾华', '男', '23')　　　　　B. ('1031', '曾华',NULL,NULL)

C. (NULL, '曾华', '男', 23)　　　　　　D. ('1031',NULL, '男',23)

（13）有关系 S(S#,SNAME,SAGE)，C(C#,CNAME)，SC(S#,C#,GRADE)。查询选修了 ACCESS 课程的年龄不小于 20 的全体学生姓名的 SQL 语句是 "SELECT SNAME FROM S,C,SC WHERE 子句"。这里的 WHERE 子句的内容是()。

A. S.S#=SC.S# AND C.C#=SC.C# AND SAGE>=20 AND CNAME='ACCESS'

B. S.S#=SC.S# AND C.C#=SC.C# AND SAGE IN >=20 AND CNAME IN 'ACCESS'

C. SAGE>=20 AND CNAME='ACCESS'

D. SAGE>=20 AND CNAME IN 'ACCESS'

（14）设关系数据库中有一个表 S 的关系模式为 S(SN,CN,GRADE)，其中 SN 为学生名，CN 为课程名，二者为字符型；GRADE 为成绩，数值型，取值范围为 0~100。若要更正"王二"的化学成绩为 85 分，则可用（   ）。

A. UPDATE S SET GRADE=85 WHERE SN='王二' AND CN='化学'

B. UPDATE S SET GRADE='85' WHERE SN='王二' AND CN='化学'

C. UPDATE GRADE=85 WHERE SN='王二' AND CN='化学'

D. UPDATE GRADE='85' WHERE SN='王二' AND CN='化学'

（15）在 SQL 中，子查询是（   ）。

A. 返回单表中数据子集的查询语句　　　B. 选取多表中字段子集的查询语句

C. 选取单表中字段子集的查询语句　　　D. 嵌入另一个查询语句中的查询语句

（16）在 SQL 中，条件"年龄 BETWEEN 20 AND 30"表示年龄在 20~30 之间，且（   ）。

A. 包括 20 岁和 30 岁　　　　　　　B. 不包括 20 岁和 30 岁

C. 包括 20 岁但不包括 30 岁　　　　　D. 包括 30 岁但不包括 20 岁

（17）下列聚合函数不忽略空值(NULL)的是（   ）。

A. SUM(列名)　　B. MAX(列名)　　　C. COUNT(*)　　D. AVG(列名)

（18）在 SQL 中，下列涉及空值的操作，不正确的是（   ）。

A. AGE IS NULL　　　　　　　　　B. AGE IS NOT NULL

C. AGE=NULL　　　　　　　　　　D. NOT(AGE IS NULL)

（19）已知学生选课信息表：sc(sno,cno,grade)。查询"至少选修了一门课程，但没有学习成绩的学生的学号和课程号"的 SQL 语句是（   ）。

A. SELECT sno,cno FROM sc WHERE grade=NULL

B. SELECT sno,cno FROM sc WHERE grade IS ' '

    C．SELECT sno,cno FROM sc WHERE grade IS NULL

    D．SELECT sno,cno FROM sc WHERE grade=' '

（20）有如下的 SQL 语句。

    Ⅰ．SELECT sname FROM s, sc WHERE grade<60

    Ⅱ．SELECT sname FROM s WHERE sno IN(SELECT sno FROM sc WHERE grade<60)

    Ⅲ．SELECT sname FROM s, sc WHERE s.sno=sc.sno AND grade<60

若要查找分数（grade）不及格的学生的姓名（sname），则以上语句正确的有哪些？（   ）

    A．Ⅰ和Ⅱ   B．Ⅰ和Ⅲ   C．Ⅱ和Ⅲ   D．Ⅰ、Ⅱ和Ⅲ

2．填空题

（1）关系 $R(A, B, C)$ 和 $S(A, D, E, F)$，有 $R.A=S.A$。将关系代数表达式 $\pi_{R.A,R.B,S.D,S.F}(R\infty S)$ 用 SQL 的查询语句表示，则为 SELECT R.A,R.B,S.D,S.F FROM R,S WHERE_____。

（2）SELECT 语句中的_____子句用于选择满足给定条件的元组，使用_____子句可按指定列的值分组，使用_____可提取满足条件的组。若希望将查询结果排序，则应在 SELECT 语句中使用_____子句，其中，_____选项表示升序，_____选项表示降序。若希望查询的结果不出现重复元组，则应在 SELECT 子句中使用_____保留字。在 WHERE 子句的条件表达式中，字符串匹配的操作符是_____，与 0 个或多个字符匹配的通配符是_____，与单个字符匹配的通配符是_____。

（3）子查询的条件不依赖于父查询，这类查询称为_____，否则称为_____。

（4）有学生信息表 student，求年龄在 20～22 岁（含 20 岁和 22 岁）的学生的姓名和年龄的 SQL 语句是 SELECT sname,age FROM student WHERE age_____。

（5）"学生选课"数据库中的两个关系如下。

    S(SNO,SNAME,SEX,AGE),SC(SNO,CNO,GRADE)

则与 SQL 命令"SELECT SNAME FROM S WHERE SNO IN(SELECT SNO FROM SC WHERE GRADE<60)"等价的关系代数表达式是_____。

（6）"学生-选课-课程"数据库中的 3 个关系如下。

    S(S#,SNAME,SEX,AGE)，SC(S#,C#,GRADE)，C(C#,CNAME,TEACHER)。要查找选修"数据库技术"课程的学生的姓名和成绩，可使用如下的 SQL 语句。

    SELECT SNAME,GRADE FROM S,SC,C WHERE CNAME='数据库技术' AND S.S#=SC.S# AND_____。

（7）设有关系 SC(sno, cname, grade)，各属性的含义分别为学号、课程名、成绩。将所有学生的"数据库技术"课程的成绩增加 5 分的 SQL 语句是_____ grade = grade+5 WHERE cname='数据库技术'。

3．综合练习题

（1）现有如下关系。

学生（学号，姓名，性别，专业，出生日期）

教师（教师编号，姓名，所在部门，职称）

授课（教师编号，学号，课程编号，课程名称，教材，学分，成绩）

用 SQL 完成下列功能。

① 删除学生表中学号为 20013016 的学生的记录。

② 将编号为 003 的教师所在的部门改为"电信系"。

③ 向学生表增加一个"奖学金"列，其数据类型为数值型。

（2）现有如下关系。

学生 S（S#,SNAME,AGE,SEX）

学习 SC（S#, C#, GRADE）

课程 C（C#, CNAME, TEACHER）

用 SQL 语句完成下列功能。

① 统计有学生选修的课程数。

② 求选修 C4 课程的学生的平均年龄。

③ 求"李文"教师所授每门课程的平均成绩。

④ 检索姓"王"的所有学生的姓名和年龄。

⑤ 在基本表 S 中检索每一门课程的成绩都大于等于 80 分的学生的学号、姓名和性别，并把检索到的值送往另一个已存在的基本表 STUDENT（S#, SNAME, SEX）中。

⑥ 向基本表 S 中插入一个学生元组（S9, WU, 18, F）。

⑦ 把低于总平均成绩的女生的成绩提高 10%。

⑧ 把学生"王林"的选课记录和成绩全部删除。

（3）设要创建学生选课数据库，其中包括学生表、课程表和选课 3 个表，其表结构如下。

学生（学号，姓名，性别，年龄，所在系）

课程（课程号，课程名，开课学期）

选课（学号，课程号，成绩）

用 SQL 语句完成下列操作。

① 创建学生选课数据库。

② 创建学生表、课程表和选课表，其中学生表中"性别"的域为"男"或"女"，默认值为"男"。

第三篇

高级应用篇

项目7
优化查询学生信息管理数据库

07

项目描述：

为了提高学生信息管理系统中数据的安全性、完整性和查询速度，在应用系统开发过程中，可以充分利用索引、视图来提高系统的性能。

学习目标：

- 了解索引、视图的作用
- 掌握索引、视图的创建及使用方法
- 掌握索引、视图修改及删除方法

任务 7-1 使用索引优化查询性能

【任务分析】

如何合理地设计数据库的索引，以提高数据的查询速度和效率，提高系统的性能。

【课堂任务】

理解索引的概念及作用。

- 索引的概念及类型
- 索引的创建和管理

在关系型数据库中，索引是一种可以加快检索数据的数据库结构，主要用于提高查询性能。因为索引可以从大量的数据中迅速找到需要的数据，不需要检索整个数据库，从而大大提高了检索的效率。

（一）索引概述

在关系数据库中，索引是一种单独的、物理的对数据库表中一列或多列的值进行排序的存储结构。索引是依赖于表建立的，提供了数据库中编排表中数据的内部方法。表的存储由两部分组成，一部分是表的数据界面，另一部分是索引界面。索引就存放在索引界面上。通常，索引界面相对于数据界面小得多。检索数据时，系统先搜索索引界面，从中找到所需数据的指针，再直接通过指针从数据界面读取数据。从某种程度上，可以把数据库看作一本书，把索引看作书的目录，通过目录查找书的内容，这种方式显然比不通过目录查找要方便、快捷。

索引一旦创建，就由数据库自动管理和维护。例如，向表插入、更新和删除一条记录时，数据库会自动在索引中做出相应的修改。在编写 SQL 查询语句时，具有索引的表与不具有索引的表没有任何区别，索引只是提供一种快速访问指定记录的方法。

1. 索引可以提高数据的访问速度

只要为适当的字段建立索引，就能大幅度提高下列操作的速度。

（1）查询操作中 WHERE 子句的数据提取。

（2）查询操作中 ORDER BY 子句的数据排序。

（3）查询操作中 GROUP BY 子句的数据分组。

（4）更新和删除数据记录。

2. 索引可以确保数据的唯一性

创建唯一性索引可以保证表中数据记录不重复。

虽然索引具有诸多优点，但是仍要注意避免在一个表上创建大量的索引，因为这样不但会影响插入、删除、更新数据的性能，还会在更改表中的数据时，增加调整所有索引的操作，降低系统的维护速度。

（二）索引的类型

SQL Server 2016 的索引有聚集索引（CLUSTERED INDEX）、非聚集索引（NONCLUSTERED INDEX）、唯一索引（UNIQUE INDEX）、XML 索引（XML INDEX）、空间索引（SPATIAL INDEX）等类型。本书重点介绍前三种。

1. 聚集索引

除了个别表之外，每个表都应该有聚集索引。聚集索引除了可以提高查询性能之外，还可以按需重新生成或重新组织表碎片，也可以对视图创建聚集索引。

在聚集索引中，行的物理存储顺序与索引顺序完全相同，即索引的顺序决定了表中行的存储顺序。每个表只能有一个聚集索引，因为数据行本身只能按一个顺序存储。

在创建 PRIMARY KEY 约束时，如果该表的聚集索引不存在且未指定唯一非聚集索引，则将自动对一列或多列创建唯一聚集索引。主键列不允许空值。

2. 非聚集索引

非聚集索引是一种与存储在表中的数据相分离的索引结构，可对一个或多个选定列重新排序。非聚集索引通常能够以比搜索基础表更快的速度查找数据；有时可以完全由非聚集索引中的数据完成查询，或非聚集索引可将数据库引擎指向基础表中的行。

一般来说，创建非聚集索引是为了提高聚集索引不涵盖的，又频繁使用的这类查询的性能，或在没有聚集索引的表（称为堆）中查找行。可以对表或索引视图创建多个非聚集索引。

在创建 UNIQUE 约束时，默认情况下将创建唯一非聚集索引，以便强制进行 UNIQUE 约束。

如果不存在该表的聚集索引，则可以指定唯一聚集索引。

非聚集索引适合于不返回大量结果集的查询。应为联接（JOIN）和分组(GROUP BY)操作涉及的列创建多个非聚集索引。

3. 唯一索引

唯一索引能够保证索引键中不包含重复的值，从而使表中的每一行从某种方式上具有唯一性。只有当唯一性是数据本身的特征时，指定唯一索引才有意义。

聚集索引和非聚集索引都可以是唯一的。只要列中的数据是唯一的，就可以为同一个表创建一个唯一聚集索引和多个唯一非聚集索引。

创建 PRIMARY KEY 或 UNIQUE 约束时会自动为指定的列创建唯一索引。创建 UNIQUE 约束和创建独立于约束的唯一索引没有明显区别，两者数据验证的方式是相同的，而且查询优化器不会区分唯一索引是由约束创建的还是手动创建的。但是，如果是要实现数据完整性，则应为列创建 UNIQUE 或 PRIMARY KEY 约束，这样才能使索引的目标明确。

（三）索引的设计原则

索引设计不佳和缺少索引都会影响数据库的应用性能。设计高效的索引对于获得良好的数据库和应用程序性能极为重要。设计索引应该遵循以下原则。

1. 索引并非越多越好

对表编制大量索引会影响 INSERT、UPDATE、DELETE 等语句的性能，因为当表中的数据更改时，所有索引都必须适当调整。例如，在多个索引中使用了某列，并且执行了修改该列数据的 UPDATE 语句时，必须更新包含该列的每个索引以及基表中的该列。

避免对经常更新的表创造过多的索引，并且索引应保持较窄，就是说，列要尽可能少。

使用多个索引可以提高更新少而数据量大的查询的性能。大量索引可以提高不修改数据的查询（如 SELECT 语句）的性能，因为查询优化器有更多的索引可供选择，从而可以确定最快的访问方法，所以要具体情况具体分析。

2. 数据量小的表最好不要使用索引

对数据量小的表进行索引可能不会产生优化效果，因为查询优化器在遍历用于搜索数据的索引时，花费的时间可能比执行简单的表扫描还长。因此，数据量小的表的索引可能从来不用，但仍必须在表中的数据更改时维护。

3. 在不同值少的列上不要建立索引

在条件表达式中经常用到在不同值较多的列上建立的索引，在不同值少的列上不要建立索引。例如，学生表的"性别"字段只有"男"和"女"两个不同值，因此无需建立索引。如果建立索引，则不仅不会提高查询效率，反而会严重降低更新速度。

4. 指定唯一索引是由某种数据本身的特征来决定的

当唯一性是某种数据本身的特征时，指定唯一索引。例如，学生表中的"学号"字段就具有唯一性，对该字段建立唯一索引可以快速确定某个学生的信息。使用唯一索引需能确保列的数据完整性，以提高查询速度。

5. 为经常需要排序、分组和联合操作的字段建立索引

在频繁进行排序或分组的列上建立索引，如果待排序的列有多个，则可以在这些列上建立组合索引。

（四）创建索引

创建索引是指在某个表的一列或多列上建立一个索引，以提高访问表的速度。在实际创建索引之前，要注意如下事项。

（1）当给表创建 PRIMARY 或 UNIQUE 约束时，SQL Server 会自动创建索引。

（2）索引的名称必须符合 SQL Server 的命名规则，且必须是表中唯一的。

（3）可以在创建表时创建索引，或是给现存表创建索引。

（4）只有表的所有者才能给表创建索引。

创建唯一性索引时，应保证创建索引的列不包括重复的数据，并且没有两个或两个以上的空值(NULL)。因为创建索引时，将两个空值也视为重复的数据，如果有这种数据，必须先将其删除，否则不能成功创建索引。

微课 7-2：使用
SSMS 创建索引

1. 使用 SSMS 创建索引

下面为 grademanager 数据库中的 student 表创建一个非聚集索引 index_sname，操作步骤如下。

（1）启动 SSMS，在【对象资源管理器】窗格中，连接到数据库引擎的实例。

（2）展开【数据库】|【grademanager】|【表】|【student】节点，用鼠标右键单击【索引】节点，在弹出的快捷菜单中选择【新建索引】命令，在下一级菜单中选择【非聚集索引】命令，如图 7.1 所示。

图 7.1 选择【非聚焦索引】命令

（3）打开【新建索引】窗口，在【选择页】列表中选择【常规】选项，输入索引名称，选择索引类型、是否唯一索引等，如图 7.2 所示。

（4）单击【添加】按钮，打开【从"dbo.student"中选择列】对话框，在【选择要添加到索引的表列：】列表框中选中 sname 复选框，如图 7.3 所示。

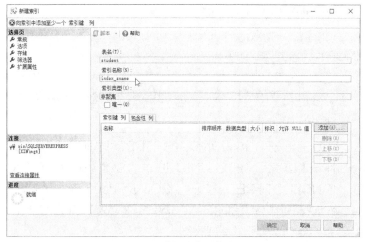

图 7.2 【新建索引】窗口

图 7.3 选择索引列

（5）单击【确定】按钮，返回【新建索引】窗口，单击【确定】按钮，在【索引】节点下生成一个名为"index_sname(不唯一，非聚性)"的索引，说明该索引创建成功，如图 7.4 所示。

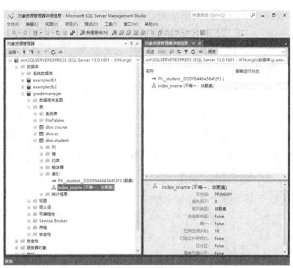

图 7.4 索引创建成功

微课 7-3: 使用
CREATE INDEX
语句创建索引

2. 使用 SQL 语句创建索引

可以用 CREATE INDEX 语句在一个已经存在的表上创建索引,CREATE INDEX 语句的格式如下。

```
CREATE [UNIQUE] [CLUSTERED|NONCLUSTERED] INDEX index_name
    ON {table|view} (column[ASC|DESC][,…n])
    [ON filegroup]
```

参数说明如下。

（1）UNIQUE、CLUSTERED 和 NONCLUSTERED 选项:指定所创建索引的类型分别为唯一性索引、聚集索引和非聚集索引。省略 UNIQUE 时,SQL Server 创建的是非唯一性索引;省略 CLUSTERED|NONCLUSTERED 选项时,SQL Server 创建的是非聚集索引。

（2）index_name:说明所创建索引的名称,索引名称应遵守 SQL Server 标识符命名规则。

（3）table|view:指定要创建索引的表或视图。

（4）column:指定索引的键列,可以是一列或多列。

（5）ASC|DESC:指定索引列的排序方式是升序还是降序,默认为升序 ASC。

（6）ON filegroup 子句:指定保存索引文件的数据库文件组名称。

【例 7.1】 为 student 表的 sno 列创建一个唯一性聚集索引,索引排列顺序为降序。

```
CREATE UNIQUE CLUSTERED INDEX sno_student ON student(sno DESC)
```

注意 执行此命令前,先删除原来该表的主关键字约束。

提示 主关键字约束相当于聚集索引和唯一索引的结合,因此,当一个表中预先存在主关键字约束时,不能建立聚集索引,也没必要再建立聚集索引。

【例 7.2】 为 student 表的 sname 列创建一个非聚集索引,索引排列顺序为降序。

```
CREATE NONCLUSTERED INDEX sname_student ON student(sname DESC)
```

（五）删除索引

微课 7-4: 索引的
删除

当索引不再需要时,可以使用 SSMS 和 DROP INDEX 语句删除索引。

1. 使用 SSMS 删除索引

（1）启动 SSMS,在【对象资源管理器】窗格中,连接到数据库引擎的实例。

（2）展开实例服务器下的【数据库】|【grademanager】|【表】|【student】|【索引】节点,用鼠标右键单击要删除的索引,在弹出的快捷菜单中选择【删除】命令。

（3）在打开的【删除对象】界面中,单击【确定】按钮即可。

2. 使用 DROP INDEX 语句删除索引

使用 DROP INDEX 语句删除索引的语句格式如下。

```
DROP INDEX <表名.索引名>
```
或
```
DROP INDEX <索引名> ON <表名>
```

例如,删除 student 表的 sname_student 索引。

```
DROP INDEX student.sname_student
```
或
```
DROP INDEX sname_student ON student
```

提示 ① 可以用一条 DROP INDEX 语句删除多个索引，索引名之间用逗号隔开。

② DROP INDEX 命令不能删除由 CREATE TABLE 或 ALTER TABLE 命令创建的 PRIMARY KEY 或 UNIQUE 约束索引。

任务 7-2 使用视图优化查询性能

【任务分析】

合理设计数据库的视图，以提高数据的存取性能和操作速度，从而进一步提高系统的性能。

【课堂任务】

理解视图的作用及使用。

* 视图的概念及作用
* 视图的创建、修改和删除

（一）视图概述

视图（View）是以基表（Table）为基础，通过 SELECT 查询语句从一个或多个表中导出来的虚拟表。在定义一个视图时，只是把其定义存放在数据库中，并不直接存储视图对应的数据，只有用户使用视图时，才去查找对应的数据。

使用视图具有如下优点。

微课 7-5：视图
概述

（1）简化对数据的操作。视图可以简化用户操作数据的方式。可以将经常使用的连接、投影、联合查询和选择查询定义为视图，这样在每次执行相同的查询时，不必重写这些复杂的语句，只要一条简单的查询视图语句即可。视图可向用户隐藏表与表之间复杂的连接操作。

（2）自定义数据。视图能让不同用户以不同方式看到不同或相同的数据集，即使不同水平的用户共用同一数据库时，也是如此。

（3）数据集中显示。视图使用户着重于其感兴趣的某些特定数据或所负责的特定任务，从而提高数据操作效率，并增强数据的安全性，因为用户只能看到视图定义的数据，而不是基本表中的数据。例如，student 表涉及 3 个系的学生数据，可以在其上定义 3 个视图，每个视图只包含一个系的学生数据，并只允许每个系的学生查询自己所在系的学生视图。

（4）导入和导出数据。可以使用视图将数据导入或导出。

（5）合并分割数据。在某些情况下，由于表中数据量太大，在表的设计过程中可能需要经常对表进行水平分割或垂直分割，但表结构的变化会对应用程序产生不良的影响。使用视图可以重新保持原有的结构关系，从而使外模式保持不变，原有的应用程序仍可以通过视图来重载数据。

（6）安全机制。视图可以作为一种安全机制。通过视图，用户只能查看和修改他们能看到的数据。其他数据库或表既不可见，也不可访问。

（二）创建视图

微课 7-6：使用
SSMS 创建视图

在 SQL Server 中，可以使用 SSMS 和 CREATE VIEW 语句创建视图。

1. 使用 SSMS 创建视图

下面为 grademanager 数据库创建一个视图，要求连接 student 表、sc 表和 course 表，操作步骤如下。

（1）启动 SSMS，在【对象资源管理器】窗格中，连接到数据库引擎的实例。

（2）展开【数据库】|【grademanager】，用鼠标右键单击【视图】节点，在弹出的快捷菜单中选择【新建视图】命令。

（3）打开【添加表】对话框，在此对话框中可以看到，视图的基表可以是表，也可以是视图、函数或同义词。这里使用表作为视图的基表，在【表】选项卡中选择 student 表、sc 表和 course 表，如图 7.5 所示。

（4）选择指定的表后，单击【添加】按钮，如果不再需要添加，则可以单击【关闭】按钮，关闭【添加表】对话框。

（5）在视图窗口的关系图窗格中，显示了 student 表、sc 表和 course 表的全部列信息，在此可选择视图包含的列，如选择 student 表中的 sno、sname 和 ssex 列，sc 表中的 degree 列，course 表中的 cname 列，在下面的条件窗格中显示了选择的列。在 SQL 语句窗格中显示了创建视图的 SELECT 语句，如图 7.6 所示。

图 7.5 【添加表】对话框

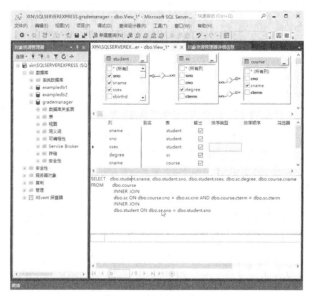

图 7.6 创建视图窗口

（6）单击工具栏上的【存盘】按钮，在弹出的【选择名称】窗口中输入视图名称 View_degree，单击【确定】按钮即可。然后可以查看【视图】节点下是否存在视图 View_degree，如果存在，则表示创建成功。

 提示 保存视图时，保存的是视图的定义，是定义视图的 SELECT 查询语句，而不是 SELECT 查询的结果。

2. 使用 CREATE VIEW 语句创建视图

在 SQL 中，使用 CREATE VIEW 语句创建视图，其语法格式如下。

微课 7-7：使用 **CREATE VIEW** 语句创建视图

```
CREATE VIEW view_name [(Column [,…n])]
    [WITH ENCRYPTION]
    AS SELECT_statement
    [WITH CHECK OPTION]
```

其中参数含义如下。

（1）view_name：要创建的视图的名称，遵循数据库标识符命名规则，并且在一个数据库中要保证是唯一的，该参数不能省略。

（2）Column：声明视图中使用的列。

（3）WITH ENCRYPTION：给系统表 syscomments 中定义视图的 SELECT 命令加密。

（4）AS：说明视图要完成的操作。

（5）select_statement：定义视图的 SELECT 命令。

 注意 视图中的 SELECT 命令不能包括 INTO、ORDER BY 等子句。

（6）WITH CHECK OPTION：强制所有通过视图修改的数据满足 select_statement 语句中指定的选择条件。

视图创建成功后，可以在 SSMS 的对象资源管理器中看到新定义的视图。视图可以由一个或多个表或视图定义。

【例 7.3】 有条件的视图定义。定义视图 v_student，查询所有选修"数据库"课程的学生的学号（sno）、姓名（sname）、课程名称（cname）和成绩（degree）。

该视图的定义涉及了 student 表、course 表和 sc 表。

```
CREATE VIEW v_student
AS
    SELECT A.sno,sname,cname,degree
    FROM student A,course B,sc C
    WHERE A.sno=C.sno AND B.cno=C.cno AND cname='数据库'
```

视图定义后，可以像基本表一样进行查询。例如，要查询上述定义的视图 v_student，可以使用如下命令。

```
SELECT * FROM v_student
```

（三）使用视图

视图的使用主要包括视图的检索，通过视图对基表进行插入、修改、删除操作。视图的检索几乎没有什么限制，但是对通过视图实现表的插入、修改、删除操作则有一定的限制条件。

1. 使用视图进行数据检索

视图的查询总是转换为对它所依赖的基本表的等价查询。利用 SQL 的 SELECT 命令和 SSMS 管理工具都可以查询视图，其使用方法与基本表的查询完全一样。

2. 通过视图修改数据

视图也可以使用 INSERT 命令插入行，执行 INSERT 命令，实际上是向视图引用的基本表插入行。在视图中使用 INSERT 命令与在基本表中使用 INSERT 命令的格式完全一样。

【例 7.4】 利用视图向 student 表插入一条数据。先创建 v1_student 视图，脚本如下。

```
CREATE VIEW v1_student
AS
    SELECT sno,sname,saddress
    FROM student
```

执行以下脚本。

```
INSERT INTO v1_student
    VALUES('20050203','王小龙','山东省青岛市')
```

查看结果的脚本如下。

```
SELECT *
    FROM student WHERE sname='王小龙'
```

从图 7.7 所示的执行结果可以看出，数据在基本表中已经正确插入。

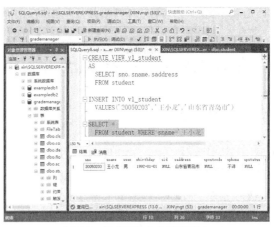

图 7.7 执行添加命令后的结果

提示 如果视图中有以下属性，则插入、更新和删除基表将失败。

① 视图定义中的 FROM 子句包含两个或多个表，且 SELECT 选择列表达式中的列包含来自多个表的列。

② 视图的列是从集合函数派生的。

③ 视图中的 SELECT 语句包含 GROUP BY 子句或 DISTINCT 选项。

④ 视图的列是从常量或表达式派生的。

【例 7.5 】 将例 7.4 中插入的数据删除。

```
DELETE FROM v1_student WHERE sname='王小龙'
```

例 7.5 执行后会将基本表 student 中的所有 sname 为"王小龙"的记录删除。

（四）修改视图

视图创建之后，由于某种原因（如基本表中的列发生了改变，或需要在视图中增／删若干列等），需要修改视图。

微课 7-9：视图的
修改

1. 使用 SSMS 修改视图

（1）启动 SSMS，在【对象资源管理器】窗格中，连接到数据库引擎的实例。

（2）展开【数据库】|grademanager|【视图】节点，用鼠标右键单击要修改的视图，在快捷菜单中选择【设计】命令，进入视图设计窗口修改视图。

2. 使用 ALTER VIEW 语句修改视图

在 SQL 中，ALTER VIEW 语句的语法格式如下。

```
ALTER VIEW view_name [(Column[,…n])]
    [WITH ENCRYPTION]
    AS SELECT_statement
    [WITH CHECK OPTION]
```

命令行中的参数与 CREATE VIEW 命令中的参数含义相同。

提示 如果在创建视图时使用了 WITH ENCRYPTION 选项和 WITH CHECK OPTION 选项，则在使用 ALTER VIEW 命令时，也必须包括这些选项。

【例 7.6 】 修改例 7.4 中的视图 v1_student。

```
ALTER VIEW v1_student
AS SELECT sno,sname FROM student
```

（五）删除视图

视图创建后，随时可以删除。删除操作很简单，通过 SSMS 和 DROP VIEW 语句都可以完成。

1. 使用 SSMS 删除视图

操作步骤如下。

（1）在当前数据库中展开【视图】节点。

（2）用鼠标右键单击要删除的视图（如 v1_student），在弹出的快捷菜单中选择【删除】命令。

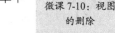

微课 7-10：视图
的删除

（3）在打开的【删除对象】窗口中单击【确定】按钮即可。

提示 如果某视图在另一视图定义中被引用，删除这个视图后，调用另一视图，会出现错误提示。因此，通常基于数据表定义视图，而不是基于其他视图来定义视图。

2. 使用 DROP VIEW 语句删除视图

语法格式如下。

```
DROP VIEW {view} [,…n]
```

DROP VIEW 命令可以删除多个视图，各视图名之间用逗号分隔。

【例 7.7】 删除视图 v1_student。

```
DROP VIEW v1_student
```

 提示 删除视图时，将从系统目录中删除视图的定义、有关视图的其他信息，以及视图的所有权限。

实训　创建与管理索引和视图

1. 实训目的

（1）理解索引的概念和类型。

（2）掌握索引的创建、更改和删除。

（3）理解视图的概念及优点。

（4）掌握视图的创建、修改和删除。

（5）掌握使用视图来查询数据的方法。

2. 实训内容和要求

以下实训内容均对 gradem 数据库中的表进行操作。

（1）使用 SSMS 创建、管理索引

① 创建索引。

为 student 表的 sname 列创建一个非聚集索引 index_sname，索引排列顺序为降序。

② 删除索引。

删除索引 index_sname。

（2）使用 SQL 语句创建、管理索引

① 创建索引。

a. 使用 SQL 语句为 teacher 表创建一个名为 t_index 的唯一性非聚簇索引，索引关键字为 tno，升序。

b. 使用 SQL 语句为 sc 表创建一个名为 sc_index 的非聚簇复合索引，索引关键字为 sno+cno，升序。

② 重命名索引。将 teacher 表的索引 t_index 更名为 teacher_index。

③ 删除索引。将 teacher 表的索引 teacher_index 删除。

（3）使用 SSMS 创建、管理视图

① 创建视图。

使用 SSMS 管理工具，在 student 表上创建一个名为 stud_query2_view 的视图，该视图能查询 1984 年出生的学生的学号、姓名、家庭住址信息。

② 修改视图。

使用 SSMS 管理工具，将 student 表上创建的 stud_query2_view 视图，修改为能查询 1984 年出生的女生的学号、姓名、性别、电话信息。

③ 查看视图 stud_query2_view 的结构信息。

④ 管理视图中的数据。

a. 查看视图 stud_query2_view 中的数据。

b. 将视图 stud_query2_view 中学号为 2007030301 的学生姓名由"于军"改为"于君"。

（4）使用 SQL 语句创建、管理视图

① 创建视图。

a. 创建一个名为 sc_view1 的水平视图，从数据库 gradem 的 sc 表中查询出成绩大于 90 分的所有学生选修成绩的信息。

b. 创建一个名为 sc_view2 的投影视图，从数据库 gradem 的 sc 表中查询出成绩小于 80 分的所有学生的学号、课程号、成绩等信息。

c. 创建一个名为 sc_view3 的加密视图，由数据库 gradem 的 student、course、sc 表创建一个显示 20070303 班学生选修课程信息(包括学生姓名、课程名称、成绩等信息)的视图。

d. 创建一个从视图 sc_view1 中查询出选修了 c01 课程的所有学生的视图。

② 查看视图的创建信息及视图中的数据。

a. 查看创建视图 sc_view1 的脚本信息。

b. 查看视图 sc_view1 中的所有记录。

③ 修改视图的定义。

修改视图 sc_view1，使其从数据库 gradem 的 sc 表中查询出成绩大于 90 分且第 3 学期所有学生选修成绩的信息。

④ 视图的更名与删除。

a. 将视图 sc_view1 更名为 sc_view5。

b. 将视图 sc_view5 删除。

⑤ 管理视图中的数据。

a. 从视图 sc_view2 中查询出学号为 2007030125 的学生的 a01 号课程的成绩信息。

b. 将视图 sc_view2 中学号为 2007030122 的学生的 c02 号课程的成绩改为 87。

c. 从视图 sc_view2 中将学号为 2007030123 的学生的 a01 号课程的学生信息删除。

3. 思考题

（1）数据库中索引被破坏后会产生什么结果？

（2）视图上能创建索引吗？

（3）向视图插入的数据能添加到基本表中吗？

（4）修改基本表的数据会自动反映到相应的视图中吗？

课外拓展　在网络玩具销售系统中使用索引和视图

在数据库 GlobalToys 中完成如下索引和视图的操作。

1. 查询显示购物者名字及其订购的玩具的总价。

```
SELECT vFirstName,mTotalCost
   FROM shopper join Orders
   On shopper.cShopperId=Orders.cShopperId
```

上述查询的执行要花费很长的时间。创建相应的索引来优化上述查询。

2. Toys 表经常用作查询, 查询一般基于 cToyId 属性, 用户必须优化查询的执行, 并确保 cToyId 属性没有重复。

3. Category 表经常用于查询, 查询基于表中的 cCategory 属性。cCategoryId 属性被定义为主关键字, 在表上创建相应的索引, 加快查询的执行, 并确保 cCategory 属性没有重复。

4. 完成下面的查询。

（1）显示购物者名字和他们所订购玩具的名称。

```
SELECT shopper.vFirstName, vToyName
    FROM shopper join orders
    ON shopper.cShopperId=Orders.cShopperId
    JOIN orderDetail
    ON Orders.cOrderNo=OrderDetail.cOrderNo
    JOIN Toys
    ON OrderDetail.cToyId=Toys.cToyId
```

（2）显示购物者名字和他们订购玩具的名称和数量。

```
SELECT shopper.vFirstName,vToyName,siQty
    FROM shopper join orders
    ON shopper.cshopperId=Orders.cShopperId
    JOIN OrderDetail
    ON Orders.cOrderNo=OrderDetail.cOrderNo
    JOIN Toys
    ON OrderDetail.cToyId=Toys.cToyId
```

（3）显示购物者名字和他们订购玩具的名称和价格。

```
SELECT shopper.vFirstName,vToyName,mToyCost
    FROM shopper join orders
    ON shopper.cShopperId=orders.cShopperId
    JOIN orderDetail
    ON orders.cOrderNo=orderDetail.cOrderNo
    JOIN Toys
    ON OrderDetail.cToyId=Toys.cToyId
```

简化完成这些查询。

5. 视图定义如下。

```
CREATE view vwOrderWrapper
    AS
    SELECT cOrderNO, cToyId, siQty, vDescription, mWrapperRate
    FROM OrderDetail join Wrapper
    ON OrderDetail.cWrapperId=Wrapper.cWrapperId
```

使用下列更新命令更新 siQty 和 mWrapperRate 时, 该命令给出一个错误。

```
UPDATE vwOrderWrapper
    SET siQty=2,mWrapperRate= mWrapperRate
    FROM vwOrderWrapper
    WHERE cOrderNo = '000001'
```

修改更新命令, 在基表中更新所需的值。

（1）需要获得订货代码为 000003 的货物的船运状况, 如果该批订货已经投递, 则应该显示消息 the order has been delivered, 否则显示消息 the order has been shipped but not delivered。

提示 如果该批订货已经船运但未投递，则 cDeliveryStatus 属性将包含 s，如果该批订货已经投递，则 cDeliveryStatus 属性包含 d。

（2）将每件玩具的价格增加¥0.5，直到玩具的平均价格达到约¥22.5。

（3）将每件玩具的价格增加¥0.5，直到玩具的平均价格达到约¥24.5。此外，任何一件玩具的价格不得超过¥53。

习题

1. 选择题

（1）下列关于 SQL 中索引的叙述，哪一条是不正确的？（　　　）

A. 索引是外模式

B. 一个基本表上可以创建多个索引

C. 索引可以加快查询的执行速度

D. 系统在存取数据时会自动选择合适的索引作为存取路径

（2）为了提高特定查询的速度，应该在哪一个属性(组)上对 SC(S#, C#, DEGREE)关系创建唯一性索引？（　　　）

A. (S#, C#)　　　　B. (S#, DEGREE)　　　　C. (C#, DEGREE)　　　　D. DEGREE

（3）设 S_AVG(SNO,AVG_GRADE)是一个基于关系 SC 定义的学号和该学号学生的平均成绩的视图。下面对该视图操作的语句中，不能正确执行的是（　　　）。

Ⅰ. UPDATE S_AVG SET AVG_GRADE=90 WHERE SNO='2004010601'

Ⅱ. SELECT SNO, AVG_GRADE FROM S_AVG WHERE SNO='2004010601'

A. 仅Ⅰ　　　　　　　B. 仅Ⅱ　　　　　　　C. 都能　　　　　　　D. 都不能

（4）在视图上不能完成的操作是（　　　）。

A. 更新视图　　　　　　　　　　B. 查询

C. 在视图上定义新的基本表　　　D. 在视图上定义新视图

（5）在 SQL 中，删除视图的命令是（　　　）。

A. DELETE　　　　B. DROP　　　　C. CLEAR　　　　D. REMOVE

（6）为了使索引键的值在基本表中唯一，在创建索引的语句中应使用保留字（　　　）。

A. UNIQUE　　　　B. COUNT　　　　C. DISTINCT　　　　D. UNION

（7）创建索引是为了（　　　）。

A. 提高存取速度　　B. 减少 I/O　　C. 节约空间　　D. 减少缓冲区数

（8）在关系数据库中，视图是三级模式结构中的（　　　）。

A. 内模式　　　　B. 模式　　　　C. 存储模式　　　　D. 外模式

（9）视图是一个"虚表"，视图的构造基于（　　　）。

Ⅰ. 基本表　　Ⅱ. 视图　　Ⅲ. 索引

A. Ⅰ 或Ⅱ　　　　B. Ⅰ 或Ⅲ　　　　C. Ⅱ 或Ⅲ　　　　D. Ⅰ、Ⅱ 或Ⅲ

（10）已知关系 STUDENT(Sno，Sname，Grade)，以下关于命令 CREATE CLUSTER INDEX S index ON STUDENT(Grade)的描述，正确的是（　　　）。

A．按成绩降序创建了一个聚簇索引　　　　B．按成绩升序创建了一个聚簇索引

C．按成绩降序创建了一个非聚簇索引　　　D．按成绩升序创建了一个非聚簇索引

（11）在关系数据库中，为了简化用户的查询操作，而又不增加数据的存储空间，则应该创建的数据库对象是（　　　）。

A．表　　　　　　　　B．索引　　　　　　　C．游标　　　　　　　D．视图

（12）下面关于关系数据库视图的描述，不正确的是（　　　）。

A．视图是关系数据库三级模式中的内模式

B．视图能为机密数据提供安全保护

C．视图对重构数据库提供了一定程度的逻辑独立性

D．对视图的一切操作最终都要转换为对基本表的操作

（13）以下关于视图的描述，错误的是（　　　）。

A．视图是从一个或几个基本表或视图导出的虚表

B．视图并不实际存储数据，只在数据字典中保存其逻辑定义

C．视图中的任何数据不可以修改

D．SQL 中的 SELECT 语句可以像对基表一样，对视图进行查询

（14）下列情况不适合创建索引的是（　　　）。

A．列的取值范围很小　　　　　　　　B．用作查询条件的列

C．频繁搜索范围的列　　　　　　　　D．连接中频繁使用的列

（15）CREATE UNIQUE NONCLUSTERED INDEX writer_index ON 作者信息（作者编号）语句创建了一个（　　　）。

A．唯一聚集索引　　　B．聚集索引　　　C．主键索引　　　　D．唯一非聚集索引

2．填空题

（1）视图是从_____中导出的表，数据库中实际存放的是视图的_____，而不是_____。

（2）对视图进行 UPDATE、INSERT 和 DELETE 操作时，为了保证被操作的行满足视图定义中子查询语句的谓词条件，应在视图定义语句中使用可选项_____。

（3）SQL 支持数据库三级模式结构。在 SQL 中，外模式对应于_____和基本表，模式对应于全体基本表，内模式对应于存储文件。

（4）在视图中删除或修改一条记录，相应的_____也随着视图更新。

（5）创建唯一性索引时，应保证创建索引的列不包括重复的数据，并且没有两个或两个以上的空值。如果有这种数据，必须先将其_____，否则索引不能成功创建。

项目8
以程序方式处理学生信息管理数据表

08

项目描述：

为了提高学生信息管理系统中数据的安全性，在应用系统开发过程中，不仅要利用索引、视图来提高系统的性能，还要充分利用存储过程和函数、触发器、事务等来优化系统的性能。

学习目标：

- 了解 SQL 编程基础、游标、存储过程和存储函数、触发器及事务的作用。
- 掌握游标、存储过程和存储函数、触发器及事务的创建方法。

- 掌握游标、存储过程和存储函数、触发器及事务的修改及删除方法。

任务 8-1　SQL 编程基础

【任务分析】
设计人员要编写存储过程和存储函数、触发器及事务，首先要掌握 SQL 的语法规范及语言基础。
【课堂任务】
熟悉 SQL。
- SQL 的语法规范
- SQL 基础
- 常用函数
- 游标的基本操作

微课 8-1：常量、
变量和表达式

（一）SQL 基础

Transact-SQL 是一系列操作数据库及数据库对象的命令语句，因此了解 Transact-SQL 语言基本语法和流程语句的构成是必须的，Transact-SQL 语言中除了关键字，主要包括常量和变量、表达式、运算符、控制语句等。

1. 常量

常量也称为文字值或标量值，是指程序运行中其值始终不会改变的量。在 Transact-SQL 程序设计过程中，定义常量的格式取决于它所表示的值的数据类型。表 8.1 列出了 SQL Server 中的常量类型及常量表示说明。

表 8.1　常量类型及说明

常量类型	常量表示说明
字符串常量	包括在单引号(")中，由字母(a~z、A~Z)、数字字符(0~9)以及特殊字符（!、@和#）组成 示例：'China'、 'Output X is ' 备注：大于 8 000 字节的字符常量为 varchar(max)类型的数据
Unicode 字符串	Unicode 字符串的格式与普通字符串相似，但它前面有一个 N 标识符（N 代表 SQL-92 标准中的区域语言）。N 前缀必须是大写字母。 示例：'LOOK'是字符常量，而 N'LOOK' 是 Unicode 常量。 备注：大于 8 000 字节的 Unicode 常量为 nvarchar(max)类型的数据
二进制常量	二进制常量具有前缀 0x 并且是十六进制数字字符串。这些常量不使用引号引起。 示例：0xAE、0x12Ef、0x69048AEFDD010E 备注：大于 8 000 字节的二进制常量为 varbinary(max)类型的数据
bit 常量	bit 常量使用数字 0 或 1 表示，并且不包括在引号中。如果使用一个大于 1 的数字，则该数字将转换为 1
datetime 常量	datetime 常量使用特定格式的字符日期值来表示，并用单引号引起来。 示例：'5 December, 1985' 、'12/5/98'、'14:30:24'、'04:24 PM'
integer 常量	以数字字符串表示，其中数字不使用引号引起来并且不包含小数点。 integer 常量必须为整数，不能包含小数。 示例：1894、2
decimal 常量	以数字字符串表示，其中数字不使用引号引起来并且包含小数点。 示例：1894.1204、2.0
float 和 real 常量	使用科学记数法表示。 示例：101.5E5、0.5E-2
money 常量	以数字字符串表示，其中前缀为可选的小数点和可选的货币符号。不使用引号引起来。 示例：$12、$542023.14 备注：在指定的 money 文本中，将忽略任何位置的逗号
uniqueidentifier 常量	表示 GUID 的字符串。可以使用字符或二进制字符串格式指定。 示例：'6F9619FF-8B86-D011-B42D-00C04FC964FF' 或 0xff19966f868b11d0b42d00c04fc964ff

2. 变量

变量就是在程序执行过程中，其值可以改变的量。可以利用变量来存储程序执行过程中涉及的数据，如计算结果、用户输入的字符串以及对象的状态等。

变量由变量名和变量值构成，其类型与常量一样。变量名不能与命令和函数名相同，这里的变量和数学中变量的概念基本上一样，可以随时改变它对应的数值。

一些 Transact-SQL 系统函数的名称以两个@@符号开头。在旧版 SQL Server 中，@@函数称为全局变量，但它们不是变量，不具有等同于变量的行为。@@函数是系统函数，语法遵循函数规则。

Transact-SQL 局部变量是可以保存单个特定类型数据值的对象，是用户自定义的变量，它的作用域从声明变量的地方开始到声明变量的批处理或存储过程的结尾。

局部变量用 DECLARE 语句声明。语法格式如下。

```
DECLARE{@variable_name datatype}[,…n]
```

参数说明如下。

- @variable_name：局部变量名称。用户可以自定义符合 SQL Server 标识符命名规则的名称，但名称首字符必须为@。
- datatype：局部变量使用的数据类型，可以是指定系统提供的或用户定义的数据类型和长度。对于数值变量，还指定精度和小数位数。对于 XML 类型的变量，可以指定一个可选的架构集合。

局部变量用 DECLARE 声明后，都被赋予初值 NULL。要给局部变量赋值，可以使用 SET 或 SELECT 语句，语法格式如下。

```
SET @variable_name=expression[,…n]
SELECT @variale_name=expression[,…n]
```

其中，@variable_name 是局部变量名，expression 是任何有效的 SQL Server 表达式。

【例 8.1】定义名为 hello 的局部变量，数据类型为 char，长度为 20，并为其赋值 "hello,China!"。

```
DECLARE @hello char(20)
SET @hello='hello,China!'
```

【例 8.2】定义名为 student1 的局部变量，使用查询结果为其赋值。

```
DECLARE @student1 char(8)
SET @student1=(SELECT sname FROM student WHERE  sno='20050101')
```

【例 8.3】查询 student 表中名字是例 8.2 中@student1 值的学生信息。

```
SELECT sno,sname FROM student WHERE sname=@student1
```

【例 8.4】查询 grademanager 数据库的 student 表中 "系别" 为 "计算机" 的学生信息。

```
USE grademanager
DECLARE @系别 char(10)
SET  @系别='计算机'
SELECT sno,sname,saddress FROM student WHERE sdept=@系别
```

3. 表达式

在 Transact-SQL 中，表达式就是常量、变量、列名、复杂运算、运算符和函数的组合。表达式通常都有返回值。与常量和变量一样，表达式的值也具有某种数据类型。根据表达式值的类型，表达式可分为字符型表达式、数值型表达式和日期型表达式。

表达式一般用在 SELECT 和 SELECT 语句的 WHERE 子句中。

【例 8.5】查询学生的 "学号" "平均成绩" 及 "考生信息" 3 列，其中考生信息列由学生 "姓名" "性别" "班级编号" 和 "年级" 这些来自 student 表的数据组成。查询结果按平均成绩降序排列，使用表达式的 SELECT 查询语句如下。

```
SELECT A.sno,AVG(degree) AS '平均成绩',
sname+SPACE(6)+ssex+SPACE(4)+classno+'班'+SPACE(4)+left(classno,4)+'年级' AS '考生信息'

FROM sc A INNER JOIN student B ON A.sno=B.sno
GROUP BY A.sno,sname,ssex,classno
ORDER BY 平均成绩 DESC
```

在上述语句中同时使用了表别名、列别名、字符串连接运算符、求平均值函数、系统字符串函

数、内连接和各种数据列等。

（二）Transact-SQL 的流程控制

Transact-SQL 的基本结构是顺序结构、条件分支结构和循环结构。顺序结构是一种自然结构，条件分支结构和循环结构需要根据程序的执行情况调整和控制程序的执行顺序。在 Transact-SQL

微课 8-2：BEGIN
···END 语句

中，流程控制语句就是用来控制程序执行流程的语句，也称流控制语句或控制流语句。

1. BEGIN···END 语句

BEGIN···END 语句用于将多个 Transact-SQL 语句组合为一个逻辑块。语句块允许嵌套。当流程控制语句必须执行一个包含两条或两条以上 Transact-SQL 语句的语句块时，使用 BEGIN···END。其语法格式如下。

```
BEGIN
{
sql_statement|statement_block
}
END
```

其中，sql_statement 是使用语句块定义的任何有效的 Transact-SQL 语句；statement_block 是使用语句块定义的任何有效 Transact-SQL 语句块。

微课 8-3：IF
ELSE 语句

2. IF···ELSE 语句

IF···ELSE 语句用于指定 Transact-SQL 语句的执行条件。如果条件为真，则执行条件表达式后面的 Transact-SQL 语句。当条件为假时，可以用 ELSE 关键字指定要执行的 Transact-SQL 语句。该语句的语法格式如下。

```
IF Boolean_expression
{sql_statement|statement_block}
ELSE
{sql_statement|statement_block}
```

其中，Boolean_expression 是返回 true 或 false 的逻辑表达式。如果布尔表达式中含有 SELECT 语句，则必须用圆括号将 SELECT 语句括起来。

【例 8.6】使用 IF···ELSE 语句查询计算机系的办公地点，如果为空，则显示"办公地点不详"，否则显示其办公地点。

```
USE grademanager
GO
IF (SELECT office FROM department WHERE deptname='计算机系') IS NULL
BEGIN
    PRINT '办公地点不详'
    SELECT * FROM department WHERE deptname='计算机系'
END
ELSE
    SELECT office FROM department WHERE deptname='计算机系'
```

提示 IF···ELSE 语句可以嵌套，即在 Transact-SQL 语句块中包含一个或多个 IF···ELSE 语句。

3. CASE 语句

CASE 语句可根据表达式的真假来确定是否返回某个值，可以在表达式的任何位置使用这一关键字。使用 CASE 语句可以选择多个分支。CASE 语句两种格式。

（1）简单格式：将某个表达式与一组简单表达式进行比较以确定结果。其语法格式如下。

```
CASE input_expression
    WHEN when_expression THEN result_expression[…n]
    [ELSE else_result_expression]
END
```

（2）搜索格式：计算一组布尔表达式以确定结果。其语法格式如下。

```
CASE
    WHEN Boolean_expression THEN result_expression[…n]
    [ELSE else_result_expression]
END
```

微课 8-4：CASE
语句

参数说明如下。

① input_expression：使用简单 CASE 格式时计算的表达式，可以是任何有效的表达式。

② when_expression：用来与 input_expression 表达式比较的表达式，input_expression 与每个 when_expression 表达式的数据类型必须相同，或者可以隐式转换。

③ result_expression：表示当 input_expression=when_expression 的取值为 true 时，需要返回的表达式。

④ else_result_expression：表示当 input_expression=when_expression 的取值为 false 时，需要返回的表达式。

⑤ Boolean_expression：使用 CASE 搜索格式时计算的布尔表达式，可以是任何有效的布尔表达式。

【例 8.7】 利用 CASE 语句查询学生的考试成绩，显示成绩的档次（A~D）。

```
USE grademanager
GO
SELECT sname AS '姓名',degree=
CASE
    WHEN degree>=90 THEN 'A'
    WHEN degree>=75 AND degree<90 THEN 'B'
    WHEN degree>=60 AND degree<75 THEN 'C'
    WHEN degree<60 AND degree>0 THEN 'D'
END
FROM student a,sc b WHERE a.sno=b.sno
```

4. WHILE 语句

WHILE 语句用于设置重复执行 Transact-SQL 语句或语句块的条件。当指定的条件为真时，重复执行循环语句。可以在循环体内设置 BREAK 和 CONTINUE 关键字，以便控制循环语句的执行过程，其语法格式如下。

微课 8-5：WHILE
循环语句

```
WHILE Boolean_expression
    {sql_statement|statement_block|BREAK|CONTINUE}
```

参数说明如下。

Boolean_expression：返回 true 或 false 的表达式。如果布尔表达式中含有 SELECT 语句，则必须用括号将 SELECT 语句括起来。

sql_statement | statement_block：Transact-SQL 语句或用语句块定义的语句分组。若要定义语句块，则使用控制流关键字 BEGIN 和 END。

BREAK：使程序从最内层的 WHILE 循环中退出，执行 END 关键字后面的任何语句，END 关键字为循环结束标记。

CONTINUE：使 WHILE 循环重新开始执行，忽略 CONTINUE 关键字后面的任何语句。

【例 8.8】 使用 WHILE 语句求 1~100 之和。

```
DECLARE @i int,@sum int
SELECT @i=1,@sum=0
WHILE @i<=100
    BEGIN
        SET @sum=@sum+@i
        SET @i=@i+1
    END
SELECT @sum
```

> **提示** 和 IF…ELSE 语句一样，WHILE 语句也可以嵌套，即循环体可以包含一条或多条 WHILE 语句。

5. 注释

注释是程序代码中不被执行的文本字符串，用于对代码进行说明或诊断。

双连字符(--)：用于单行或嵌套的注释。用--插入的注释由换行符终止，没有最大长度限制。

斜杠星型(/*…*/)：也称块注释，可以插入单行中，也可以插入 Transact-SQL 语句中，支持嵌套注释。多行注释必须用/*和*/指明，没有最大长度限制。

【例 8.9】 注释的使用。

```
USE grademanager        --打开数据库
GO
--查看学生的所有信息
SELECT * FROM student
/*查看软件系所有学生的学号、姓名、系名及性别
附加条件是女生*/
SELECT sno,sname,sdeptname,ssex FROM student a,department b
WHERE a.deptno=b.deptno AND ssex='女'
```

（三）常用函数

SQL Server 为 Transact-SQL 提供了大量的系统函数，它们功能强大，方便易用。使用这些函数，可以极大地提高数据库的管理效率。SQL Server 的常用函数见表 8.2。

表 8.2 SQL Server 常用函数

函数类型	函数名称	功能描述
字符串函数	ASCII	ASCII 函数，返回字符表达式中最左侧字符的 ASCII 代码值
	CHAR	ASCII 代码转换函数，返回指定 ASCII 的字符
	LEFT	左子串函数，返回字符串从左边开始指定数量的字符
	RIGHT	右子串函数，返回字符串从右边开始指定数量的字符

续表

函数类型	函数名称	功能描述
字符串函数	LEN	字符串长度函数，返回指定字符串表达式的字符数，不包含尾随空格
	LOWER	小写字母函数，将大写字符转换为小写字符后返回字符表达式
	UPPER	大写字母函数，与 LOWER 函数的功能相反
	LTRIM	删除前导空格函数，返回删除前导空格之后的字符表达式
	RTRIM	删除尾随空格函数，返回删除尾随空格之后的字符表达式
	REPLACE	替换函数，用第三个表达式替换第一个字符串表达式中所有第二个指定字符表达式的匹配项
	STR	数字向字符转换函数，返回由数字数据转换来的字符数据
	SUBSTRING	子串函数，返回字符表达式、二进制表达式、文本表达式或图像表达式的一部分
数学函数	ABS	返回数值表达式的绝对值
	CEILING	返回大于等于数值表达式的最小整数
	FLOOR	返回小于等于数据表达式的最大整数
	ROUND	返回舍入指定长度或精度的数值表达式
	SIGN	返回数值表达式的正号、负号或零
	SQUARE	返回数值表达式的平方
	SQRT	返回数值表达式的平方根
日期时间函数	DATEADD	返回给指定日期加上一个时间间隔后的新 datetime 值
	DATEDIFF	返回跨两个指定日期的日期边界数和时间边界数
	DATENAME	返回表示指定日期的日期部分的字符串
	DAY	返回一个整数，表示指定日期的"天"部分
	GETDATE	以 datetime 值的 SQL Server 标准内部格式返回当前系统日期和时间
	MONTH	返回表示指定日期的"月"部分的整数
	YEAR	返回表示指定日期年份的整数

（四）游标

游标(Cursor)是类似于 C 语言指针的结构，在 SQL Server 中，它是一种数据访问机制，允许用户访问单独的数据行，而不是对整个行集进行操作。

在 SQL Server 中，游标主要包括游标结果集和游标位置两部分，游标结果集是由定义游标的 SELECT 语句返回行的集合，游标位置则是指向这个结果集中某一行的指针。

在使用游标之前首先要声明游标，定义 Transact-SQL 服务器游标的属性，如游标的滚动行为和用于生成游标所操作结果集的查询。声明游标的语法格式如下。

```
DECLARE cursor_name CURSOR
FOR select_statement
```

参数说明如下。

cursor_name：游标定义的名称，必须符合 SQL 标识符规则。

select_statement：是定义游标结果集的标准 SELECT 语句。

【例 8.10】在 grademanager 数据库中为 teacher 表创建一个普通的游标,名称为 T_cursor。

```
DECLARE T_cursor CURSOR
FOR SELECT * FROM teacher
```

声明游标后,就可对游标进行操作,主要包括打开游标、检索游标、关闭游标和释放游标。

1. 打开游标

使用游标之前必须先打开游标,打开游标的语法格式如下。

```
OPEN cursor_name
```

【例 8.11】 打开前面创建 T_cursor 游标。

```
OPEN T_cursor
```

2. 检索游标

打开游标以后,就可以提取数据了。FETCH 语句的功能是从游标中将数据检索出来,以便用户能够使用这个数据。检索游标的语法格式如下。

```
FETCH
    [ [NEXT|PRIOR|FIRST|LAST
    | ABSOLUTE{n|@nvar}
    | RELATIVE{n|@nvar}
    ]
FROM
    ]
cursor_name
```

参数说明如下。

NEXT:紧跟当前行返回结果行,并且当前行递增为返回行。如果 FETCH NEXT 为对游标的第一次提取操作,则返回结果集中的第一行。NEXT 为默认的游标提取选项。

PRIOR:返回紧邻当前行前面的结果行,并且当前行递减为返回行。如果 FETCH PRIOR 为对游标的第一次提取操作,则没有行返回并且游标置于第一行之前。

FIRST:返回游标中的第一行并将其作为当前行。

LAST:返回游标中的最后一行并将其作为当前行。

ABSOLUTE { n| @nvar}: n 是整数常量,@nvar 是 smallint、tinyint 或 int 类型的值。

如果 n 或@nvar 为正,则返回从游标起始处开始向后的第 n 行,并将返回行变成新的当前行。如果 n 或@nvar 为负,则返回从游标末尾处开始向前的第 n 行,并将返回行变成新的当前行。如果 n 或@nvar 为 0,则不返回行。

RELATIVE { n| @nvar}: n 是整数常量,@nvar 是 smallint、tinyint 或 int 类型的值。

如果 n 或@nvar 为正,则返回从当前行开始向后的第 n 行,并将返回行变成新的当前行。如果 n 或@nvar 为负,则返回从当前行开始向前的第 n 行,并将返回行变成新的当前行。如果 n 或@nvar 为 0,则返回当前行。在第一次提取游标时,如果在将 n 或@nvar 设置为负数或 0 的情况下指定 FETCH RELATIVE,则不返回行。

前面曾经提过,游标是带一个指针的记录集,其中指针指向记录集中的某一条特定记录。从 FETCH 语句的上述定义中不难看出,FETCH 语句用来移动这个记录指针。

【例 8.12】 打开 T_cursor 游标之后,使用 FETCH 语句检索游标中的可用数据。

```
FETCH NEXT FROM T_cursor
WHILE @@FETCH_STATUS=0
BEGIN
```

```
        FETCH NEXT FROM T_cursor
END
GO
```

上述语句中的@@FETCH_STATUS 全局变量保存的就是 FETCH 操作的结果信息。如果其值为零，则表示操作结果中有记录，即检索成功。如果值不为零，则 FETCH 语句由于某种原因操作失败。

3. 关闭游标

打开游标以后，SQL Server 服务器会专门为游标开辟一定的内存空间，以存放游标操作的数据结果集，同时游标的使用也会根据具体情况对某些数据进行封锁。所以在不使用游标时，一定要关闭游标，以通知服务器释放游标占用的资源。

关闭游标的语法格式如下。

```
CLOSE cursor_name
```

【例 8.13】 关闭游标 T_cursor。

```
CLOSE T_cursor
```

4. 释放游标

因为游标结构本身也会占用一定的计算机资源，所以使用完游标后，为了回收被游标占用的资源，应该将游标释放。当释放最后的游标被引用时，组成该游标的数据结构由 SQL Server 释放。释放游标的语法格式如下。

```
DEALLOCATE cursor_name
```

释放完游标以后，如果要重新使用这个游标，就必须重新执行声明游标的语句。

【例 8.14】 释放游标 T_cursor。

```
DEALLCOCATE T_cursor
```

经过上面的操作，完成了对游标 T_cursor 的声明、打开、检索、关闭和释放操作。

任务 8-2　创建与使用存储过程

【任务分析】

为了提高访问数据的速度与效率，可以使用存储过程管理数据库。

【课堂任务】

掌握存储过程的概念及应用。

- 存储过程的概念
- 存储过程的创建及管理
- 存储过程中参数的使用
- 存储过程的查看及删除

微课 8-6：存储
过程

（一）存储过程概述

1. 什么是存储过程

存储过程（Stored Procedure）是在数据库中定义的完成特定功能的 SQL 语句集合，经编译后存储在数据库服务器上。存储过程可包含流程控制语句及各种 SQL 语句。存储过程与其他编程语言中的构造相似，它们可以接受输入参数并以输出参数的格式向调用程序返回单个或多个结果。

2. 使用存储过程的优点

（1）存储过程增强了 SQL 的功能和灵活性。存储过程可以用流控制语句编写，有很强的灵活性，可以完成复杂的判断和较复杂的运算。

（2）存储过程允许模块化程序设计。存储过程创建后，可以在程序中多次调用，而不必重新编写该存储过程的 SQL 语句，并且可以随时修改存储过程，毫不影响应用程序源代码。

（3）存储过程能实现较快的执行速度。默认情况下，在首次执行存储过程时将编译存储过程，并且创建一个执行计划，供以后的执行重复使用，系统可以用更少的时间来处理存储过程。

（4）存储过程减少了服务器/客户端的网络流量。存储过程中的命令作为代码的单个批处理执行，当在客户计算机上调用存储过程时，网络中传送的只是该调用语句，从而可以显著减少服务器和客户端之间的网络流量。

（5）存储过程可作为一种安全机制来充分利用。多个用户和客户端程序可以通过存储过程对基础数据库对象执行操作时，即使用户和程序对这些基础对象没有直接权限。

在通过网络调用存储过程时，只有存储过程的调用语句是可见的。因此，即使用户恶意截获网络传输信息，也无法看到存储过程本身涉及的表和数据库对象名称、嵌入的 Transact-SQL 语句及搜索关键数据等。

（二）创建存储过程

在 SQL Server 系统中，可以使用 SSMS 和 CREATE PROCEDURE 语句创建存储过程。需要强调的是，必须具有 CREATE PROCEDURE 权限才能创建存储过程。

1. 使用 SSMS 创建存储过程

【例 8.15】 创建一个名称为 Proc_Stur 的存储过程，完成如下功能：在 Students 表中查询男生的 sno、ssex、sage 这几个字段的内容。

使用 SSMS 创建存储过程的步骤如下。

（1）启动 SSMS，在对象资源管理器中，连接到数据库引擎的实例并展开该实例。

（2）展开【数据库】|【grademanager】|【可编程性】节点，用鼠标右键单击【存储过程】节点，在快捷菜单中选择【存储过程】命令，如图 8.1 所示。

（3）在【查询编辑器】中出现存储过程编程模板，如图 8.1 所示。在此模板的基础上编写创建存储过程的语句。

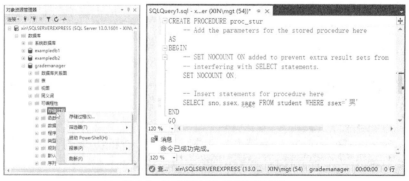

图 8.1　使用 SSMS 创建存储过程

2. 使用 CREATE PROCEDURE 语句创建存储过程

语法格式如下。

```
CREATE PROCEDURE procedure_name
[{@parameter data_type} [=default][OUTPUT][,…n]
AS sql_statement[…n]
```

参数说明如下。

（1）procedure_name：存储过程的名称。

（2）@parameter：过程中的参数。在 CREATE PROCEDURE 语句中可以声明一个或者多个参数。每个过程的参数仅用于该过程本身；其他过程中可以使用相同的参数名称。

（3）data_type：参数的数据类型。

（4）default：参数的默认值。如果定义 default 值，则无需指定此参数的值即可执行过程。默认值必须是常量或者 NULL。该常量值可以采用通配符的形式，也就是说，在将该参数传递到过程时使用 LIKE 关键字。

（5）OUTPUT：指明参数是输出参数。使用 OUTPUT 参数将值返回给过程的调用方。

（6）<sql_statement>：要包含在过程中的一个或者多个 Transact-SQL 语句。

【例 8.16】 创建一个基本存储过程，从数据库 grademanager 的 student 表中检索出所有籍贯为"青岛"的学生的学号、姓名、班级号及家庭地址等信息。

```
USE grademanager
GO
CREATE PROCEDURE pro_学生信息
AS
    SELECT sno,sname,classno,saddress
    FROM student
    WHERE saddress LIKE '%青岛%'
    ORDER BY sno
GO
```

执行存储过程"pro_学生信息"，返回所有"青岛"籍的学生信息，如图 8.2 所示。

图 8.2　执行简单存储过程

3. 使用存储过程参数

SQL Server 的存储过程可以使用两种类型的参数：输入参数和输出参数。参数用于在存储过程以及应用程序之间交换数据。

- 输入参数允许用户将数据值传递到存储过程或者函数。
- 输出参数允许存储过程将数据值或者游标变量传递给用户。
- 每个存储过程向用户返回一个整数代码，如果存储过程没有明显设置返回代码的值，则返回代码为零。

（1）输入参数

输入参数，即在存储过程中有一个条件，在执行存储过程时为这个条件指定值，通过存储过程返回相应的信息。使用输入参数可以向同一存储过程多次查找数据库。

【例 8.17】 创建一个存储过程，用于返回 grademanager 数据库中"计算机 2"班的所有学生信息。建立一个性别参数为同一存储过程指定不同的性别，来返回不同性别的学生信息。

201

```
USE  grademanager
GO
CREATE PROCEDURE pro_学生_性别_信息
@性别 NVARCHAR(10)
AS
    SELECT sno,sname,ssex,classname,header
    FROM student A,class B
    WHERE A.classno=B.classno
    AND classname='计算机2'
    AND A.ssex=@性别
GO
```

"pro_学生_性别_信息"存储过程使用一个字符串型参数"@性别"来执行。执行带有输入参数的存储过程时，SQL Server 提供了两种传递参数的方式。

① 按位置传递。这种方式是在执行过程的语句中，直接给出参数的值。当有多个参数时，给出参数的顺序与创建过程的语句中的参数一致，即参数传递的顺序就是参数定义的顺序。

【例 8.18】 使用按位置传递方式执行"pro_学生_性别_信息"存储过程。

```
EXEC pro_学生_性别_信息 '女'
```

② 通过参数名传递。这种方式是在执行存储过程的语句中，使用"参数名=参数值"的形式给出参数值。通过参数名传递的好处是，参数可以以任意顺序给出。

【例 8.19】 使用参数传递方式执行"pro_学生_性别_信息"存储过程。

```
EXEC pro_学生_性别_信息 @性别='男'
```

使用上述两种传递参数的方式传递不同的参数并执行存储过程，具体结果如图 8.3 所示。

图 8.3　执行带参数的存储过程

（2）使用默认参数值

执行存储过程"pro_学生_性别_信息"时，如果没有指定参数，系统运行就会出错；如果希望不给出参数时也能够正确运行，则可以给参数设置默认值。

【例 8.20】 设置"pro_学生_性别_信息"存储过程的状态参数默认值为"男"。

```
USE  grademanager
```

```
GO
CREATE PROCEDURE pro_学生_性别_信息
@性别 NVARCHAR(10)='男'
AS
    SELECT sno,sname,ssex,classname,header
    FROM student A,class B
    WHERE A.classno=B.classno
    AND classname='计算机2'
    AND A.ssex=@性别
GO
```

为参数设置默认值以后，再执行存储过程时，就可以不指定具体的参数，默认返回状态为"男"的学生信息，如图 8.4 所示。

（3）输出参数

定义输出参数，可以从存储过程中返回一个或者多个值。要使用输出参数，就必须在 CREATE PROCEDURE 语句和 EXECUTE 语句中指定关键字 OUTPUT。执行存储过程时，忽略 OUTPUT 关键字，存储过程仍然会执行但不返回值。

【例 8.21】 创建一个名为 pro_getteachername 的存储过程。它使用两个参数，"@学生姓名"为输入参数，用于指定要查询的学生姓名，默认参数值为"徐红"；"@班主任"为输出参数，用来返回该班班主任的姓名。

图 8.4　执行带默认值参数的存储过程

```
USE grademanager
GO
CREATE PROCEDURE pro_getteachername
@学生姓名 NVARCHAR(20)='徐红',
@班主任 NVARCHAR(20) OUTPUT
AS
    SELECT @班主任=B.header
    FROM student A,class B
    WHERE A.classno=B.classno
    AND sname=@学生姓名
GO
```

为了接收某一存储过程的返回值，需要一个变量来存放返回参数的值，必须在该存储过程的调用语句中，为这个变量加上 OUTPUT 关键字来声明。

【例 8.22】 调用 pro_getteachername 存储过程，并将结果返回到"@学生姓名"中，其运行效果如图 8.5 所示。

```
USE grademanager
GO
DECLARE @学生姓名 NVARCHAR(20)
EXEC pro_getteachername '李浩',@学生姓名 OUTPUT
SELECT'李浩的班主任是: '+ @学生姓名 AS '结果'
GO
```

图 8.5　执行带输出参数的存储过程

（三）执行存储过程

1. 使用 SSMS 执行存储过程

使用 SSMS 执行存储过程的步骤如下。

（1）启动 SSMS，在【对象资源管理器】窗格中，连接到数据库引擎的实例并展开该实例。

（2）展开【数据库】|【grademanager】|【可编程性】|【存储过程】节点，用鼠标右键单击要执行的存储过程（pro_学生信息），在快捷菜单中选择【执行存储过程】命令，如图 8.6 所示。

（3）打开执行该存储过程的窗口，单击【确定】按钮，该存储过程执行完毕，如图 8.6 所示。

图 8.6　使用 SSMS 执行存储过程

2. 使用 EXECUTE 语句执行存储过程

EXECUTE 语句的语法格式如下。

```
[[EXEC[UTE]]
{
[@return_status=]
{procedure_name[;number]|@procedure_name_var}
[[@parameter=]{value|@variable[OUTPUT]|[DEFAULT]}
[,...n]
```

下面执行任务 8-2 中创建的 3 个存储过程。因为前面创建的存储过程"pro_学生信息"中没有参数，所以可以直接使用 EXEC 语句来执行。

使用带参数的存储过程，需要在执行过程中提供存储过程的参数值。可以使用两种方式来提供存储过程的参数值。

（1）直接方式。该方式在 EXEC 语句中直接为存储过程的参数提供数据值，并且这些数据值的数量和顺序与定义存储过程时，参数的数据和顺序相同。如果参数是字符类型或者日期类型，则还应该将这些参数值使用引号引起来。

例如，为前面创建的存储过程"pro_学生_性别_信息"提供一个字符串数据为"女"，具体执行情况如图 8.3 所示。

（2）间接方式。该方式是指在执行 EXEC 语句之前，声明参数并为这些参数赋值，然后在 EXEC 语句中引用这些已经获取数据值的参数。

例如，在 EXEC 语句执行存储过程"pro_学生_性别_信息"之前，使用 DECLARE 语句声明变量，然后使用 SET 语句为已声明的变量赋值。最后，在 EXEC 语句中引用变量作为存储过程的参数值，具体情况如图 8.7 所示。

图 8.7　通过间接方式提供参数

（四）管理存储过程

1. 修改存储过程

使用 ALTER PROCEDURE 语句修改现有的存储过程，这与删除和重建存储过程不同，因为它仍保持存储过程的权限不发生变化。在使用 ALTER PROCEDURE 语句修改存储过程时，SQL Server 会覆盖以前定义的存储过程。修改存储过程的基本语法格式如下。

```
ALTER PROCEDURE procedure_name[;number]
[{@parameter data_type} [=default][OUTPUT]
[,…n]
AS
    sql_statement[…n]
```

【例 8.23】 修改"pro_学生信息"存储过程来返回所有"潍坊"的学生信息。

```
USE grademanager
GO
ALTER PROCEDURE pro_学生信息
AS SELECT sno,sname,classno,saddress
FROM student
WHERE saddress LIKE '%潍坊%'
ORDER BY sno
```

【例 8.24】 执行"pro_学生信息"存储过程。

```
USE grademanager
GO
EXEC pro_学生信息
```

执行结果如图 8.8 所示。

2. 删除存储过程

可使用 DROP PROCEDURE 语句从当前数据库中删除用户定义的存储过程。删除存储过程的语法格式如下。

```
DROP PROCEDURE{procedure}[,...n]
```

【例 8.25】 删除"pro_学生信息"存储过程。

```
DROP PROC pro_学生信息
```

如果另一个存储过程调用某个已被删除的存储过程，则 SQL Server 将在执行调用进程时显示一条错误消息。

3. 查看存储过程

查看存储过程的定义信息，可以通过 SSMS 管理工具，也可以使用系统存储过程（sp_helptext）、系统函数（OBJECT_DEFINITION）和目录视图（sys.sql_modules）。

【例 8.26】 使用系统存储过程 sp_helptext 查看"pro_学生_性别_信息"存储过程的定义文本信息，结果如图 8.9 所示。

```
USE grademanager
GO
EXCU sp_helptext pro_学生_性别_信息
```

图 8.8　修改后的存储过程的执行结果

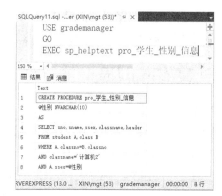

图 8.9　sp_helptext 查看存储过程定义信息

任务 8-3　触发器

【任务分析】

为了确保数据的完整性，可以采触发器实现复杂的业务规则。

【课堂任务】

掌握触发器的概念及应用。

- 触发器的概念
- 触发器的创建及管理

（一）触发器概述

1. 触发器的定义

触发器（Trigger）是一种特殊的存储过程，它与表紧密相连，可以是表定义的一部分。当预定义的事件（如用户修改指定表或者视图中的数据）发生时，触发器会自动执行。

触发器基于一个表创建，但是可以对多个表进行操作。因此触发器可以用来对表实施复杂的完整性约束，当触发器保存的数据改变时，触发器被自动激活，从而防止对数据的不正确修改。触发器的优点如下。

微课 8-7：触发器概述

（1）触发器自动执行，在对表的数据做了任何修改（如手工输入或者使用程序采集的操作）之后立即激活。

（2）触发器可以通过数据库中的相关表进行层叠更改。这比直接把代码写在前台的做法更安全合理。

（3）触发器可以强制限制，这些限制比用 CHECK 约束定义更复杂。与 CHECK 约束不同的是，触发器可以引用其他表中的列。

2. 触发器的分类

在 SQL Server 系统中，按照触发事件的不同，可以把提供的触发器分成两大类型，即 DDL 触发器和 DML 触发器。

（1）DML 触发器

DML 触发器为特殊类型的存储过程，可在发生数据操作语言(DML)事件时自动生效，以便影响触发器中定义的表或视图。DML 事件包括 INSERT、UPDATE 或 DELETE 语句。DML 触发器可用于强制业务规则和数据完整性、查询其他表并包括复杂的 Transact-SQL 语句。将触发器和触发它的语句作为可在触发器内回滚的单个事务对待。如果检测到错误（如磁盘空间不足），则整个事务自动回滚。

（2）DDL 触发器

DDL 触发器将激发响应各种数据定义语言（DDL）事件。这些事件主要与以关键字 CREATE、ALTER、DROP、GRANT、DENY、REVOKE 或 UPDATE STATISTICS 开头的 Transact-SQL 语句对应。

（二）创建触发器

1. DML 触发器

因为 DML 触发器是一种特殊的存储过程，所以 DML 触发器的创建和存储过程的创建方式有很多相似之处，创建 DML 触发器的基本语法如下。

```
CREATE TRIGGER trigger_name
ON {table|view}
{
    {{FOR|AFTER|INSTEAD OF}
    {[UPDATE [[,][INSERT][,][DELETE] ]
      AS
       sql_statement
    }
}
```

CREATE TRIGGER 语句中，主要参数的含义如下。

trigger_name：是要创建的触发器的名称。

table|view：是在其上执行触发器的表或者视图，有时称为触发器表或者触发器视图。可以选择是否指定表或者视图的所有者。

FOR、AFTER、INSTEAD OF：指定触发器触发的时机。

AFTER：指定触发器只有在 SQL 语句中指定的所有操作都已成功执行后才触发，只有在所有的引用级联操作和约束检查成功完成后，才能执行此触发器。如果仅指定 FOR 关键字，则 AFTER

采用默认设置。

INSTEAD OF：指定执行触发器而不是执行触发的 SQL 语句，从而替代触发语句的操作。在表或视图上，每个 INSERT、UPDATE 或 DELETE 语句最多可以定义一个 INSTEAD OF 触发器。

DELETE、INSERT、UPDATE：指定在表或视图上执行哪些语句时将触发触发器的关键字。必须至少指定一个选项。在触发器定义中允许使用以任意顺序组合的这些关键字。如果指定的选项多于一个，需用逗号分隔这些选项。

sql_statement：指定触发器执行的 Transact-SQL 语句。

【例 8.27】 在 grademanager 数据库中，创建名称为"trig_更新班级人数"的触发器。当向 student 表添加一条学生信息时，同时更新 class 表中的 classnumber 列。创建一个 INSERT 触发器，在用户每次向 student 表添加新的学生信息时，更新相应班级的人数。

```
USE grademanager
GO
CREATE TRIGGER trig_更新班级人数
ON student
AFTER INSERT
AS
UPDATE class SET classnumber=classnumber+1
WHERE classno IN(SELECT left(sno,8) FROM inserted)
GO
```

提示 为确保找到学生的班号，利用 left()函数取学生学号的前 8 位，这样，在输入学生信息时，即使 classno 列为空，也不会出现在 inserted 表中找不到的情况。

执行上面的语句，就创建了一个"trig_更新班级人数"触发器。接下来，使用 INSERT 语句插入一条新的学生信息，以验证触发器是否会自动执行。这里由于触发器基于 student 表，因此插入记录也针对此表，在 INSERT 语句之前之后各添加一条 SELECT 语句，比较插入记录前后处理状态的变化。测试语句如图 8.10 所示。从图 8.10 中可以看到，执行 INSERT 语句后，班级人数已经更改，比执行 INSERT 语句前多 1，说明 INSERT 触发器已经成功执行。

【例 8.28】 在 grademanager 数据库的 teacher 表中，定义一个触发器，当一个教师的信息被删除时，显示它的相关信息。具体代码如下。

```
USE grademanager
GO
CREATE TRIGGER trig_删除教师信息
ON teacher
AFTER DELETE
AS
SELECT tno,tname as 被删除教师姓名
FROM deleted
GO
```

执行上述代码，就创建了一个"trig_删除教师信息"触发器，从图 8.11 的结果可以看到，触发器"trig_删除教师信息"已经被触发，返回被删除教师的信息。

【例 8.29】 创建一个触发器，当 class 表中的班级编号变更时，更新 student 表中的相应班级编号信息。

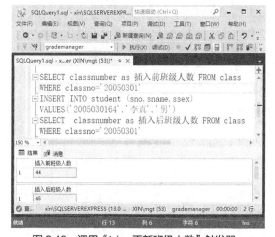

图 8.10 调用"trig_更新班级人数"触发器

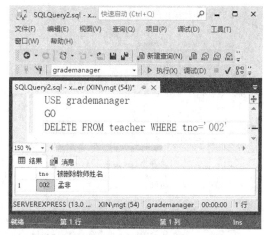

图 8.11 调用"trig_删除教师信息"触发器

```
USE grademanager
GO
CREATE TRIGGER trig_班级信息更新
ON class
FOR UPDATE
AS
IF UPDATE(classno)
BEGIN
UPDATE student SET classno=(SELECT classno FROM inserted)
WHERE classno IN(SELECT classno FROM deleted)
END
```

更改"2005 电子 1 班"的班号为 20050511，代码如下。

```
UPDATE class SET classno='20050511'
WHERE classname='2005 电子 1'
```

> **提示** 执行上述语句时，出现了 UPDATE 语句与 REFERENCE 约束 FK_student_class 冲突。
> 该冲突发生于数据库 grademanager，表"dbo.student", column 'classno'。"错误提示信息。
> 因为 class 表通过外键约束引用了 student 表。

因此，先执行如下语句，将外键约束限制关闭后，才能消除该冲突。

```
USE grademanager
GO
ALTER TABLE student
NOCHECK CONSTRAINT FK_student_class
GO
```

用 SELECT 语句查看结果，从图 8.12 可以看出，student 表中的班号信息已经成功更改。

【例 8.30】 创建一个触发器，用于在 grademanager 数据库中删除 student 表的一个学生信息时，级联删除该学生对应 sc 表中的成绩信息。

默认时，由于 student 表和 sc 表在 sno 列上存在外键约束，因此不允许直接删除 student 表中的内容。创建一个 INSTRAD OF DELETE 触发器，在检测到有 DELETE 语句执行时，先删除外键表 sc 中对应的信息，再删除 student 表中的内容。具体代码如下。

```
USE grademanager
GO
```

```
CREATE TRIGGER trig_DELETE
ON student
INSTEAD OF DELETE
AS
BEGIN
DELETE sc WHERE sno IN(SELECT sno FROM deleted)
DELETE student WHERE sno IN(SELECT sno FROM deleted)
END
```

接下来编写测试语句，删除学号为 2005010102 的学生信息，并且在删除语句前后使用 3 条 SELECT 语句对比删除前后的变化，具体代码如下。

```
USE grademanager
GO
SELECT * FROM sc WHERE sno='2005010102'
DELETE student WHERE sno ='2005010102'
SELECT * FROM sc WHERE sno='2005010102'
SELECT sno,sname,ssex FROM student  WHERE sno='2005010102'
```

从图 8.13 中可以看出，INSTEAD OF 触发器已经执行成功，student 表中学号为 2005010102 的学生信息已经不存在了，sc 表中该生的成绩信息也被删除了。

图 8.12 验证"trig_班级信息更新"触发器执行结果

图 8.13 调用 INSTEAD OF DELETE 触发器

2. DDL 触发器

DDL 触发器和 DML 触发器一样，为了响应事件而激活。创建 DDL 触发器的语法格式如下。

```
CREATE TRIGGER trigger_name
ON {ALL SERVER|DATABASE}
WITH ENCRYPTION
{FOR|AFTER|{enent_type}
AS sql_statement
```

（1）ALL SERVER：表示 DDL 触发器的作用域是整个服务器。

（2）DATABASE：表示该 DDL 触发器的作用域是整个数据库。

（3）event_type：指定触发 DDL 触发器的事件。

如果想要控制哪位用户可以修改数据库结构及如何修改，甚至想跟踪数据库结构上发生的修改，那么使用 DDL 触发器非常合适。例如，重要数据库内部的结构及其数据都很重要，不能轻易删除或者改变，即便能改动，也要在改动之前做好备份，以免丢失重要数据。为此，可以创建一个 DDL 触发器来防止删除或者改变数据库这样的操作发生。

【例 8.31】 创建一个 DDL 触发器用于防止删除或更改 grademanager 数据库中的数据表。

```
USE grademanager
GO
CREATE TRIGGER trig_DDL_学生信息
ON DATABASE
FOR DROP_TABLE,ALTER_TABLE
AS
BEGIN
  PRINT '不能删除或者修改当前数据库的内容！'
  ROLLBACK
END
```

执行上述语句后，将在数据库中创建一个触发器。

```
USE grademanager
GO
DROP TABLE sc
```

从图 8.14 可以看出，执行上述语句将看到一条错误信息，指出不能删除表。前面创建的 DDL 触发器"trig_DDL_学生信息"对数据库 grademanager 进行了保护，导致这次删除操作失败。

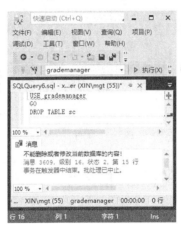

图 8.14　DROP TABEL 语句执行结果

（三）管理触发器

1. 修改触发器

修改触发器的定义和属性有两种方法：一是先删除原来的触发器定义，再重新创建与之同名的触发器；二是直接修改现有的触发器定义。

【例 8.32】 将上述的 DDL 触发器"trig_DDL_学生信息"修改成只保护 ALTER TABLE 语句。

```
USE grademanager
GO
ALTER TRIGGER trig_DDL_学生信息
ON DATABASE
```

```
FOR ALTER_TABLE
AS
BEGIN
  PRINT '不能修改当前数据库的内容！'
  ROLLBACK
END
```

在【新建查询】窗口中执行上述语句，就修改了以前的触发器定义。

2. 禁用触发器

在修改表的 ALTER TABLE 语句中，使用 DISABLE TRIGGER 子句可以使该表的某一触发器无效。当再次需要时，可以使用 ALTER TABLE 语句的 ENABLE TRIGGER 子句使触发器重新有效。

例如，使 student 表的"trig_更新班级人数"触发器无效，可以使用如下语句。

```
USE  grademanager
GO
ALTER TABLE student
DISABLE TRIGGER trig_更新班级人数
```

提示　① 默认情况下，创建触发器后会启用触发器。

② 禁用触发器不会删除该触发器，该触发器仍然作为对象存在于当前数据库中。

使"trig_更新班级人数"触发器再次有效可以使用下面的语句。

```
ALTER TABLE student
ENABLE TRIGGER trig_更新班级人数
```

3. 删除触发器

使用 DROP TRIGGER 语句可以删除当前数据库的一个或者多个触发器。

【例 8.33】　删除触发器"trig_更新班级人数"和"trig_班级信息更新"。

```
USE grademanager
GO
DROP TRIGGER trig_更新班级人数,trig_班级信息更新
```

任务 8-4　事务、锁的概念和应用

【任务分析】

为了确保数据的完整性和有效性，可以使用事务确保同时发生的行为与数据的有效性不发生冲突。

同时，为了解决并发操作带来的问题，可以使用锁来实现并发控制，以确保多个用户同时操作同一个数据库中的数据时，不会发生数据不一致的问题。

微课 8-8：事务概述

【课堂任务】

掌握事务和锁的概念及应用。

- 事务的基本概念及分类
- 事务的 4 个特性
- 并发操作引起的问题
- 锁的类型
- 死锁的处理

事务在 SQL Server 中相当于一个工作单元，使用事务可以确保同时发生的行为与数据的有效性不发生冲突，并且维护数据的完整性，确保数据的有效性。

（一）事务概述

事务就是用户定义的一个数据库操作序列，这些操作要么全做，要么全不做，是一个不可分割的工作单位。事务是单个的工作单元，是数据库中不可再分的基本部分。

1. 为什么要引入事务

事务处理机制在程序开发过程中起着非常重要的作用，它可以使整个系统更加安全。例如，在银行处理转账业务时，如果 A 账户中的金额刚被转出，而 B 账户还没有接收就停电；或者 A 账户中的金额在转出过程中因出现错误未转出，但 B 账户已完成了转入工作，这会给银行和个人带来很大的经济损失。采用事务处理机制后，一旦在转账过程中发生意外，则整个转账业务将全部撤销，不做任何处理，从而确保数据的一致性和有效性。

2. SQL Server 事务处理机制

在数据库中，事务管理不善常常导致用户量很大的系统出现争用和性能问题。随着访问数据的用户数量增加，能够高效地使用事务的应用程序也变得更为重要。SQL Server 数据库引擎使用事务锁定和行版本控制机制，确保每个事务的物理完整性并提供有关应用程序如何高效控制事务的信息。这种控制机制适用从 SQL Server 2005 (9.x) 到 SQL Server 2017（除非特别指出）的版本。

（二）事务的 ACID 特性

事务是作为单个逻辑工作单元执行的一系列操作。一个逻辑工作单元必须有 4 个特性，即原子性（Atomic）、一致性（Consistency）、隔离性（Isolation）和持久性（Durability），这四个特性总称为 ACID 特性，只有满足 ACID 特性才能称为事务。

1. 原子性

一个事务是一个不可分割的工作单元。事务在执行时，应该遵守"要么不做，要么全做（Nothing or All）"的原则，不允许事务部分地完成，如果因为故障而使事务未能完成，则该事务已经执行的部分将被取消。

保证原子性是数据系统本身的职责，由 DBMS 的事务管理子系统实现。

2. 一致性

事务对数据库的作用是使数据库从一个一致状态转变到另一个一致状态。

所谓数据库的一致状态，是指数据库中的数据满足完整性约束。例如，在银行业务中，"从账号 A 转移资金额 R 到账号 B"是一个典型的事务，这个事务包括两个操作，从账号 A 中减去资金额 R 和在账号 B 中增加资金额 R，如果只执行其中的一个操作，则数据库处于不一致状态，账务会出现问题，也就是说，两个操作要么全做，要么全不做，否则就不能成为事务。可见事务的一致性与原子性是密切相关的。

确保单个事务的一致性是编写事务的应用程序员的职责，在系统运行中，是由 DBMS 的完整性子系统实现的。

3. 隔离性

如果多个事务并发执行，则应像各个事务独立执行一样，一个事务的执行不能被其他事务干扰，即一个事务内部的操作及使用的数据对并发的其他事务是隔离的。并发控制就是为了保证事务间的隔离性。

隔离性是由 DBMS 的并发控制子系统实现的。

4. 持久性

最后,一个事务一旦提交,它对数据库中数据的改变就应该是持久的。如果提交一个事务以后计算机瘫痪,或数据库因故障受到破坏,那么重新启动计算机后,DBMS 也应该能够恢复,该事务的结果将依然是存在的。

事务的持久性是由 DBMS 的恢复管理子系统实现的。

(三)事务的定义

一个事务可以是一条 SQL 语句、一组 SQL 语句或整个程序,一个应用程序可以包括多个事务。

事务的开始与结束可以由用户显式控制。如果用户没有显式地定义事务,则由 DBMS 按照默认规则自动划分事务。

1. 开始事务

BAGIN TRANSACTION 语句标识一个用户自定义事务的开始。此语句可以简化为 BEGIN TRAN。

事务是可以嵌套的,发布一条 BEGIN TRANSACTION 命令之后,发布另一个 BEGIN TRANSACTION 命令,然后提交或回退等待处理的事务。原则上是必须先提交或回退内层事务,然后提交或回退外层事务,即一条 COMMIT TRANSACTION 或 ROLLBACK TRANSACTION 语句对应最近的一条 BEGIN TRANSACTION 语句。

2. 结束事务

COMMIT TRANSACTION 语句用于结束一个用户定义的事务,保证对数据的修改已经成功地写入数据库。此时事务正常结束。此语句可简化为 COMMIT TRAN。

3. 回滚事务

ROLLBACK TRANSACTION 取消在当前事务期间所做的任何更改并结束事务。即在事务运行的过程中发生某种故障时,事务不能继续执行,SQL Server 系统将抛弃自最近一条 BEGIN TRANSACTION 语句以后的所有修改,回滚到事务开始时的状态。

4. 设置保存点

SAVE TRANSACTION 语句用于在事务内设置保存点。

5. 事务应用实例

编写银行转账业务的存储过程,要求 bank 表中 currentmoney 的值不小于 1,执行存储过程,查看执行结果,理解事务的概念。

```
BEGIN
  CREATE DATABASE bankinfo          --创建数据库 bankinfo
USE bankinfo
CREATE TABLE bank                   --创建表 bank
  (customername VARCHAR(10),currentmoney DECIMAL(13,2))
INSERT INTO bank VALUES('张三',1000)    --向表插入记录
INSERT INTO bank VALUES('李四',10)
SELECT * FROM bank
---创建存储过程
```

```
CREATE PROCEDURE banktrans
AS
BEGIN TRAN
UPDATE bank SET currentmoney=currentmoney-1002
WHERE customername='张三'
UPDATE bank SET currentmoney=currentmoney+1000
WHERE customername='李四'
DECLARE @money DECIMAL(13,2)=0.0
SELECT @money=currentmoney FROM bank WHERE customername='张三'
IF @money<1
   BEGIN
   SELECT '交易失败，回滚事务'
   ROLLBACK
   END
ELSE
   BEGIN
   SELECT '交易成功，提交事务，写入硬盘，永久保存'
   COMMIT TRAN
END

--执行存储过程
EXEC banktrans
```

执行结果如图 8.15 所示。

图 8.15　事务应用实例结果

（四）事务并发操作引起的问题

当同一数据库系统中有多个事务并发运行时，如果不加以适当控制，就可能产生数据不一致性问题。

例如，并发取款操作。假设存款余额 R=1 000 元，甲事务 T1 取走存款 100 元，乙事务 T2 取走存款 200 元，如果正常操作，即甲事务 T1 执行完毕再执行乙事务 T2，存款余额更新后应该是 700 元，但是如果按照如下顺序操作，则会有不同的结果。

（1）甲事务 T1 读取存款余额 R=1 000 元。

（2）乙事务 T2 读取存款余额 R=1 000 元。

（3）甲事务 T1 取走存款 100 元，修改存款余额 R=R-100=900，把 R=900 写回到数据库。

（4）乙事务 T2 取走存款 200 元，修改存款余额 R=R-200=800，把 R=800 写回到数据库。

结果两个事务共取走存款 300 元，数据库中的存款只少了 200 元。

得到这种错误的结果是甲、乙两个事务并发操作引起的，数据库的并发操作导致的数据不一致性主要有 3 种：丢失更新(Lost Update)、脏读(Dirty Read)和不可重复读(Unrepeatable Read)。

1. 丢失更新

当两个事务 T1 和 T2 读入同一数据做修改并发执行时，T2 把 T1 或 T1 把 T2 的修改结果覆盖了，造成数据丢失更新问题，导致数据不一致。

仍以上例中的操作为例进行分析。

在表 8.3 中，数据库中 R 的初值是 1 000，事务 T1 包含 3 个操作：读入 R 初值（Find R）、计算（$R=R-100$）、更新 R（Update R）。

表 8.3　丢失更新问题

时间	事务 T1	R 的值	事务 T2
t0		1 000	
t1	Find R		
t2			Find R
t3	$R=R-100$		
t4			$R=R-200$
t5	Update R		
t6		900	Update R
t7		800	

事务 T2 也包含 3 个操作：Find R、计算($R=R-200$)、Update R。

如果事务 T1 和 T2 顺序执行，则更新后，R 的值是 700。但如果 T1 和 T2 按照表 8.3 并发执行，则 R 的值是 800，得到了错误的结果，原因在于 t7 时刻丢失了 T1 对数据库的更新操作。

因此，这个并发操作不正确。

2. 脏读

脏读也称"污读"，即事务 T1 更新了数据 R，事务 T2 读取了更新后的数据 R，事务 T1 由于某种原因被撤销，修改无效，数据 R 恢复原值。这样事务 T2 得到的数据与数据库的内容不一致，这种情况称为脏读。

在表 8.4 中，事务 T1 把 R 的值改为 900，但此时尚未做 COMMIT 操作，事务 T2 将修改过的值 900 读出来，之后事务 T1 执行 ROLLBACK 操作，R 的值恢复为 1 000，而事务 T2 将仍在使用已被撤销了的 R 值 900。原因在于 t4 时刻，事务 T2 读取了 T1 未提交的更新操作结果，这种值是不稳定的，在事务 T1 结束前，随时可能执行 ROLLBACK 操作。

将这些未提交的随后又被撤销的更新数据称为"脏"数据。例如，这里的事务 T2 在 t4 时刻读取的就是"脏"数据。

表 8.4　读"脏"数据问题

时间	事务 T1	R 的值	事务 T2
t0		1 000	
t1	Find R		

时间	事务 T1	R 的值	事务 T2
t2	$R=R-100$		
t3	Update R		
t4		900	Find R
t5	ROLLBACK		
t6		1 000	

3. 不可重复读

不可重复读是指一个事务在不同时刻读取同一行数据，但是得到了不同的结果。不可重复读的情况包括以下几项。

（1）事务 T1 读取了数据 R，事务 T2 读取并更新了数据 R，当事务 T1 再读取数据 R 以进行核对时，得到的两次读取值不一致。

（2）事务在操作过程中查询两次，第 2 次查询的结果包含了第 1 次查询中未出现的数据或者缺少了第 1 次查询中出现的数据（这里并不要求两次查询的 SQL 语句相同）。这种现象称为"幻读（Phantom Reads）"。这是因为两次查询过程中有另外一个事务插入或删除了数据。

表 8.5 中，在 t1 时刻，事务 T1 读取 R 的值为 1 000，但因为事务 T2 在 t4 时刻将 R 的值更新为 800，所以 T1 使用的值已经与开始读取的值不一致了。

表 8.5 不可重复读问题

时间	事务 T1	R 的值	事务 T2
t0		1 000	
t1	Find R		
t2			Find R
t3			$R=R-200$
t4			Update R
t5	Find R	800	

（五）事务隔离级别

在并发操作带来的问题中，"丢失更新"是应该完全避免的。但防止丢失更新，并不能单靠数据库事务控制器来解决，需要应用程序对要更新的数据加必要的锁来解决，因此防止丢失更新应该由应用程序来解决。

"脏读"和"不可重复读"其实都是数据库的一致性问题，必须由数据库提供一定的事务隔离机制来解决。数据库实现事务隔离的方式基本上可以分为两种。

（1）在读取数据前，对其加锁，阻止其他事务修改数据。

（2）不用加任何锁，通过一定的机制生成一个数据请求时间点的一致性数据快照（Snapshot），并用这个快照来提供一定级别（语句级或事务级）的一致性读取。

为了解决"隔离"和"并发"的矛盾，SQL-92 定义以下 4 个事务隔离级别。

1. 未提交读

未提交读（Read Uncommitted）是隔离事务的最低级别，该级别允许脏读，但不允许丢失更新。如果一个事务已经开始写数据，则另外一个事务不允许同时进行写操作，但允许其他事务读该行数据。

2. 已提交读

已提交读（Read Committed）级别是 SQL Server 数据库引擎的默认级别。允许不可重复读，但不允许脏读。读取数据的事务允许其他事务继续访问该行数据，但是未提交的写事务将会禁止其他事务访问该行。

3. 可重复读

可重复读（Repeatable Read）级别禁止不可重复读和脏读，但是有时可能出现幻影数据。这可以通过"共享读锁"和"排他写锁"实现。读取数据的事务将会禁止写事务（但允许读事务），写事务则禁止执行任何其他操作。

4. 可序列化

可序列化(Serializable)级别提供严格的事务隔离。它要求事务序列化执行，即事务只能一个接着一个地执行，不能并发执行。仅仅通过"行级锁定"是无法实现事务序列化的，必须通过其他机制保证新插入的数据不会被刚执行查询操作的事务访问到。

隔离级别越高，越能保证数据的完整性和一致性，但是对并发性能的影响也越大。对于多数应用程序，可以优先考虑把数据库系统的隔离级别设为已提交读。它能够避免脏读，而且具有较好的并发性能。尽管它会导致不可重复读、幻读和丢失更新这些并发问题，但在可能出现这类问题的个别场合，可以由应用程序采用悲观锁或乐观锁来控制。表 8.6 列出了 4 种隔离级别的比较。

表 8.6　4 种隔离级别的比较

隔离级别	读数据一致性	脏读	不可重复读	幻读
未提交读	最低级别，只能保证不读取物理上损坏的数据	是	是	是
已提交读	语句级	否	是	是
可重复读	事务级	否	否	是
可序列化	最高级别，事务级	否	否	否

（六）SQL Server 的锁定机制

SQL Server 通过锁来防止数据并发操作过程中引起的问题。锁就是防止其他事务访问指定资源的手段，它是实现并发控制的主要方法，是多个用户能够同时操作同一个数据库中的数据而不发生数据不一致性现象的重要保障。

SQL Server 提供了多种锁模式，主要包括排他锁、共享锁、更新锁、意向锁、键范围锁、架构锁和大容量更新锁，表 8.7 所示列出了这些锁模式的说明。

在 SQL Server 中使用 sys.dm_tran_locks 动态管理视图可以返回有关当前活动的锁管理器资源信息，还可以使用系统存储过程 sp_lock 查看锁的信息。

1. 使用 sys.dm_tran_locks 视图

在默认情况下，任何一个拥有 VIEW SERVER STATE 权限的用户均可以查询 sys.dm_tran_

locks 视图。例如，在查询窗口输入下列语句。

表 8.7 SQL Server 的锁模式

锁模式	说明
排他锁（X）	如果其事务获得了数据项 R 上的排他锁，则该事务对数据项既可读又可写。如果该事务对数据项 R 加上排他锁，则其他事务对数据项 R 的任务封锁请求都不会成功，直至该事务释放数据项 R 上的排他锁
共享锁（S）	如果某事务获得了数据项 R 上的共享锁，则该事务对数据项 R 可以读，但不可写。如果该事务对数据项 R 加上共享锁，则其他事务对数据项 R 的排他锁请求不会成功，而对数据项 R 的共享锁请求可以成功
更新锁（U）	更新锁可以防止死锁情况出现。当一个事务查询数据以便修改时，可以对数据项施加更新锁，如果事务修改资源，则更新锁会转换成排他锁，否则会转换成共享锁。一次只有一个事务可以获得资源上的更新锁，它允许其他事务对资源的共享式访问，但阻止排他式的访问
意向锁	意向锁用来保护锁层次结构的底层资源，防止其他事务对自己锁住的资源造成伤害，提高锁冲突检测性能。数据库引擎仅在表级检查意向锁，确定事务是否能安全地获取该表上的锁，而不需要检查表中的每一行或每页上的锁，以确定事务是否可以锁定整个表
键范围锁	键范围锁可以防止污读。通过保护行之间键的范围，它还防止幻象插入和删除访问事务的记录集
架构锁	执行表的 DDL 操作(如添加列)时，使用架构锁。在架构锁起作用期间，会防止对表的并发访问。这意味着在释放架构锁之前，该锁之外的所有操作都将被阻止
大容量更新锁	大容量更新锁允许多个进程将数据并行地大容量复制到同一表中，同时防止其他不进行大容量复制的进程访问该表

```
SELECT * FROM sys.dm_tran_locks
```
执行语句，结果如图 8.16 所示。

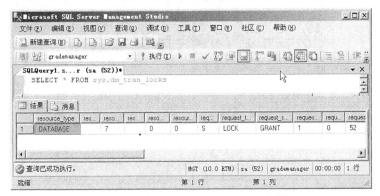

图 8.16 使用 sys.dm_tran_locks 视图

Sys.dm_tran_locks 视图有两个主要用途。

（1）帮助数据库管理员查看服务器上的锁，如果 sys.dm_tran_locks 视图的输出包含许多状态为 WAIT 或 CONVERT 的锁，就应该怀疑存在死锁问题。

（2）帮助了解一条 SQL 语句放置的实际锁，因为用户可能检索一个特定进程的锁。

2. 使用系统存储过程 sp_lock

使用系统存储过程 sp_lock 可以查看 SQL Server 系统或指定进程对资源的锁定情况，其语句格式如下。

```
Sp_lock [spid1][,spid2]
```
其中，spid1 和 spid2 为进程标识号。指定 spid1、spid2 参数时，SQL Server 显示这些进程的锁定情况，否则显示整个系统的锁使用情况。进程标识号为一个整数，可以使用系统存储过程 sp_who 检索当前启动的进程及各进程对应的标识号。

例如，对 department 表执行插入和查询操作，检查在程序执行过程中锁的使用情况。

```
USE grademanager
GO
BEGIN TRANSACTION
SELECT * FROM department
EXEC sp_lock
INSERT INTO department VALUES('d07','机电系','张强','209','2222222')
SELECT * FROM department
EXEC sp_lock
COMMIT TRANSACTION
```

执行结果如图 8.17 所示。

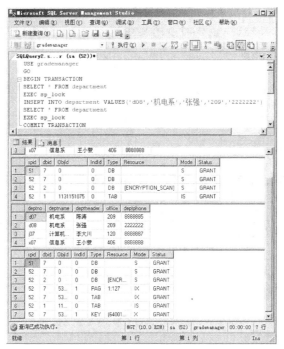

图 8.17　执行结果

（七）活锁和死锁

1. 活锁

事务 T1 封锁了数据 R，事务 T2 又请求封锁 R，于是 T2 等待。T3 也请求封锁 R，T1 释放 R 上的封锁之后，系统首先批准 T3 的请求，T2 仍然等待。然后 T4 又请求封锁 R，T3 释放 R 上的封锁之后，系统又批准了 T4 的请求，……，T2 有可能永远等待，这就是活锁的情形。

避免活锁的简单方法是采用先来先服务的策略。

2. 死锁

两个或两个以上的事务分别申请封锁对方已经封锁的数据对象，导致长期等待而无法继续运行下去的现象称为死锁。死锁状态如图 8.18 所示。

（1）任务 T1 具有资源 R1 的锁（通过从 R1 指向 T1 的箭头指示），并请求资源 R2 的锁（通过从 T1 指向 R2 的箭头指示）。

（2）任务 T2 具有资源 R2 的锁（通过从 R2 指向 T2 的箭头指示），并请求资源 R1 的锁（通过从 T2 指向 R1 的箭头指示）。

两个用户分别锁定一个资源，之后双方又都在等待对方释放锁定的资源，从而产生一个锁定请求环，出现死锁现象。死锁会造成资源大量浪费，甚至会使系统崩溃。

在多用户环境下，数据库系统出现死锁现象是难免的。SQL Server 数据库引擎会自动检测 SQL Server 中的死锁循环，并选择一个会话作为死锁牺牲品，然后终止当前事务（出现错误）来打断死锁。

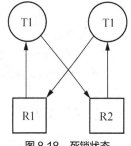

图 8.18　死锁状态

实训　以程序方式处理 SQL Server 数据表的数据

一、Transact-SQL 基础

1. 实训目的

（1）理解常量与变量的概念。

（2）掌握常量与变量的使用方法。

（3）掌握表达式的使用方法。

（4）理解 Transact-SQL 流程控制语句的使用。

（5）掌握常用函数的功能及使用方法。

2. 实训内容和要求

（1）定义一个整型局部变量 iAge 和可变长字符型局部变量 vAddress，并分别赋值 20 和"中国山东"，最后输出变量的值，并要求通过注释说明批处理中语句的功能。

（2）通过全局变量获得当前服务器进程的 ID 标识和 SQL Server 服务器的版本。

（3）求 1～100 的偶数和，以及所有质数之和。

（4）对字符串"Welcome to SQL Server 2016"进行以下操作。

① 将字符串转换为全部大写。

② 将字符串转换为全部小写。

③ 去掉字符串前后的空格。

④ 截取从第 12 个字符开始的 10 个字符。

（5）使用日期型函数，获得如表 8.8 所示的结果。

表 8.8　输出结果

年份	月份	日期	星期几
2009	11	16	星期一

（6）根据 sc 表中的成绩进行处理：成绩大于等于 60 分的显示"及格"，小于 60 分的显示"不及格"，为 NULL 的显示"无成绩"。

（7）在 student 表中查找学生"李艳"的信息，若找到，则显示该生的学号、姓名、班级名称及班主任，否则显示"查无此人"。

3. 思考题

（1）全局变量与局部变量的区别是什么？

（2）使用变量的前提是什么？

二、存储过程

1. 实训目的

（1）理解存储过程的概念。

（2）掌握创建存储过程的方法。

（3）掌握执行存储过程的方法。

（4）掌握查看、修改、删除存储过程的方法。

2. 实训内容和要求

（1）使用 SQL 语句创建存储过程

① 创建不带参数的存储过程。

a. 创建一个从 student 表查询 20070301 班的学生资料的存储过程 proc_1，其中包括学号、姓名、性别、出生年月等。调用 proc_1 存储过程，观察执行结果。

b. 在 grademanager 数据库中创建存储过程 proc_2，要求实现如下功能：存在不及格情况的学生选课情况列表，其中包括学号、姓名、性别、课程号、课程名、成绩、系别等。调用 proc_2 存储过程，观察执行结果。

② 创建带输入参数的存储过程。

创建一个从 student 表查询学生资料的存储过程 proc_3，其中包括学号、姓名、性别、出生年月、班级等。要查询的班级号通过输入参数 no 传递给存储过程。

③ 创建带输入/输出参数的存储过程。

创建一个从 sc 表查询某一课程考试成绩总分的存储过程 proc_4。

在以上存储过程中，要查询的课程号通过执行语句中的输入参数@cno 传递给存储过程，@sum_degree 作为输出参数用来存放查询得到的总分。执行此存储过程，观察执行结果。

④ 创建带重编译选项的存储过程。

在 sc 表中，创建一个带重编译选项的存储过程 proc_5，实现如下功能：输入学生学号，根据该学生所选课程的平均分显示提示信息，平均分大于等于 90，显示"该生成绩优秀"；平均分小于 90 但大于等于 80，显示"该生成绩良好"；平均分小于 80 但大于等于 60，显示"该生成绩合格"；小于 60 显示"该生成绩不及格"。调用此存储过程，显示学号为 2007030301 的学生的成绩情况，并加密该存储过程的定义。

（2）使用 Transcant-SQL 语句查看、修改和删除存储过程

① 查看存储过程。

用户的存储过程被创建以后，可以用系统存储过程来查看其有关信息。

a. 查看存储过程的定义。使用系统存储过程 sp_helptext 查看存储过程 proc_1、proc_3 的定义。

b. 使用系统存储过程 sp_help 查看存储过程 proc_1 的信息。

② 修改存储过程。

使用 ALTER PROCEDURE 语句将存储过程 proc_1 修改为查询 20070302 班的学生资料。

③ 删除存储过程。

将存储过程 proc_1 删除。

（3）使用对象资源管理器 SSMS 创建、查看、修改和删除存储过程

① 创建存储过程。

创建一个从 student 表查询 20070303 班的学生资料的存储过程 proc_6。

在创建存储过程时，检查 SQL 语句是否存在语法错误。创建完成后，观察数据库 grademanager 中是否存在存储过程 proc_6。

② 查看存储过程。

分别查看存储过程 proc_1、proc_6，观察其区别。

③ 修改存储过程。

将存储过程 proc_3 的功能改为从 student 表查询 20070303 班男生的资料。

④ 删除存储过程。

将存储过程 proc_5 删除，在删除存储过程时查看其对数据库的影响。

3. 思考题

（1）如何理解存储过程为不可见？

（2）如何在不影响现有权限的情况下修改存储过程？

三、触发器

1. 实训目的

（1）理解触发器的概念与类型。

（2）理解触发器的功能及工作原理。

（3）掌握创建、更改、删除触发器的方法。

（4）掌握利用触发器维护数据完整性的方法。

2. 实训内容和要求

（1）使用 Transcat-SQL 语句创建触发器

① 创建插入触发器并触发执行触发器。

为 sc 表创建一个插入触发器 student_sc_insert，向表 sc 插入数据时，必须保证插入的学号有效地存在于 student 表中，如果插入的学号在 student 表中不存在，则给出错误提示。

向 sc 表中插入一行数据：sno, cno, degree 分别是（20070302, c01,78），该行数据插入后，观察插入触发器 student_sc_insert 是否触发工作，再插入一行数据，观察插入触发器是否触发工作。

② 创建删除触发器。

为 student 表创建一个删除触发器 student_delete，当删除 student 表中一个学生的基本信

息时，将 sc 表中该生相应的学习成绩删除。

将学生"张小燕"的资料从 student 表中删除，观察删除触发器 student_delete 是否触发工作，即 sc 表中该生相应的学习成绩是否被删除。

③ 创建更新触发器。

为 student 表创建一个更新触发器 student_sno，当更改 student 表中某学号学生的学号时，同时将 sc 表中该学生的学号更新。

将 student 表中的学号 2007030112 改为 2007030122，观察触发器 student_sno 是否触发工作，即 sc 表中是否也全部改为 2007030122。

（2）查看、修改删除触发器

① 查看触发器的相关信息。

a. 查看 student 表中的触发器信息。

b. 查看 student_sc_insert 触发器的定义。

c. 查看触发器的相关性。

② 修改、删除触发器。

a. 使用 ALTER TRIGGER 语句将触发器 student_delete 的功能修改为当删除 student 表应届毕业生的基本信息时，同时删除该届毕业生的学习成绩。

b. 使用 DROP TRIGGER 删除 student_sno 触发器。

（3）使用 SSMS

使用 SSMS 完成 student_sc_insert 触发器、student_delete 触发器和 student_sno 触发器的创建、修改和删除。

3. 思考题

（1）创建触发器的默认权限是什么？该权限能转让给其他用户吗？

（2）能否在当前数据库中为其他数据库创建触发器？

（3）触发器何时被激发？

四、游标及事务的使用

1. 实训目的

（1）理解游标的概念。

（2）掌握定义、使用游标的方法。

（3）理解事务的概念及事务的结构。

（4）掌握事务的使用方法。

2. 实训内容和要求

（1）使用游标

① 定义及使用游标。在 student 表中定义一个班级号为 2007030101，包含 sno、sname、ssex 的只读游标 stud01_cursor，并将游标中的记录逐条显示出来。

② 使用游标修改数据。在 student 表中定义一个游标 stud02_cursor，将游标中绝对位置为 3 的学生姓名改为"李平"，性别改为"女"。

③ 使用游标删除数据。将游标 stud02_cursor 中绝对位置为 3 学生记录删除。

（2）使用事务

① 比较以非事务方式及事务方式执行 SQL 脚本的异同。

a. 以事务方式修改 student 表中学号为 2007020101 的学生姓名及出生年月。执行完修改脚本后，查看 student 表中的该学号的记录。注意：在做该实验之前，student 表中的 sbirth 字段应该设置 CHECK 约束 sbirth<getdate()。

b. 以非事务方式修改 student 表中学号为 2007020101 的学生姓名及出生年月。执行脚本，查看 student 表中该学号的记录。比较两种方式对执行结果的影响有何不同。

② 以事务方式向表插入数据。

以事务方式向 class 表插入 3 个班的资料，内容自定。

其中 header 字段的属性为 NOT NULL。

编写事务脚本并执行，分析回滚操作如何影响分列于事务不同部分的 3 条 INSERT 语句。

3. 思考题

（1）退出对象资源管理器后，游标还存在吗？

（2）使用游标检索数据有什么好处？

（3）事务的特点是什么？

课外拓展　针对网络玩具销售系统创建存储过程和触发器

操作内容及要求如下。

1. 存储过程和触发器

（1）需要频繁获取一份包含所有玩具的名称、说明、价格的报表。在数据库中创建一个对象，消除获得报表时，网络阻塞造成的延时。

（2）对报表的查询如下。

```
SELECT vFirstName,vLastName,vEmailId
FROM shopper
```

为上述查询创建存储过程。

（3）创建存储过程，接收一个玩具代码，显示该玩具的名称和价格。

（4）创建一个存储过程，将数据添加到表 8.9 所示的 ToyBrand 表中。

表 8.9　ToyBrand

Brand Id（品牌代码）	Brand Name（品牌名称）
009	Fun World

（5）创建一个名为 prcAddCategory 的存储过程，将数据添加到表 8.10 所示的 Category 表中。

表 8.10　Category

Category Id（种类代码）	Category（种类名称）	Description（说明）
018	Electronic Games	这些游戏中包含了一个和孩子们交互的屏幕

（6）删除过程 prcAddCategory。

（7）创建一个名为 prcCharges 的触发器，按照给定的订货代码返回船运费和包装费。

（8）创建一个名为 prcHandlingChanges 的触发器，接收一个订货代码并显示处理费。触发器 prcHandlingCharges 中应该用到触发器 prcCharges，以取得船运费和包装费。

提示 处理费 = 船运费 + 包装费。

2. 事务

（1）完成订购之后，订购信息存放在 OrderDetail 表中，系统应当将玩具的现有数量减少，减少购物者订购的数量。

（2）存储过程 prcGenOrder 生成数据库中现有的订货数量。

```
CREATE procedure prcGenOrder
@OrderNo char(6)output
AS
    SELECT @OrderNo=max(cOrderNo) from orders
    SELECT @OrderNo=case
WHEN @OrderNo>=0 and @OrderNo<9  then '00000'+convert(char,@OrderNO+1)
WHEN @OrderNo>=9 and @OrderNo<99  then '0000'+convert(char,@OrderNO+1)
WHEN @OrderNo>=99 and @OrderNo<999 then '000'+convert(char,@OrderNO+1)
WHEN @OrderNo>=999 and @OrderNo<9999  then '00'+convert(char,@OrderNO+1)
WHEN @OrderNo>=9999 and @OrderNo<99999  then '0'+convert(char,@OrderNO+1)
WHEN @OrderNo>=99999  then  convert(char,@OrderNO+1)
END
```

当购物者确认一次订购时，依次执行下列步骤。

① 通过上述过程生成订货代码。

② 将订货代码、当前日期、车辆代码、购物者代码添加到 Order 表中。

③ 将订货代码、玩具代码、数量添加到 OrderDetail 表中。

④ OrderDetail 表中的玩具价格应该更新。

提示 玩具价格 = 数量 × 玩具单价。

注意 上述步骤应当具有原子性。

将上述事务转换成存储过程，该过程接受车辆代码和购物者代码作为参数。

（3）当购物者为某个特定的玩具选择礼品包装时，依次执行下列步骤。

① 属性 cGiftWrap 中应当存放"Y"，cWrapperId 属性应根据选择的包装代码更新。

② 礼品包装费用应当更新。

注意 上述步骤应当具有原子性。

将上述事务转换成存储过程，该过程接收订货代码、玩具代码和包装代码作为参数。

（4）如果购物者改变了订货数量，则玩具价格将自动修改。

 提示 玩具价格＝数量×玩具单价。

习题

1. 选择题

（1）在关系数据库中，既想简化用户的查询操作，又不增加数据的存储空间，应该创建的数据库对象是（   ）。

A. Table（表）　　　　　　　　　　B. Index（索引）

C. Cursor（游标）　　　　　　　　　D. View（视图）

（2）触发器的类型有 3 种，下面哪一种是错误的触发器类型？（   ）

A. UPDATED　　B. DELETED　　　C. ALTERED　　　　D. INSERTED

（3）临时存储过程总是在（   ）数据库中创建的。

A. model　　　　B. master　　　　C. msdb　　　　　D. tempdb

（4）一个触发器能定义在多少个表中？（   ）

A. 只有一个　　B. 一个或者多个　　C. 一个到 3 个　　D. 任意多个

（5）下面选项中不属于存储过程优点的是（   ）。

A. 增强代码的重用性和共享性　　　B. 可以加快运行速度，减少网络流量

C. 可以作为安全性机制　　　　　　D. 编辑简单

（6）在一个表上可以有（   ）类型的触发器。

A. 一种　　　　　B. 两种　　　　　C. 3 种　　　　　D. 无限制

（7）使用（   ）语句删除触发器 trig_Test。

A. DROP * FROM trig_Test

B. DROP trig_Test

C. DROP TRIGGER WHERE NAME='trig_Test'

D. DROP TRIGGER trig_Test

2. 填空题

（1）系统存储过程创建和保存在＿＿＿＿＿＿数据库中，以＿＿＿＿＿＿为名称的前缀，可在任何数据库中使用系统存储过程。

（2）在无法得到定义该存储过程的脚本文件而又想知道存储过程的定义语句时，使用＿＿＿＿＿系统存储过程查看定义存储过程的 Transact-SQL 语句。

（3）SQL Server 中的触发器可分为 DML 触发器和＿＿＿＿＿＿。其中，DML 触发器又分为AFTER 触发器、＿＿＿＿＿＿和 CLR 触发器。

项目9
维护学生信息管理数据库的安全

09

项目描述:

当在服务器上运行 SQL Server 时,数据库管理员的职责就是想方设法使 SQL Server 免遭非法侵入,拒绝访问数据库,保证数据库的安全性和完整性。

本项目主要通过介绍 SQL Server 的用户管理方法、数据库的备份与还原、数据库的迁移、数据的导入与导出和日志的用法等内容,使读者掌握确保数据库安全性和完整性的相关措施与方法。

学习目标:

- 理解 SQL Server 的安全机制
- 掌握 SQL Server 的用户、角色管理
- 掌握 SQL Server 的备份与恢复

任务 9-1 SQL Server 身份验证模式

【任务分析】

微课 9-1:SQL
Server 身份验证
模式

数据库引擎中的权限通过登录名和服务器角色在服务器级别进行管理,以及通过数据库用户和数据库角色在数据库级别进行管理。本节通过身份验证模式的管理和实践,实现典型的权限。

【课堂任务】

- 熟悉 SQL Server 2016 的身份验证模式
- 配置身份验证模式
- 理解 SQL Server 2016 登录

(一)SQL Server 2016 的两种身份验证模式

在安装过程中,必须为数据库引擎选择身份验证模式。下面是两种可能的模式:Windows 身

份验证模式和混合模式。Windows 身份验证模式会启用 Windows 身份验证并禁用 SQL Server 身份验证。混合模式会同时启用 Windows 身份验证和 SQL Server 身份验证。Windows 身份验证始终可用，并且无法禁用。

如果在安装过程中选择混合模式身份验证，则必须为名为 sa 的内置 SQL Server 系统管理员账户提供一个强密码并确认该密码。sa 账户使用 SQL Server 身份验证进行连接。

如果在安装过程中选择 Windows 身份验证，则安装程序会为 SQL Server 身份验证创建 sa 账户，但会禁用该账户。如果稍后更改为混合模式身份验证并要使用 sa 账户，则必须启用该账户。可以将任何 Windows 或 SQL Server 账户配置为系统管理员。由于 sa 账户广为人知且经常成为恶意用户的攻击目标，因此除非应用程序需要使用 sa 账户，否则请勿启用该账户。切勿为 sa 账户设置空密码或弱密码。

1. Windows 身份验证模式

当用户通过 Windows 身份验证模式连接时，SQL Server 使用操作系统中的 Windows 主体标记验证账户名和密码。也就是说，用户身份由 Windows 确认。SQL Server 不要求提供密码，也不执行身份验证。Windows 身份验证是默认身份验证模式，并且比 SQL Server 身份验证更为安全。Windows 身份验证使用 Kerberos 安全协议，提供有关强密码复杂性验证的密码强制策略，还支持账户锁定和密码过期。通过 Windows 身份验证创建的连接有时也称为可信连接，这是因为 SQL Server 信任由 Windows 提供的凭据。

使用 Windows 身份验证模式，可以在域级别创建 Windows 组，并且可以在 SQL Server 中为整个组创建登录名。在域级别管理访问可以简化账户管理。

图 9.1 中的 DESKTOP-39TV50J\SQLEXPRESS 表示当前的计算机 DESKTOP-39TV50J 上的实例 SQLEXPRESS；DESKTOP-39TV50J\lyq 是指登录该计算机时使用的 Windows 账户名称，是 SQL Server 2016 默认的身份验证模式。

图 9.1　Windows 身份验证模式

提示　用户平时在管理和维护数据库时，尽可能使用 Windows 身份验证连接 SQL Server 2016 服务器，以增强 SQL Server 的安全。

2. 混合身份验证模式

使用混合身份验证模式，可以同时使用 Windows 身份验证和 SQL Server 身份验证。SQL Server 身份验证主要用于外部的用户，如那些可能从 Internet 访问数据库的用户。可以配置从 Internet 访问 SQL Server 2016 的应用程序，以自动使用指定的账户或提示用户输入有效的 SQL Server 用户账户和密码。

使用混合身份验证模式时，SQL Server 2016 首先确定用户的连接是否使用有效的 SQL Server 用户账户登录。如果用户有有效的用户账户登录和正确的密码，则接受用户的连接；如果用户有有效的用户账户登录，但使用了不正确的密码，则用户的连接被拒绝。仅当用户没有有效的用户账户登录时，SQL Server 2016 才检查 Windows 账户的信息。在这样的情况下，SQL Server

2016 确定 Windows 账户是否有连接到服务器的权限。如果账户有权限，连接被接受；否则，连接被拒绝。

使用 SQL Server 身份验证模式时，在 SQL Server 中创建的用户账户并不基于 Windows 用户账户。用户账户和密码均使用 SQL Server 创建并存储在 SQL Server 中。使用 SQL Server 身份验证模式连接的用户每次连接时都必须提供凭据（用户账户和密码）。使用 SQL Server 身份验证模式时，必须为所有 SQL Server 账户设置强密码。

图 9.2 所示为使用 SQL Server 身份验证模式的界面。在使用 SQL Server 身份验证模式时，用户必须提供用户账户和密码，SQL Server 检查是否注册了该 SQL Server 登录账户或指定的密码是否与以前记录的密码相匹配来进行身份验证。如果 SQL Server 未设置登录账户，则身份验证将失败，而且用户会收到错误信息。

图 9.2　SQL Server 身份验证

（1）SQL Server 身份验证模式的缺点

① 如果用户是具有 Windows 登录名和密码的 Windows 域用户，则还必须提供另一个用于连接的（SQL Server）登录名和密码。记住多个登录名和密码对于许多用户而言都较为困难。每次连接到数据库时，都必须提供 SQL Server 凭据。

② SQL Server 身份验证模式无法使用 Kerberos 安全协议。

③ SQL Server 登录名不能使用 Windows 提供的其他密码策略。

④ 必须在连接时，通过网络传递已加密的 SQL Server 身份验证登录密码。一些自动连接的应用程序将密码存储在客户端，这可能产生其他攻击点。

（2）SQL Server 身份验证模式的优点

① 允许 SQL Server 支持那些需要进行 SQL Server 身份验证的旧版应用程序和由第三方提供的应用程序。

② 允许 SQL Server 支持具有混合操作系统的环境，在这种环境中，并不是所有用户均由 Windows 域验证。

③ 允许用户从未知的或不可信的域进行连接。例如，既定客户使用指定的 SQL Server 登录名进行连接，以接收其相应的应用程序。

④ 允许 SQL Server 支持基于 Web 的应用程序，在这些应用程序中，用户可创建自己的标识。

⑤ 允许软件开发人员使用基于已知的预设 SQL Server 登录名的复杂权限层次结构来分发应用程序。

提示　使用 SQL Server 身份验证模式不会限制安装 SQL Server 的计算机上的本地管理员权限。

（二）配置身份验证模式

在第一次安装 SQL Server 2016 或者使用 SQL Server 2016 连接其他服务器时，需要指定验证模式。对于已指定验证模式的 SQL Server 2016 服务器，还可以修改验证模式，具体步骤如下。

（1）打开 SSMS 窗口，选择一种身份验证模式，建立与服务器的连接。

（2）在【对象资源管理器】窗格中用鼠标右键单击服务器名称，在弹出的快捷菜单中选择【属性】命令，打开【服务器属性】窗口，如图 9.3 所示。

图 9.3　【服务器属性】窗口

在默认打开的【常规】选项卡中显示了 SQL Server 2016 服务器的常规信息，包括 SQL Server 2016 的版本、操作系统版本、运行平台、默认语言，以及内存和 CPU 等。

（3）在左侧的【选择页】列中选择【安全性】选项，如图 9.4 所示，在【服务器身份验证】选项区中选择服务器身份验证模式。不管使用哪种模式，都可以通过审核来跟踪访问 SQL Server 2016 的用户，默认设置下仅审核登录失败的用户。

图 9.4　设置【安全性】选项

启用审核后，用户的登录情况记录于 Windows 应用程序日志、SQL Server 2016 错误日志两者之中，这取决于如何配置 SQL Server 2016 的日志。【登录审核】选项区中的审核选项如下。

① 无：禁止跟踪审核。

② 仅限失败的登录：默认设置，选择后，仅审核失败的登录尝试。

③ 仅限成功的登录：仅审核成功的登录尝试。

④ 失败和成功的登录：审核所有成功和失败的登录尝试。

（三）SQL Server 2016 登录

1. 创建 SQL Server 登录名

SQL Server 2016 内置的登录名都具有特殊的含义和作用，因此不应该将它们分配给普通用户使用，而是创建一些适用于用户权限的登录名。

（1）使用 SSMS 创建登录名，具体步骤如下。

① 打开 SSMS 窗口，展开【服务器】|【安全性】节点。

② 用鼠标右键单击【登录名】节点，从弹出的快捷菜单中选择【新建登录名】命令，打开【登录名-新建】窗口，在【登录名】文本框中输入 xuser。

③ 在下方选中【SQL Server 身份验证】单选按钮，并输入密码及确认密码，这里注意密码区分大小写。

④ 在【默认数据库】下拉列表中设置使用 xuser 会进入 grademanager。再根据需要设置其他选项，或者使用默认值，如图 9.5 所示。

图9.5 【登录名-新建】窗口

⑤ 单击【用户映射】选项，选中 grademanager 数据库前的复选框，其他选项保持默认，如图 9.6 所示。

⑥ 设置完成后，单击【确定】按钮，完成新登录名的创建。

图 9.6 【用户映射】界面

⑦ 为了测试是否成功创建的登录名，下面用新的登录名 xuser 来登录。打开 SSMS，从【身份验证】下拉列表中，选择【SQL Server身份验证】选项，在【登录名】文本框中输入xuser，在【密码】文本框输入前面设置的密码，如图 9.7 所示。

⑧ 单击【连接】按钮，打开针对数据库grademanager 的查询窗口。

如果用刚创建的登录名 xuser 连接到 SQLServer 2016，那么登录成功后，只能使用grademanager 数据库，若使用其他数据库将弹出错误消息，如图 9.8 所示。

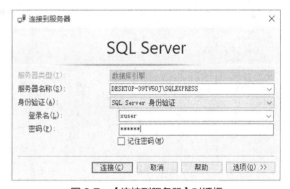

图 9.7 【连接到服务器】对话框

图 9.8 错误消息

（2）使用 sp_addlogin 系统存储过程创建 SQL Server 登录名。

【例 9.1】 创建一个 SQL Server 身份验证连接，用户名为 MGT_xuser，密码为 abc123ABC，默认数据库为 grademanager。

```
EXECUTE sp_addlogin 'MGT_xuser','abc123ABC','grademanager'
```

（3）使用 sp_droplogin 系统存储过程可以删除由 sp_addlogin 添加的 SQL Server 登录名。

【例 9.2】 删除由 sp_addlogin 添加的 SQL Server 登录名 MGT_xuser。

```
EXECUTE sp_droplogin 'MGT_xuser'
```

233

提示 展开【登录名】节点后，用鼠标右键单击该节点下的一个登录名可以进行很多日常操作，如重命名登录名、删除或者新建登录名及查看登录名的属性等。

2. 创建 Windows 账户登录

SQL Server 默认的身份验证模式为 Windows 身份验证模式，如果使用 Windows 身份验证模式登录 SQL Server，则该登录账户必须存在于 Windows 系统的账户数据库中。创建 Windows 账户登录的第一步是在操作系统中创建用户账户，具体步骤如下。

（1）打开【控制面板】|【管理工具】中的【计算机管理】窗口，展开【系统工具】|【本地用户和组】节点，如图 9.9 所示。

（2）用鼠标右键单击【用户】节点，选择【新用户】命令，在弹出的【新用户】对话框中输入相应信息，设置【用户名】为 xuser，【描述】为"学生管理系统管理员"，设置相应的密码并选中【密码永不过期】复选框，如图 9.10 所示。

图 9.9 【计算机管理】窗口

图 9.10 【新用户】对话框

（3）设置完成后，单击【创建】按钮完成新用户的创建。

（4）创建用户账户与组之后，就可以创建要映射到这些账户的 Windows 登录。打开 SSMS 窗口，展开【服务器】|【安全性】|【登录名】节点。

（5）用鼠标右键单击【登录名】节点，从弹出的快捷菜单中选择【新建登录名】命令，打开【登录名-新建】窗口。

（6）单击【搜索】按钮，在弹出的【选择用户或组】对话框中单击【高级】按钮，在弹出的对话框中单击【立即查找】按钮。从搜索结果中把刚刚创建的用户 MGT\xuser 添加进来，单击【确定】按钮，如图 9.11 所示。

（7）单击【确定】按钮返回。在【登录名-新建】窗口中，选中【Windows 身份验证】单选按钮，并选择 grademanager 为默认数据库，如图 9.12 所示。

（8）单击【确定】按钮，Windows 登录名创建完成。

图 9.11　选择用户

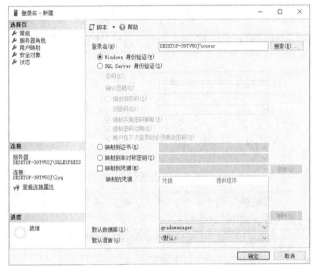

图 9.12　新建 Windows 登录

> **提示**　对于 grademanager 数据库，如果有 20 人或者更多人要访问这个数据库，就会有 20
> 个登录名需要管理。但是如果为这 20 人创建一个 Windows 组，并将一个 SQL Server
> 登录映射到这个组上，就可以只管理一个 SQL Server 登录。

任务 9-2　SQL Server 权限管理

【任务分析】

SQL Server 2016 使用权限为访问控制的最后一道安全设施。本节学习如何操作权限。

【课堂任务】

- 权限的类型
- 操作权限

在 SQL Server 2016 数据库中的每个数据库对象都由该数据库的一个用户拥有（一个用户可以拥有多个对象），拥有者以数据库赋予的 ID 作为标识。每个 SQL Server 安全对象都有可以授予主体的关联权限。数据库引擎中的权限可分配给登录名和服务器角色的服务器级别，以及分配给数据库用户和数据库角色的数据库级别进行管理。

（一）权限类型

权限确定了用户能在 SQL Server 2016 或数据库中执行的操作，并根据登录 ID、组成员关系和角色成员关系为用户授予相应权限。在用户执行更改数据库定义或访问数据库的任何操作之前，用户必须有适当的权限。在 SQL Server 2016 中可以使用的权限有对象权限和语句权限。

1. 对象权限

SQL Server 2016 中的所有对象权限都是可授予的。可以管理特定的对象、特定类型的所有对象和所有属于特定架构对象的权限。通过授予、拒绝和撤销执行特殊语句或存储过程的操作来控制对这些对象的访问。例如，可以授予用户在表中选择（SELECT）信息的权限，但是拒绝在表中插入（INSERT）、更新（UPDATE）和删除（DELETE）信息的权限。

2. 语句权限

语句权限是用于控制创建数据库或数据库中的对象涉及的权限。例如，如果用户需要在数据库中创建表，则应该向该用户授予 CREATE TABLE 语句权限。只有 sysadmin、db_owner 和 db_securityadmin 角色成员才能够授予用户语句权限。

表 9.1 中列出了 SQL Server 2016 中可以授予、拒绝和撤销的语句权限。

表 9.1 权限语句

CREATE DATABASE	确定登录是否能创建数据库，要求用户必须在 master 数据库中或必须是 sysadmin 服务器角色的成员
CREATE DEFAULT	确定用户是否具有创建表的列默认值的权限
CREATE FUNCTION	确定用户是否具有在数据库中创建用户自定义函数的权限
CREATE PROCEDURE	确定用户是否具有创建存储过程的权限
CREATE RULE	确定用户是否具有创建表的列规则的权限
CREATE TABLE	确定用户是否具有创建表的权限
CREATE VIEW	确定用户是否具有创建视图的权限
BACKUP DATABASE	确定用户是否具有备份数据库的权限
BACKUP LOG	确定用户是否具有备份事务日志的权限

提示 在默认情况下，正常的登录不授予语句权限，必须指定将此权限仅授予非管理员的登录。

微课 9-2：操作权限

（二）操作权限

在 SQL Server 2016 中，用户和角色的权限以记录的形式存储在各个数据库的 sysprotects 系统表中。权限有 3 种状态：授予、撤销、拒绝。

1. 授予权限

为了允许用户执行某些活动或者操作数据，需要授予相应的权限，使用

GRANT 语句授予授权。GRANT 语句的语法格式如下。

```
GRANT {ALL|statement[,…n]}
TO security_account[,…n]
```

各参数的含义如下。

（1）ALL：表示授予所有可以应用的权限。其中在授予命令权限时，只有固定的服务器角色成员 sysadmin 可以使用 ALL 关键字；而在授予对象权限时，固定服务器角色成员 sysadmin、固定数据库角色成员 db_owner 和数据库对象拥有者都可以使用关键字 ALL。

（2）statement：表示可以授予权限的命令，如 CREATE DATABASE。

（3）security_account：定义被授予权限的用户单位。security_account 可以是 SQL Server 的数据库用户、SQL Server 的角色、Windows 的用户或工作组。

【例 9.3】 授予角色 xuser 对 grademanager 数据库中的 student 表的 INSERT、UPDATE 和 DELETE 权限。

```
USE grademanager
GO
GRANT INSERT,UPDATE,DELETE
ON student
TO xuser
GO
```

 提示 权限只能授予本数据库的用户，如果将权限授予了 public 角色，则数据库中的所有用户都将默认获得该项权限。

2．撤销权限

使用 REVOKE 语句可以撤销以前授予或拒绝的权限。撤销类似于拒绝，但是撤销权限是删除已授予的权限，并不是妨碍用户、组或角色从更高级别集成已授予的权限。撤销对象权限的基本语法如下。

```
REVOKE {ALL|statement[,…n]}
FROM security_account[,…n]
```

撤销权限的语法与授予权限的语法基本相同。

【例 9.4】 在 grademanager 数据库中撤销 xuser_Role 角色对 student 表拥有的 INSERT、UPDATE 和 DELETE 权限。

```
USE grademanager
GO
REVOKE INSERT,UPDATE,DELETE
ON OBJECT::student
FROM xuser CASCADE
```

3．拒绝权限

授予用户对象权限后，数据库管理员可以根据实际情况在不撤销用户访问权限的情况下，拒绝用户访问数据库对象。拒绝对象权限的基本语法如下。

```
DENY {ALL|statement[,…n]}
FROM security_account[,…n]
```

拒绝访问的语法要素与授予权限和撤销权限的语法要素意义一致。

【例 9.5】 把在 grademanager 数据库的 student 表中执行 INSERT 操作的权限授予 public 角色，并拒绝用户 guest 拥有该项权限。

```
USE grademanager
GO
GRANT INSERT
ON student
TO public
GO
DENY INSERT
ON student
TO guest
```

 提示 如果使用了 DENY 命令拒绝某用户获得某项权限，则即使该用户后来加入了具有该项权限的某工作组或角色，该用户仍然无法使用该项权限。

任务 9-3 用户和角色管理

【任务分析】
理解 SQL Server 2016 数据库用户和角色的管理。

【课堂任务】
- SQL Server 2016 数据库用户的管理
- SQL Server 2016 数据库角色的管理
- SQL Server 2016 服务器角色的管理

（一）数据库用户

数据库用户是数据库级的主体，是登录名在数据库中的映射，是在数据库中执行操作和活动的行动者。在 SQL Server 2016 系统中，数据库用户不能直接拥有表、视图等数据库对象，而是通过架构拥有这些对象。

1. 数据库用户

使用数据库用户账户限制访问数据库的范围，默认的数据库用户有 dbo、guest 和 sys 等。

（1）dbo 用户

dbo 是一个特殊的数据库用户，并且被授予特殊的权限。一般来说，创建数据库的用户是数据库的所有者。dbo 被隐式授予对数据库的所有权限，并且能将这些权限授予其他用户。因为 sysadmin 服务器角色的成员被自动映射为特殊用户 dbo，以 sysadmin 角色登录能执行 dbo 能执行的任何任务。

在 SQL Server 数据库中创建的对象也有所有者，这些所有者是指数据库对象所有者。通过 sysadmin 服务器角色成员创建的对象自动属于 dbo 用户。通过非 sysadmin 服务器角色成员创建的对象属于创建对象的用户，当其他用户引用它们时，必以用户的名称来限定。

（2）guest 用户

guest 用户是一个加入数据库并且允许登录任何数据库的特殊用户。以 guest 账户访问数据库的用户账户被认为是 guest 用户的身份并且继承 guest 账户的所有权限和许可。

默认情况下，guest 用户存在于 model 数据库中，并且被授予 guest 账户的权限。由于 model

是创建所有数据库的模板，所以新的数据库将包括 guest 账户，并且该账户将授予 guest 账户权限。

在使用 guest 账户之前，应该注意以下几点关于 guest 账户的信息。

（1）guest 用户是公共服务器角色的一个成员，并且继承这个角色的权限。

（2）在任何用户以 guest 账户访问数据库以前，guest 账户必须存在于数据库中。

（3）guest 用户仅用于用户账户具有访问 SQL Server 的权限，但是不能通过这个用户账户访问数据库。

2．创建数据库用户

创建数据库用户可分为两步，首先，创建数据库用户使用的 SQL Server 2016 用户账户，如果使用内置的用户账户，则可省略这一步，然后为数据库指定到创建的用户账户。

（1）使用 SSMS 创建数据库用户账户

使用 SSMS 创建数据库用户账户，并给用户授予访问数据库 grademanager 的权限，具体步骤如下。

① 打开 SSMS 窗口，展开【服务器】|【数据库】|【grademanager】节点。

② 再展开【安全性】|【用户】节点并用鼠标右键单击，从弹出的快捷菜单中选择【新建用户】命令，打开【数据库用户-新建】窗口。

③ 在【用户名】文本框中输入 xuser_dbu 指定要创建的数据库用户名称。

④ 单击【登录名】文本框旁边的【选项】按钮，打开【选择登录名】窗口，然后单击【浏览】按钮，打开【查找对象】窗口。

⑤ 选中 xuser 旁边的复选框，单击【确定】按钮，返回【选择登录名】窗口，单击【确定】按钮，返回【数据库用户-新建】窗口。

⑥ 用同样的方式，选择【默认架构】为 dbo，如图 9.13 所示。

⑦ 单击【确定】按钮，完成带登录名"xuser"的 SQL 用户"xuser_dbu"的创建。

⑧ 为了验证是否创建成功，可以刷新【用户】节点，此时在【用户】节点下可以看到刚才创建的 xuser_dbu 用户账户。

⑨ 其他选项卡

【数据库用户-新建】窗口还提供了 4 个选项：【拥有的架构】【成员身份】【安全对象】和【扩展属性】。

【拥有的架构】选项列出了可由新的数据库用户拥有的所有可能的架构。若要向数据库用户添加架构或者从数据库用户中删除架构，则在【此用户拥有的架构】下选中或取消选中架构旁边的复选框。

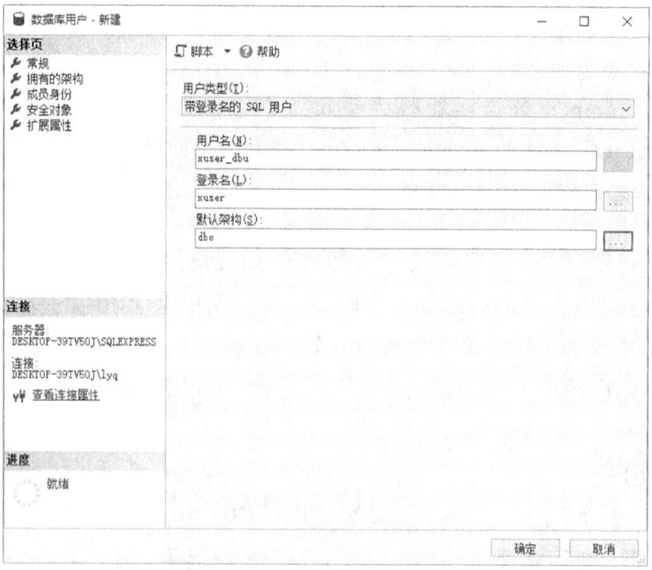

图 9.13 【数据库用户-新建】窗口

【成员身份】选项列出了可由新的数据库用户拥有的所有可能的数据库成员身份角色。若要向数据库用户添加角色或者从数据库用户中删除角色，则在【数据库角色成员身份】下选中或取消选中角色旁边的复选框。

【安全对象】选项将列出所有可能的安全对象以及可授予登录名的针对这些安全对象的权限。

【扩展属性】选项允许向数据库用户添加自定义属性。此选项还提供以下选项。

数据库：显示所选数据库的名称。此字段为只读。

排序规则：显示用于所选数据库的排序规则。此字段为只读。

属性：查看或指定对象的扩展属性。每个扩展属性都由与该对象关联的元数据的名称/值对组成。

省略号（…）：单击【值】后面的省略号（…）按钮可以打开【扩展属性的值】对话框。在这一较大的空间中键入或查看扩展属性的值。有关详细信息请参阅【扩展属性的值】对话框。

删除：删除所选扩展属性。

（2）使用系统存储过程 sp_grantdbaccess 添加数据库用户账户

使用系统存储过程 sp_grantdbaccess 添加数据库用户账户的语法格式如下。

```
sp_grantdbaccess [@loginname=]'login'
[,[@name_in_db=]'name_in_db']
```

① @loginname：映射到新数据库用户的 Windows 组、Windows 登录名或 SQL Server 登录名。

② @name_in_db：新数据库用户的名称。name_in_db 是 OUTPUT 变量，其数据类型为 sysname，默认值为 NULL。如果不指定，则使用 login。如果指定值为 NULL 的 OUTPUT 的变量，则@name_in_db 将设置为 login。name_in_db 不存在于当前数据库中。

【例 9.6】使用 sp_addlogin 系统存储过程创建一个到 grademanager 数据库的登录名 xuser_exam，并使用 sp_grantdbaccess 系统存储过程将该登录名作为数据库用户进行添加。

```
EXEC sp_addlogin 'xuser_exam','123456','grademanager'
GO
```

```
USE grademanager
GO
EXEC sp_grantdbaccess xuser_exam
```

（二）管理角色

角色是 SQL Server 2016 用来集中管理数据库或者服务器权限的方式。数据库管理员将操作数据库的权限赋予角色，数据库管理员再将角色赋予数据库用户或者登录账户，从而使数据库用户或者登录账户拥有相应的权限。

1. 服务器角色

服务器级角色也称为固定服务器角色，因为不能创建新的服务器级角色。服务器级角色的权限作用域为服务器范围，可以向服务器级角色添加 SQL Server 登录名、Windows 账户和 Windows 组。固定服务器角色的每个成员都可以向其所属角色添加其他登录名。

使用系统存储过程 sp_helpsrvrole 可以查看预定义服务器角色的内容，如图 9.14 所示。

图 9.14　预定义服务器角色

> **注意**　可以通过 SSMS 来浏览服务器角色。从【对象资源管理器】窗格中展开【安全性】|【服务器角色】节点。

下面按照从低级别到高级别的角色顺序，介绍服务器角色。

（1）bulkadmin

bulkadmin 服务器角色的成员可以运行 BULK INSERT 语句。该语句允许从文本文件中将数据导入 SQL Server 2016 数据库中，为需要执行大容量插入数据库的域账户设计。

（2）dbcreator

dbcreator 服务器角色的成员可以创建、更改、删除和还原任何数据库。这不仅是适合助理 DBA 的角色，也是适合开发人员的角色。

（3）diskadmin

diskadmin 服务器角色用于管理磁盘文件，如镜像数据库和添加备份设备。它适合于助理 DBA。

（4）processadmin

SQL Server 2016 能够多任务化，也就是说，可以执行多个进程或多个事件。例如，SQL Server 2016 可以生成一个进程用于向高速缓存写数据，同时生成另一个进程用于从高速缓存中读取数据。这个角色的成员可以删除进程。

（5）securityadmin

securityadmin 服务器角色的成员将管理登录名及其属性。它们可以授权、拒绝和撤销服务器级权限和数据库级权限。另外，它们可以重置 SQL Server 2016 登录名的密码。

（6）serveradmin

serveradmin 服务器角色的成员可以更改服务器范围的配置选项和关闭服务器，如 SQL Server 2016 可以使用多大内存、监视通过网络发送多少信息，或者关闭服务器，这个角色可以减轻管理员的管理负担。

（7）setupadmin

该服务器角色为需要管理链接服务器和控制启动的存储过程的用户而设计。Setupadmin 服务器角色的成员能添加到 setupadmin，能增加、删除和配置链接服务器，并能控制启动过程。

（8）sysadmin

sysadmin 服务器角色的成员有权在 SQL Server 2016 中执行任何任务。因为不熟悉 SQL Server 2016 的用户可能会意外地造成严重问题，所以给这个角色指派用户时应该特别小心。通常情况下，这个角色仅适合于数据库管理员。

这些预定义角色能够执行的权限见表 9.2。

表 9.2　权限列表

服务器角色	权限
bulkadmin	ADMINISTER BULK OPERATIONS
dbcreator	CREATE DATABASE
diskadmin	ALTER RESOURCES
processadmin	ALTER SERVER STATE,ALTER ANY CONNECTION
securityadmin	ALTER ANY LOGIN
serveradmin	ALTER SETTING,SHUTDOWN,CREATE ENDPOINT,ALTER SERVER
setupadmin	ALTER ANY LINKED SERVER
sysadmin	CONTROL SERVER

2．固定数据库角色

SQL Server 2016 提供了固定数据库角色，这些角色拥有内置的且不能被更改的权限。可以使用固定角色为用户指派数据库管理权限，用户可以从属于多个角色，也就是可以同时享有多重权限，常用的预定义数据库角色如下。

（1）db_owner：在数据库中拥有全部权限。

（2）db_accessadmin：可以添加或删除用户账号，以指定谁可以访问数据库。

（3）db_securityadmin：可以管理全部权限、对象所有权、角色和角色成员资格。

（4）db_ddladmin：可以发出 ALL DDL，但不能发出 GRANT（授权）、REVOKE 和 DENY 语句。

（5）db_backupoperator：可以备份该数据库。

（6）db_datareader：可以选择数据库任何用户表中的所有数据。

（7）db_datawriter：可以更改数据库任何用户表中的所有数据。

（8）db_denydatareader：不能选择数据库任何用户表中的任何数据，但可以修改架构。

（9）db_denydatawriter：不能更改数据库任何用户表中的任何数据。

（10）public：在 SQL Server 2016 中，每个数据库用户都属于 public 数据库角色。当尚未对某个用户授予或拒绝安全对象的特定权限时，该用户将继承授予该安全对象的 public 角色的权限。这个数据库角色不能删除。

（三）管理服务器角色

1. 使用 SSMS 将登录名指派到服务器角色

为前面创建的登录名指派或者更改服务器角色，步骤如下。

（1）打开 SSMS 窗口，选择某种身份验证模式，建立与 SQL Server 2016 服务器的连接。

（2）在【对象资源管理器】窗格中展开【服务器】|【安全性】|【登录名】节点。

（3）用鼠标右键单击登录名 xuser，选择【属性】命令，弹出【登录属性-xuser】窗口。

（4）选择【服务器角色】选项，如图 9.15 所示。

（5）【服务器角色】列表中，选中复选框来授予 xuser 不同的服务器角色，例如 sysadmin。

图 9.15　选择【服务器角色】选项

（6）设置完成后，单击【确定】按钮返回。

2. 使用系统存储过程 sp_addsrvrolemember 增加登录到服务器角色

使用系统存储过程 sp_addsrvrolemember 增加登录到服务器角色的语法格式如下。

```
SP_addsrvrolemember [@loginame=] 'login',[@rolename=] 'role'
```

【例 9.7】 将 Windows 登录名 xuser 添加到 sysadmin 服务器角色中。

```
EXEC sp_addsrvrolemember 'xuser','sysadmin'
```

3. 使用系统存储过程 sp_dropsrvrolemember 删除登录到服务器角色

使用系统存储过程 sp_dropsrvrolemember 删除登录到服务器角色的语法格式如下。

```
sp_dropsrvrolemember [@loginame=] 'login',[@rolename=] 'role'
```

【例 9.8】 从 sysadmin 服务器角色中删除登录 xuser。

```
EXEC sp_dropsrvrolemember 'xuser','sysadmin'
```

（四）管理数据库角色

数据库角色是具有相同访问权限的数据库用户账号或组的集合。可以使用 SQL Server 中的角色高效地管理权限。将权限分配给角色，然后在角色中添加和删除用户以及登录名。使用角色，不必单独维护各个用户权限。通过数据库用户和角色来控制数据库的访问和管理。数据库角色应用于单个数据库。

存在两种类型的数据库角色：数据库中预定义的"固定数据库角色"和可以创建的"用户定义的数据库角色"。用户可以向数据库角色中添加任何数据库用户账户和其他 SQL Server 角色。

1. 将登录指派到角色

将登录名添加到数据库角色中来限定该登录对数据库拥有的权限，步骤如下。

（1）打开 SSMS 窗口，在【对象资源管理器】窗格中，展开【数据库】|【grademanager】节点。

（2）展开【安全性】|【数据库角色】节点，用鼠标右键单击 db_denydatawriter 节点，选择【属性】命令，打开【数据库角色属性】窗口。

（3）单击【添加】按钮，打开【选择用户数据库或角色】窗口，然后单击【浏览】按钮，打开【查找对象】对话框，如图 9.16 所示。

（4）在【匹配的对象】列表中选中【名称】列前的复选框，然后单击【确定】按钮，返回【选择用户数据库或角色】窗口。可指派多个登录到同一个数据库角色。

图 9.16 【查找对象】对话框

（5）单击【确定】按钮，返回【数据库角色属性】窗口，如图 9.17 所示。

图 9.17 【数据库角色属性】窗口

（6）添加完成后，单击【确定】按钮关闭【数据库角色属性】窗口。

（7）使用 SQL Server 身份验证模式建立连接，在【用户名】文本框中输入前面指定的数据库用户 xuser，在【密码】文本框中输入前面设定的密码，单击【连接】按钮打开新的查询窗口。

（8）单击【新建查询】按钮，打开新的 SQL Server 查询窗口，在查询窗口中输入以下测试角色修改是否生效的语句。

```
USE grademanager
INSERT INTO student(sno,sname,ssex)
VALUES('2007020212','江南','男')
```

（9）执行上述语句会返回错误结果，如图 9.18 所示。xuser 是 db_denydatawriter 角色成员，不能向数据库中添加新的数据。

图 9.18　执行结果

2. 新建数据库角色

固定的数据库角色不能更改权限，有时可能不能满足需要。这时，可以为特定数据库创建用户定义的数据库角色设置权限。

例如，假设有一个数据库有 3 种类型的用户：需要查看数据的普通用户、需要能够修改数据的管理员和需要能修改数据库对象的开发员。在这种情况下，可以创建 3 个角色来处理这些用户类型，然后仅管理这些角色，而不用管理许多不同的用户账户。

在创建数据库角色时，先给该角色指派权限，然后将用户指派给该角色，这样用户将继承给这个角色指派的任何权限。这不同于固定数据库角色，因为在固定角色中不需要指派权限，只需要添加用户。创建自定义数据库角色的步骤如下。

（1）打开 SSMS 窗口，在【对象资源管理器】窗格中，展开【数据库】|【grademanager】节点。

（2）展开【安全性】|【角色】节点，用鼠标右键单击【数据库角色】节点，选择【新建数据库角色】命令，打开【数据库角色属性】窗口。在【角色名称】文本框输入 school_role，设置【所有者】为 dbo。

（3）单击【添加】按钮，将数据库用户 guest 和 xuer_exam 添加到【此角色成员】列表中，如图 9.19 所示。

（4）选择【安全对象】选项，单击【搜索】按钮，添加 student 表为【安全对象】，启用【选择】后面【授予】列的复选框，如图 9.20 所示。

（5）单击【确定】按钮，创建这个数据库角色，并返回 SSMS 窗口。

（6）关闭 SSMS 窗口，然后再次打开，使用 xuser 登录连接 SQL Server 2016 服务器。

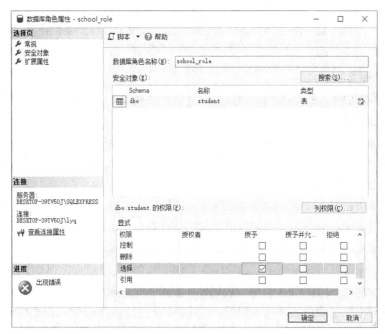

图 9.19　添加数据库用户

图 9.20　添加 student 表为【安全对象】

（7）新建一个【查询】窗口，输入下列测试语句。

```
USE grademanager
GO
SELECT * FROM student
```

（8）这条语句将会成功执行，因为 xuser 是新建的 school_role 角色的成员，而该角色具有执行 SELECT 的权限。

（9）执行下列语句将会失败，如图 9.21 所示，因为 xuser 作为角色 school_role 的成员只能对 student 表进行 SELECT 操作。

```
USE grademanager
GO
INSERT INTO student(sno,sname,ssex)
VALUES('2007010255','张小朋','男')
```

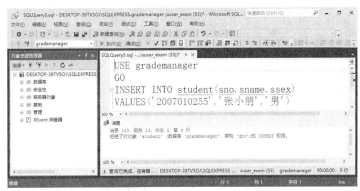

图 9.21　执行结果

3. 应用程序角色

应用程序角色是一个数据库主体，它使应用程序能够用其自身的、类似用户的特权来运行。应用程序角色，只允许通过特定应用程序连接的用户访问特定数据。与数据库角色不同的是，应用程序角色默认情况下不包含任何成员，而且是非活动的。应用程序角色使用两种身份验证模式，如果不启动应用程序角色，就不能够访问任何应用程序角色专有的数据。可以使用 sp_setapprole 来激活，并且需要密码。因为应用程序角色是数据库级别的主体，所以它们只能通过其他数据库中授予 guest 用户账户的权限来访问这些数据库。因此，任何已禁用的 guest 用户账户将无法访问其他数据库中的应用程序角色。

> **提示**　应用程序角色与数据库角色有以下区别。
> ① 应用程序角色不包含成员。
> ② 默认情况下，应用程序角色是非活动的，需要用密码激活。

一旦激活了应用程序角色，SQL Server 2016 就不再将用户作为他们本身来看待，而是将用户作为应用程序来看待，并给他们指派应用程序角色权限。创建并测试一个应用程序角色的具体步骤如下。

（1）打开 SSMS 窗口，在【对象资源管理器】窗格中，展开【数据库】|【grademanager】节点。

（2）展开【安全性】|【角色】节点，用鼠标右键单击【应用程序角色】节点，选择【新建应用程序角色】命令，打开【应用程序角色-新建】窗口。在【角色名称】文本框输入 approle_xuser，设置【默认架构】为 dbo，设置密码为 abc，如图 9.22 所示。

（3）选择【安全对象】选项，单击【搜索】按钮，从打开的【添加对象】对话框中选中【特定对象】单选按钮，如图 9.23 所示。

图 9.22 【应用程序角色-新建】窗口

（4）单击【确定】按钮，弹出【选择对象】对话框，单击【对象类型】按钮，选择【表】选项，单击【确定】按钮返回。

（5）单击【浏览】按钮，从打开的【查找对象】对话框中，选中 student 表旁边的复选框，单击【确定】按钮返回，如图 9.24 所示。

图 9.23 【添加对象】对话框

图 9.24 【选择对象】对话框

（6）单击【确定】按钮，返回【安全对象】窗口，选中【选择】后面【授予】列的复选框，如图 9.25 所示。

（7）单击【确定】按钮，完成应用程序角色的创建。

（8）单击【新建查询】按钮，打开一个新的 SQL Server 查询窗口，并使用【SQL Server 身份验证】模式以 xuser 登录。

（9）在查询窗口执行如下所示语句。

```
USE grademanager
GO
SELECT * FROM student
```

执行结果将显示拒绝了对对象 student 的 select 权限。

（10）激活应用程序角色，具体语句如下。

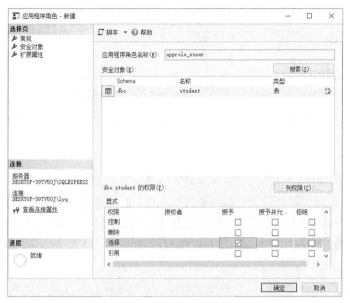

图 9.25　【安全对象】窗口

```
SP_SETAPPROLE @ROLENAME='AppRole_xuser',@PASSWORD='abc'
```

（11）重新执行第（9）步中的语句，可以看到这次查询是成功的，如图 9.26 所示。

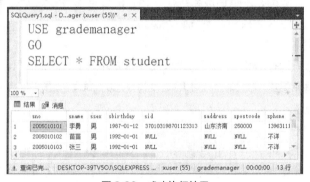

图 9.26　成功执行结果

激活应用程序角色后，SQL Server 2016 将用户看成角色 AppRole_xuser，因为这个角色拥有 student 表的 SELECT 权限，所以在执行 SELECT 语句时，可以看到正确的执行结果。

任务 9-4　SQL Server 的数据备份和恢复

【任务分析】

掌握 SQL Server 2016 的数据备份与恢复。

【课堂任务】

* SQL Server 2016 备份设备的创建与管理
* SQL Server 2016 的数据备份
* SQL Server 2016 的数据恢复

（一）备份概述

备份就是复制数据库结构、对象和数据，以便在数据库遭到破坏时能够恢复数据库。数据库恢复就是指将数据库备份加载到系统中。SQL Server 2016 系统提供了一套功能强大的数据备份和恢复工具，数据备份和恢复可以用于保护数据库的关键数据。在系统发生错误时，利用备份的数据，可以恢复数据库中的数据。

1. 备份的重要性

用户使用数据库是因为要利用数据库来管理和操作数据，数据对于用户来说是非常宝贵的资产。数据存放在计算机上，但是即使是最可靠的硬件和软件，也会出现系统故障或产生其他故障。所以，应该在意外发生之前做好充分的准备工作，以便在意外发生之后，有相应的措施能快速恢复数据库，并将丢失的数据量减少到最小。造成数据损失的原因很多，大致可分为以下几类。

（1）存储介质故障

存储介质故障即外存储介质故障，如磁盘损坏、磁头碰撞、瞬时强磁场干扰等。这类故障使数据库受到破坏，并影响正在存取这部分数据的事务。介质故障发生的可能性较小，但破坏性很强，有时会造成数据库无法恢复。

（2）系统故障

系统故障通常称为软故障，是指造成系统停止运行的任何事件，如突然停电、CPU 故障、操作系统故障、误操作等。发生这类故障，系统必须重新启动。

（3）用户的错误操作

如果用户无意或恶意地在数据库上进行了大量的非法操作，如删除了某些重要数据，甚至删除了整个数据库等，数据库系统将处理难以使用和管理的混乱局面。重新恢复条理性的最好办法是使用备份信息将数据系统重新恢复到一个可靠、稳定、一致的状态。

（4）服务器彻底崩溃

再好的计算机、再稳定的软件，也有漏洞存在，如果数据库服务器彻底瘫痪，用户面对的将是重建系统的艰巨任务。如果事先进行过完善而彻底的备份操作，就可以迅速完成系统的重建工作，并将数据灾难造成的损失减少到最小。

（5）自然灾害

不管硬件性能多么出色，遇到台风、水灾、火灾、地震，一切将无济于事。

（6）计算机病毒

这是人为故障，轻则使部分数据不正确，重则使整个数据库遭到破坏。

还有许多想象不到的原因时刻都在威胁着计算机，随时可能使系统崩溃而无法正常工作。或许在不经意间，用户的数据以及长时间积累的资料就会化为乌有。唯一的恢复方法就是有效的备份。

 提示 备份是一种十分耗费时间和资源的操作，不能频繁操作。应该根据数据库使用情况确定适当的备份周期。

2. 备份和恢复体系结构

SQL Sever2016 提供了高性能的备份和恢复功能，用户可以根据需求设计自己的备份策略，以保护 SQL Server 2016 数据库中的关键数据。

SQL Server 2016 提供了如下 4 种数据库备份类型。

（1）完整备份

完整备份是指备份整个数据库，包括数据库文件、文件的地址以及事务日志。这是任何备份策略中都要求完成的第一种备份类型，因为其他所有备份类型都依赖于完整备份。换句话说，如果没有执行完整备份，就无法执行差异备份和事务日志备份。

（2）差异备份

差异备份是指备份从最近一次完整数据库备份以后发生改变的数据。如果在完整备份后，将某个文件添加至数据库，则差异备份会包括该新文件。这样可以方便地备份数据库，而无需了解各个文件。例如，在星期一执行了完整备份，并在星期二执行了差异备份，那么该差异备份将记录自星期一的完整备份以来发生的所有修改。而星期三的差异备份将记录自星期一的完整备份以来发生的所有修改。差异备份每做一次就会变得更大一些，但仍然比完整备份小，因此差异备份比完整备份快。

（3）事务日志备份

事务日志备份（也称为"日志备份"）包括在前一个日志备份中没有备份的所有日志记录。因为只有在完整恢复模式和大容量日志恢复模式下，才会有事务日志备份。所以，通常情况下，事务日志备份经常与完整备份和差异备份结合使用。比如，每周进行一次完整备份，每天进行一次差异备份，每小时进行一次日志备份。这样，最多会丢失一小时的数据。

在 SQL Server 2016 系统中，日志备份有 3 种类型：纯日志备份、大容量操作日志备份和尾日志备份，具体情况见表 9.3。

表 9.3　事务日志备份类型

日志备份类型	说明
纯日志备份	仅包含一定间隔的事务日志记录而不包含在大容量日志恢复模式下执行的任何大容量更改的备份
大容量操作日志备份	包含日志记录以及由大容量操作更改的数据页的备份。不允许对大容量操作日志备份进行时间恢复
尾日志备份	对可能已损坏的数据库进行的日志备份，用于捕获尚未备份的日志记录。尾日志备份在出现故障时进行，用于防止丢失工作，可以包含纯日志记录或大容量操作日志记录

只有启动事务日志备份序列时，完整备份或完整差异备份才必须与事务日志备份同步。每个事务日志备份的序列都必须在执行完整备份或差异备份之后启动。

执行事务日志备份至关重要。除了允许还原备份事务外，日志备份将截断日志以删除日志文件中已备份的日志记录。即使经常备份日志，日志文件也会填满。

连续的日志序列为"日志链"，日志链从数据库的完整备份开始。通常情况下，只有当第一次备份数据库或者从简单恢复模式转变到完整或大容量恢复模式需要进行完整备份时，才会启动新的日志链。

（4）文件和文件组备份

当一个数据库很大时，对整个数据库进行备份可能会花很多的时间，这时可以采用文件和文件组备份，即对数据库中的部分文件或文件组进行备份。

使用文件和文件组备份使用户可以仅还原已损坏的文件，而不必还原原数据库的其余部分，从而提高恢复速度。例如，如果数据库由位于不同磁盘的若干个文件组成，在其中一个磁盘发生故障时，只需还原故障磁盘上的文件。

 提示 为了使恢复的文件与数据库的其余部分保持一致，执行文件和文件组备份之后，必须执行事务日志备份。

3. 备份设备

备份存入物理备份介质上，备份介质可以是磁带驱动器和硬盘驱动器（位于本地或网络上）。SQL Server 2016 并不知道连接到服务器的各种介质形式，因此必须通知 SQL Server 2016 将备份存储在哪里。备份设备就是用来存储数据库、事务日志或文件和文件组备份的存储介质。

常见的备份设备可以分为 3 种类型：磁盘备份设备、磁带备份设备和逻辑备份设备。

（1）磁盘备份设备

磁盘备份设备就是将备份存储在硬盘或者其他磁盘媒体上，与常规操作系统文件一样。引用磁盘备份设备与引用任何其他操作系统文件一样。可以在服务器的本地磁盘上或者共享网络资源的远程磁盘上定义磁盘备份设备，磁盘备份设备根据需要可大可小。最大的磁盘备份设备相当于磁盘上可用的闲置空间。如果磁盘备份设备定义在网络的远程设备上，则应该使用通用命名规则（Universal Naming Convention，UNC）来引用文件，以\\Servername\Sharename\path\File 格式指定文件的位置。网络上的备份数据可能受到网络错误的影响。因此，在完成备份后，应该验证备份操作的有效性。

建议不要将数据库事务日志备份到数据库文件所在的物理磁盘上。如果包含数据库的磁盘设备发生故障，由于备份位于文件同一发生故障的磁盘上，所以无法恢复数据库。

（2）磁带备份设备

磁带备份设备的用法与磁盘设备相同，不过磁带设备必须物理连接到运行 SQL Server 2016 实例的计算机上。如果磁带备份设备在备份操作过程中已满，但还需要写入一些数据，SQL Server 2016 将提示更换新磁带并继续备份操作。

若要将 SQL Server 2016 数据备份到磁带，那么需要使用磁带备份设备或者 Microsoft Windows 平台支持的磁带驱动器。另外，对于特殊的磁带驱动器，仅使用驱动器制造商推荐的磁带。在使用磁带驱动器时，备份操作可能会写满一个磁带，并继续在另一个磁带上进行。所使用的第一个媒体称为"起始磁带"，该磁带含有媒体标头，每个后续磁带称为"延续磁带"，其媒体序列号比前一磁带的媒体序列号大 1。

（3）逻辑备份设备

物理备份设备名称主要用来供操作系统对备份设备进行引用和管理，如 C:\Backups\Accountiing\full.bak。逻辑备份设备是物理备份设备的别名，通常比物理备份设备能更简单、有效地描述备份设备的特征。逻辑备份设备名称被永久保存在 SQL Server 2016 的系统表中。

使用逻辑备份设备的一个优点是比使用长路径名称简单。如果将一系列备份数据写入相同的路径或磁带设备，则使用逻辑备份设备非常有用。逻辑备份设备对于标识磁带设备尤为有用。

可以编写一个备份脚本用于使用特定逻辑备份设备。这样无需更新脚本，即可切换到新的物理备份设备上。切换涉及以下过程。

① 删除原来的逻辑备份设备。

② 定义新的逻辑备份设备,新设备使用原来的逻辑设备名称,但映射到不同的物理备份设备上。

（二）备份数据库

在了解备份的重要性、备份的类型及恢复体系结构后，下面介绍几种常见的数据库备份方法。

1. 创建备份设备

备份设备是用来存储数据库、事务日志文件以及文件组备份的存储介质，在执行备份数据之前，首先介绍如何创建备份设备。

在 SQL Server 2016 中创建备份设备的方法有两种：一是在 SSMS 中使用现有命令和功能，通过方便的图形化工具创建；二是使用系统存储过程 sp_addumpdevice 创建。

（1）使用 SSMS 创建备份设备

使用 SSMS 创建备份设备的操作步骤如下。

① 在【对象资源管理器】窗格中，单击服务器名称以展开服务器树。

② 展开【服务器对象】节点，用鼠标右键单击【备份设备】选项。

③ 从弹出的快捷菜单中选择【新建备份设备】命令，打开【备份设备】对话框。

④ 在【备份设备】对话框中，输入【设备名称】，并指定该备份设备所在文件夹的完整路径，这里创建一个名称为 grademanager_backup 的备份设备，如图 9.27 所示。

图 9.27　创建备份设备

⑤ 单击【确定】按钮，完成备份设备的创建。展开【备份设备】节点可以看到刚刚创建的 grademanager_backup 备份设备。

 提示　① 由于本机没有磁带设备，因此"磁带"备份设备不可选。

② 备份设备创建后，在备份时可选择使用该备份设备。

（2）使用系统存储过程 sp_addumpdevice 创建备份设备

除了使用 SSMS 创建备份设备外，还可以使用系统存储过程 sp_addumpdevice 创建备份设备，该存储过程可以添加磁盘和磁带设备。备份设备可以是 disk、tape 和 pipe 中的一种。

【例 9.9】 创建本地磁盘备份设备。

```
USE master
EXEC sp_addumpdevice'disk','backup2','c: \ mssql\backup2.Bak'
```

其中，第一个参数表示备份设备的类型，第二个参数指定在 BACKUP 和 RESTORE 语句中使用的备份设备的逻辑名称，第三个参数指定备份设备的物理名称。物理名称必须遵从操作系统文件命名规则或网络设备的通用命名约定，并且必须包含完整路径。

 警告 指定存放备份设备的物理路径必须真实存在，否则会提示"系统找不到指定的路径"，因为 SQL Server 2016 不会自动为用户创建文件夹。

2. 管理备份设备

在 SQL Server 2016 系统中创建备份设备以后，可以查看备份设备的信息，或者删除不用的备份设备。

（1）查看备份设备

可以通过两种方式查看服务器上的所有备份设备，一种是通过 SSMS，另一种是通过系统存储过程 Sp_Helpdevice。

首先介绍使用 SSMS 查看所有备份设备，操作步骤如下。

① 在【对象资源管理器】窗格中，单击服务器名称以展开服务器树。

② 展开【服务器对象】|【备份设备】节点，可以看到当前服务器上已经创建的所有备份设备，如图 9.28 所示。

使用系统存储过程 Sp_Helpdevice 也可以查看服务器中每个设备的相关信息，如图 9.29 所示。

（2）删除备份设备

不再需要的备份设备可以删除。删除备份设备后，其上的数据都将丢失。删除备份设备也有两种方式，一种是使用 SSMS，另一种是使用系统存储过程 sp_dropdevice。

使用 SSMS 删除备份设备的操作步骤如下。

① 在【对象资源管理器】窗格中，单击服务器名称以展开服务器树。

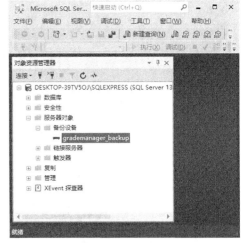

图 9.28 查看备份设备

图 9.29 使用 Sp_Helpdevice 查看备份设备

② 展开【服务器对象】|【备份设备】节点，用鼠标右键单击要删除的备份设备（如 backup1），

在弹出的快捷菜单中选择【删除】命令，打开【删除对象】对话框。

③ 在【删除对象】对话框中，单击【确定】按钮，即可删除该备份设备。

也可以使用系统存储过程 sp_dropdevice 从服务器中删除备份设备，该存储过程不仅能删除备份设备，还能删除其他设备。

【例 9.10】 删除例 9.9 创建的 backup2 备份设备。

```
EXEC sp_dropdevice 'backup2'
```

3. 备份数据库

（1）使用 SSMS 备份数据库

① 完整备份。完整备份是任何备份策略都要求完成的第一种备份类型，所以首先介绍如何进行完整数据库备份。

例如，使用 SSMS 对 grademanager 数据进行完整备份的操作步骤如下。

微课 9-3：备份
数据库

a. 打开 SSMS，连接服务器。

b. 在【对象资源管理器】窗格中，展开【数据库】节点，用鼠标右键单击 grademanager 数据库，在弹出的快捷菜单中，选择【属性】命令，打开 grademanager 数据库的【数据库属性】对话框。

c. 在【选项】界面确保恢复模式为完整恢复模式，如图 9.30 所示。

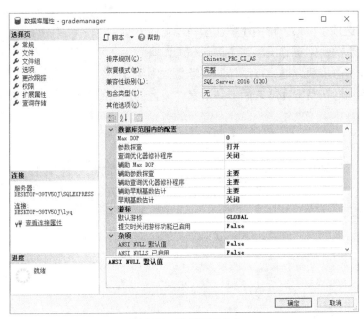

图 9.30　选择恢复模式

d. 单击【确定】按钮，应用修改结果。

e. 用鼠标右键单击数据库 grademanager，从弹出的快捷菜单中选择【任务】|【备份】命令，打开【备份数据库】窗口，如图 9.31 所示。

f. 从【数据库】下拉列表中选择 grademanager 数据库，【备份类型】选择【完整】。

g. 在【备份数据库】窗口【常规】选项卡界面中，选择【备份类型】为【完整】；在【目标】区域【备份到：】选项中选中【磁盘】按钮，然后单击【添加】按钮，打开【选择备份目标】对话框，选中【备份设备】单选按钮，如图 9.32 所示。

图 9.31　【备份数据库】对话框

h. 单击【确定】按钮，返回【备份数据库】窗口，可以看到【目标】下的文本框将增加一个 grademanager_backup 备份设备。

i. 选择【介质选项】选项，选中【覆盖所有现有备份集】单选按钮，表示初始化新的设备或覆盖现在的设备，选中【完成后验证备份】复选框，表示核对实际数据库与备份副本，并确保它们在备份完成之后一致。具体设置情况如图 9.33 所示。

图 9.32　【选择备份目标】对话框

图 9.33　【介质选项】界面

j. 单击【确定】按钮，完成对数据库的备份。完成备份后将弹出【备份完成】对话框。

现在已经完成了数据库 grademanager 的一个完整备份。为了确定是否真的备份完成，下面检查以下几项。

a. 在 SSMS 的【对象资源管理器】窗格中展开【服务器对象】｜【备份设备】节点。

b. 用鼠标右键单击备份设备 grademanager_backup，从弹出的快捷菜单中选择【属性】命令。

c. 选择【介质内容】选项，可以看到刚刚建立的 grademanager 数据库的完整备份，如图 9.34 所示。

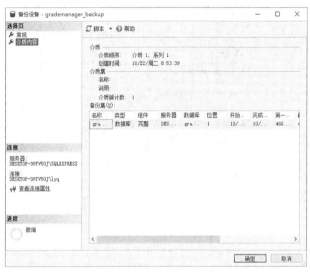

图 9.34　查看备份设备的内容

② 差异备份。创建数据库的完整备份以后，上次备份数据库只修改了很少的数据时，十分适合使用差异备份。进行数据库差异备份的操作步骤如下。

a. 打开 SSMS，连接服务器。

b. 在【对象资源管理器】窗格中展开【数据库】节点，用鼠标右键单击数据库 grademanager，从弹出的快捷菜单中选择【任务】|【备份】命令，打开【备份数据库】对话框。

c. 在【数据库】下拉列表中选择 grademanager 数据库，【备份类型】选择【差异】，确保【目标】选项区中的文本框中存在 grademanager_backup 设备，如图 9.35 所示。

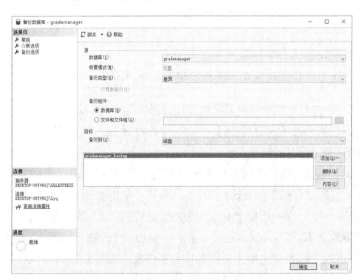

图 9.35　差异备份数据库

d. 打开【介质选项】界面，选中【追加到现有备份集】单选按钮，以免覆盖现有的完整备份，选中【完成后验证备份】复选框，表示核对实际数据库与备份副本，并确保它们在备份完成之后一致。具体设置情况如图 9.36 所示。

图 9.36　差异备份的【介质选项】界面

e. 设置完成后，单击【确定】按钮开始备份，完成备份后弹出【备份完成】对话框。

检查数据库 grademanager 的差异备份的方法与检查完整备份相同，在此不再赘述。

③ 事务日志备份。前面已经执行了完整备份和差异备份，但是如果没有执行事务日志备份，则数据库可能无法正常工作。

尽管事务日志备份依赖于完整备份，但它并不备份数据库本身，这种类型的备份只记录事务日志的适当部分，明确地说是从上一个事务以来发生变化的部分。使用事务日志备份可以将数据库恢复到故障点之前或特定的时间点。一般情况下，事务日志备份比完整备份和差异备份使用的资源少，因此可以更频繁地创建事务日志备份，降低数据丢失的风险。

> **注意** 当事务日志最终变成100%时，用户无法访问数据库，直到数据库管理员消除事务日志时为止。避免这个问题的最佳办法是定期执行事务日志备份。

创建事务日志备份的过程与创建完整备份的过程也基本相同，下面使用 SSMS 在前面创建的备份设备 grademanager_backup 上创建数据库 grademanager 的一个事务日志备份，操作步骤如下。

a. 打开 SSMS，连接服务器。

b. 在【对象资源管理器】窗格中展开【数据库】节点，用鼠标右键单击数据库 grademanager，从弹出的快捷菜单中选择【任务】|【备份】命令，打开【备份数据库】窗口。

c. 从【数据库】下拉列表中选择 grademanager 数据库，【备份类型】选择【事务日志】，确保【目标】选项区中的文本框存在 grademanager_backup 设备，如图 9.37 所示。

d. 选择【介质选项】选项，选中【追加到现有备份集】单选按钮，以免覆盖现有的完整备份，选中【完成后验证备份】复选框，并选中【截断事务日志】单选按钮，具体设置情况如图 9.38 所示。

图 9.37　创建事务日志备份

图 9.38　事务日志备份的【介质选项】界面

　　e. 设置完成后，单击【确定】按钮开始备份，完成备份后，弹出【备份完成】对话框。检查数据库 grademanager 的事务日志备份的方法与检查完整备份相同，在此不再赘述。

　　（2）使用 Transact-SQL 语句备份数据库

　　BACKUP 命令可以用来对指定数据库进行完整备份、差异备份、事务日志备份或文件和文件组备份，使用 BACKUP 命令需要指定备份的数据库、备份的目标设备、备份的类型及一些备份选项。

　　① 完整备份和差异备份。

```
BACKUP DATABASE database_name
TO <backup_device>[,…n]
[WITH
DIFFERENTIAL
[[,]NAME:backup_set_name]
[[,]DESCRIPTION='text']
[[,]{INIT|NOINIT}]]
```

其中，database_name 指定了要备份的数据库。

backup_device 为备份的目标设备，采用"备份设备类型=设备名"的形式。

WITH 子句指定备份选项。

- INIT|NOINIT：INIT 表示新备份的数据覆盖当前备份设备上的每项内容；NOINIT 表示新备份的数据添加到备份设备上已有内容的后面。
- DIFFERENTIAL：用来指定差异备份数据库。若省略该项，则执行完整备份。
- DESCRIPTION='text'：定义备份的描述。

【例 9.11】对 grademanager 数据库做一次完整备份，备份设备为已创建好的 backup1 本地磁盘设备，并且此次备份覆盖以前所有的备份，执行结果如图 9.39 所示。

```
BACKUP DATABASE grademanager TO DISK='backup1'
WITH INIT,NAME='grademanager backup',DESCRIPTION='Full
Backup Of grademanager'
```

图 9.39　使用 Transact-SQL 语句进行完整备份

【例 9.12】对 grademanager 数据库进行差异备份，备份设备为 backup1 本地磁盘设备，执行结果如图 9.40 所示。

```
BACKUP DATABASE grademanager
TO DISK='backup1'
WITH DIFFERENTIAL, NOINIT, NAME='grademanager backup',
DESCRIPTION='Differential Backup Of grademanager'
```

② 事务日志备份。事务日志备份是指将从最近一次日志备份以来所有事务日志备份到备份设备上。

【例 9.13】对 grademanager 数据库进行事务日志备份，备份设备为本地磁盘设备 backup1，执行结果如图 9.41 所示。

```
BACKUP LOG grademanager
TO DISK='backup1'
WITH NOINIT,NAME='grademanager backup',
DESCRIPTION='Log Backup Of grademanager'
```

图 9.40　使用 Transact-SQL 语句进行差异备份　　图 9.41　使用 Transact-SQL 语句进行事务日志备份

（三）恢复数据库

恢复数据库就是根据备份的数据使数据库恢复到备份时的状态。恢复数据库时，SQL Server 2016 会自动将备份文件中的数据全部复制到数据库，并回滚任何未完成的事务，以保证数据库中数据的完整性。

微课 9-4：恢复数据库

1. 常规恢复

恢复数据前，应当断开准备恢复的数据库和客户端应用程序之间的一切连接。此时，所有用户都不允许访问该数据库，而且必须将数据库连接更改到 master或其他数据库，否则不能启动恢复进程。

在执行恢复操作前，要备份事务日志，这样有助于保证数据的完整性。如果在恢复之前不备份事务日志，那么用户将丢失从最近一次数据库备份到数据库脱机之间的数据更新。

使用 SSMS 恢复数据库的操作步骤如下。

（1）打开 SSMS，连接服务器。

（2）在【对象资源管理器】窗格中展开【数据库】节点，用鼠标右键单击 grademanager 数据库，在弹出的快捷菜单中选择【任务】|【还原】|【数据库】命令，打开【还原数据库】窗口。

（3）选中【源设备】单选按钮，然后单击【…】按钮，弹出【选择备份设备】对话框，在【备份介质类型】下拉列表中选择【备份设备】选项，单击【添加】按钮，选择之前创建的 grademanager_backup 备份设备，如图 9.42 所示。

（4）选择完成后，单击【确定】按钮返回【还原数据库】窗口，可以看到该备份设备中的所有数据库备份内容，选中【要还原的备份集】列表框中的【完整】【差异】和

图 9.42　选择备份设备

【事务日志】前的复选框，使数据库恢复到最近一次备份的正确状态，如图 9.43 所示。

图 9.43　选择备份集

（5）如果还需要恢复其他备份文件，在【选项】界面选中【恢复状态】后的下拉菜单中选中"RESTORE WITH NORECOVERY"选项，如图 9.44 所示。

图 9.44 设置恢复状态

（6）单击图 9.44 所示的【确定】按钮，完成对数据库的还原操作，弹出还原成功提示框，如图 9.45 所示。

由于上面还原数据库时选中了"RESTORE WITH NORECOVERY"选项，当前的数据库 grademanager 处于正在还原状态，需要执行下一个备份，通过【视图】菜单打开【对象资源管理器详细信息】可见当前数据库状态，如图 9.46 所示。

图 9.45 还原成功提示框

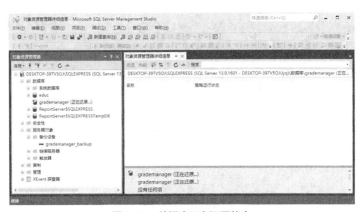

图 9.46 数据库正在还原状态

注意 当还原最后一个备份时，必须选中【选项】界面【恢复状态】后的下拉菜单中"RESTORE WITH RECOVERY"选项，否则数据库将一直处于还原状态。

2. 按时间点恢复

在 SQL Server 2016 中进行事务日志备份时，不仅给事务日志中的每个事务标上日志号，还给它们标上时间。这个时间与 RESTORE 语句的 STOPAT 从句结合起来，允许将数据返回到前一个状态。但是，在使用按时间点恢复时需要记住两点。

（1）按时间点恢复不适用于完整与差异备份，只适用于事务日志备份。

（2）按时间点恢复将失去 STOPAT 时间之后，整个数据库发生的任何修改。

　例如，一个数据库每天都有大量的数据，每天 12 点都会定时做事务日志备份，10:00 服务器出现故障，误清除了许多重要的数据。通过对日志备份的时间点恢复，可以把时间点设置在 10:00:00，这样既可以保存 10:00:00 之前的数据修改，又可以忽略 10:00:00 之后的错误操作。

　使用 SSMS 按照时间点恢复数据库的操作步骤如下。

（1）打开 SSMS，连接服务器。

（2）在【对象资源管理器】窗格中展开【数据库】节点，用鼠标右键单击 grademanager 数据库，在弹出的快捷菜单中选择【任务】|【还原】|【数据库】命令，打开【还原数据库】窗口，如图 9.47 所示。

图 9.47　【还原数据库】窗口

（3）选中【还原到】选项区中的【特定日期和时间】单选按钮，设置时间为 10:10:00，如图 9.48 所示。

图 9.48　【备份时间线】对话框

（4）单击【确定】按钮返回图 9.47 所示的界面。然后还原备份，设置时间以后的操作将被还原。

任务 9-5　实训　维护数据库安全

（一）安全管理

1. 实训目的
（1）理解数据库安全性的重要性。
（2）理解 SQL Server 对数据库数据的保护体系。
（3）理解 SQL Server 登录账户、数据库用户、角色、权限的概念。
（4）掌握管理 SQL Server 登录账户、数据库用户、角色、授权的方法。

2. 实训内容和要求
（1）设置安全认证模式

使用对象资源管理器设置安全认证模式。设置 Windows 身份验证模式和混合身份验证模式两种登录验证模式。重新启动 SQL Server，以使修改的值生效。

（2）创建与管理登录账户

① 用对象资源管理器创建、查看、删除 SQL Server 登录账户。

- 用对象资源管理器创建 SQL Server 登录账户 ABC。
- 查看及删除登录账户 ABC。

② 用 Transcat-SQL 语句创建、查看、删除 SQL Server 登录账户。

- 使用系统存储过程 sp_addlogin 创建一个登录账户 ABCD，密码为 1234，使用的默认数据库为 grademanager。
- 使用系统存储过程 sp_helplogin 查看 SQL Server 登录账户。
- 使用系统存储过程 sp_droplogin 从 SQL Server 中删除登录账户 ABCD。

（3）创建与管理数据库用户

① 用对象资源管理器创建、查看、删除数据库用户。

- 创建数据库用户 ABC。
- 删除数据库用户 ABC。

② 用 Transcat-SQL 语句创建、查看、删除数据库用户。

- 重新创建登录账户 ABC。
- 使用系统存储过程 sp_grantdbaccess 为数据库 grademanager 的登录账户 ABC 创建一个同名的数据库用户。
- 使用系统存储过程 sp_helpuser 查看数据库用户。
- 使用系统存储过程 sp_revokedbaccess 删除数据库中的 ABC 用户。

（4）创建与管理角色

① 固定服务器角色的管理。

- 用对象资源管理器创建、查看、删除数据库用户。

a. 将登录账户 ABC 指定为固定服务器角色 sysadmin。

b. 收回登录账户 ABC 的 sysadmin 服务器角色。

- 用 Transcat-SQL 语句创建、查看、删除数据库用户。

a. 将登录账户 ABC 指定为固定服务器角色 sysadmin。

b. 收回登录账户 ABC 的 sysadmin 服务器角色。

② 数据库角色的管理。

- 使用 Transcat-SQL 语句管理数据库角色。

a. 使用系统存储过程 sp_addrolemember 将数据库用户 ABC 指定为数据库角色 db_accessadmin。

b. 使用系统存储过程 sp_droprolemember 收回数据库用户 ABC 的数据库角色 db_accessadmin。

- 用对象资源管理器添加、删除数据库角色 ABC。

（5）管理授权

① 用 Transcat-SQL 语句管理授权。

- 授权。

a. 创建一个用户 ABCDE，并授予数据库创建表及视图的权限。

b. 授予用户 ABCDE 查询、删除数据库中 teacher 表的权限。

- 撤销权限。

a. 撤销用户 ABCDE 对数据库 grademanager 创建表及视图的权限。

b. 撤销用户 ABCDE 查询、删除数据库中 teacher 表的权限。

c. 拒绝用户 ABCDE 查询、删除数据库中 teacher 表的权限。

② 用对象资源管理器管理权限。

- 设置 teacher 表对数据库用户的权限。

- 设置数据库用户 ABCDE 对表的权限。

3. 思考题

（1）固定服务器角色可以由用户创建吗？

（2）对一个登录用户的授权应由谁进行？

（二）数据库的备份与恢复

1. 实训目的

（1）理解 SQL Server 备份的基本概念。

（2）了解备份设备的基本概念。

（3）掌握各种备份数据库的方法，了解如何制订备份计划。

（4）掌握如何从备份中恢复数据。

2. 实训内容和要求

（1）创建、管理备份设备

① 使用 Transcat-SQL 语句管理备份设备。

- 在 C 盘上创建名为 DUMP 的文件夹。
- 在 C 盘 DUMP 文件夹中创建一个名为 diskbak_grademanager 的本地磁盘备份文件。
- 查看系统中有哪些备份设备。
- 查看备份设备的备份集内包含的数据库和日志文件列表。
- 查看特定备份设备上所有备份集的备份选项页信息。
- 删除特定备份设备。

② 用对象资源管理器管理备份设备。

- 使用对象资源管理器创建备份设备 diskbak1_grademanager。
- 使用对象资源管理器列出并查看备份设备 diskbak1_grademanager 的属性。
- 使用对象资源管理器删除备份设备 diskbak1_grademanager。

（2）进行数据库备份

① 使用 Transcat-SQL 语句创建数据库 grademanager 的备份。

- 创建数据库 grademanager 的完全备份。
- 创建数据库 grademanager 的差异备份。先修改数据库中 teacher 表的记录，再进行差异备份。
- 创建数据库 grademanager 的事务日志备份。
- 创建数据库 grademanager 的数据文件组备份。

② 用对象资源管理器创建数据库 grademanager 的备份。

在实际备份操作中，经常使用对象资源管理器来备份数据库，下面使用对象资源管理器创建不同类型的备份。

- 创建数据库 grademanager 的完全备份。
- 创建数据库 grademanager 的差异备份。
- 创建数据库 grademanager 的事务日志备份。
- 创建数据库 grademanager 的数据文件组备份。

（3）数据库恢复

① 使用 Transcat-SQL 语句恢复数据库。

- 从备份设备 diskbak_grademanager 的完整备份中恢复数据库 grademanager。
- 从备份设备 diskbak_grademanager 的差异备份中恢复数据库 grademanager。
- 从备份设备 diskbak_grademanager 的事务日志备份中恢复数据库 grademanager。
- 从备份设备 diskbak_grademanager 的文件和文件组备份中恢复数据库 grademanager。

② 使用对象资源管理器恢复数据库。

- 从完整数据库备份中恢复数据库。
- 从差异数据库备份中恢复数据库。
- 从事务日志备份中恢复数据库。
- 从文件和文件组备份中恢复数据库。

3. 思考题

（1）哪些用户在默认的情况下具有数据库备份和恢复能力？

（2）确定数据库备份要考虑哪些因素？

（3）数据库的 4 种备份方式各应在什么情况下使用？

课外拓展

操作内容及要求如下。

1. 数据库用户和角色

（1）创建登录名 mylogin。

（2）在 GlobalToys 数据库中，创建登录名 mylogin 对应的数据库用户 myuser。

（3）在 GlobalToys 数据库中，创建用户定义数据库角色 db_datauser。

（4）将创建的数据库用户 myuser 添加到 db_datauser 中。

（5）授予用户 myuser 对 Toys 表的插入和修改权限。

（6）查看授权后的 Toys 表的权限属性。

2. 数据库的备份和还原

（1）创建逻辑名称为 myback 的备份设备，将物理文件存放在系统默认路径下。

（2）对 GlobalToys 数据库进行一次完整备份 ToysBak，并备份到备份设备 myback 中。

（3）删除 GlobalToys 数据库的 Toys 表。

（4）利用备份 ToysBak 将 GlobalToys 数据库恢复到完整备份时的状态。

习题

1. 选择题

（1）下面哪些不是混合身份验证模式的优点？（　　　）

A. 创建了 Windows 之上的另外一个安全层次

B. 支持更大范围的用户，如非 Windows 用户等

C. 一个应用程序可以使用多个 SQL Server 登录和口令

D. 一个应用程序只能使用单个 SQL Server 登录和口令

（2）下面哪些不是 Windows 身份验证模式的主要优点？（　　　）

A. 数据库管理员的工作可以集中在管理数据库上，而不是管理用户账户。对用户账户的管理可以交给 Windows 去完成

B. Windows 有更强的用户账户管理工具，可以设置账户锁定、密码期限等。如果不是通过定制来扩展 SQL Server，则 SQL Server 不具备这些功能

C. Windows 的组策略支持多个用户同时被授权访问 SQL Server

D. 数据库管理员的工作可以集中在管理用户账户上面，而不是集中在管理数据库上

（3）下面哪个不是备份数据库的理由？（　　　）

A. 数据库崩溃时恢复　　　　　　　　B. 将数据从一个服务器转移到另外一个服务器

C. 记录数据的历史档案　　　　　　　D. 转换数据

（4）能将数据库恢复到某个时间点的备份类型是（　　　）。

A. 完整备份　　　　　　　　　　　　B. 差异备份

C. 事务日志备份   D. 文件组备份

（5）下列选项哪个不是备份事务日志的作用？（   ）

A. 恢复个别的事务

B. SQL Server 启动时，恢复所有未完成的事务

C. 无论何时，完整备份或差异备份都必须与事务日志备份同步

D. 将还原的数据库前滚到故障点

2. 填空题

（1）SQL Server 可以识别两种登录验证机制：_____和_____。

（2）用户在数据库中拥有的权限取决于两方面，用户账户的数据库权限和_____。

（3）数据库的备份类型有 4 种，分别是_____、差异备份、_____和事务日志备份。

（4）数据库常见的备份设备包括磁盘备份设备、磁带备份设备和_____。

（5）创建备份设备可以使用 SSMS，也可以使用系统存储过程_____。

（6）如果一个备份设备中已经存在一个备份文件，现在又有一个备份文件需要追加到该备份设备中，可以使用_____参数。

（7）如果使用_____选项，SQL Server 将不回滚所有未完成的事务，在恢复结束后，用户不能访问数据库。

3. 简答题

（1）什么是数据库的安全性？

（2）简述数据库安全性与计算机操作系统安全性的关系。

（3）权限的状态有哪几种？区别是什么？

（4）简述备份数据库的重要性。

（5）恢复数据库之前的准备工作有哪些？

（6）完整备份、差异备份、事务日志备份各有什么特点？

（7）某企业的数据库每周日 12 点进行一次完整备份，每天 24 点进行一次差异备份，每小时进行一次事务日志备份，数据库在 2016/7/16 6:30 崩溃，应如何将其恢复才能使数据损失最小？

（8）假设数据库设置为完整备份模式，并且用户具有一个完整备份和几个事务日志备份。7:20，数据库遭到恶意破坏，现在时间是 8:30，应如何将其恢复使数据损失最小？